Schöllkraut

Europäische Haselwurz

Großblütige Königskerze

Moschuskraut

Huflattich

Beifußblättriges Traubenkraut

Großblütiges Springkraut

Vogel-Nestwurz

Was blüht denn da? Der Fotoband

Margot Spohn · Dietmar Aichele

Zum Gebrauch des Buches 4

Zum Gebrauch des Buches

Blütenform
(siehe Umschlagsklappe vorn)

Blütenfarbe
(siehe Umschlagsklappe vorn)

Deutscher Name
(mit Synonymen)

Deutscher Familienname

Wissenschaftlicher Name
(mit Synonymen)

Höhe
Die Angabe beschreibt die Wuchshöhe. Auch bei kriechenden Pflanzen ist in der Regel die Wuchshöhe über dem Boden angegeben und nicht die maximale Länge der waagerecht wachsenden Stängel

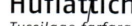

✤ Blütenfarbe Gelb | mehr als 5 Blütenblätter oder Blüten in Körbchen

Blütezeit
Der oder die Monate geben den Zeitraum an, in dem die Pflanze hauptsächlich blüht

Typisch
Die Merkmale oder Eigenschaften, mit denen die Pflanze eindeutig bestimmt werden kann

Zeichnung der Pflanze mit Pfeilen, auf die Merkmale, die bei „Typisch" angegeben werden

Merkmale
Weitere Merkmale für die sichere Bestimmung der Pflanze

Vorkommen
Angaben zu den Lebensräumen, zur geographischen Verbreitung und zur Häufigkeit

Wissenswertes
Informationen aus den unterschiedlichsten Bereichen wie: Verwendung, Geschichte, Heilwirkung, Biologie

Verwechslung
Hinweis auf ähnliche Arten und Angaben zu deren Unterscheidung. Mit Seitenverweis, wenn die Pflanze an anderer Stelle im Buch beschrieben ist

Höhe 7–30 cm
Blütezeit März–April
Typisch Blütenkörbchen einzeln auf filzigen Stängeln.

Huflattich
Tussilago farfara | Korbblütengewächse | ☙

Merkmale Staude. Körbchen 2–3 cm breit. Am Stängel nur Schuppenblätter. Grüne Blätter erscheinen erst gegen Ende der Blütezeit, derb, herzförmig-rundlich, oberseits nur anfangs, unterseits bleibend weißfilzig, Blattzähne mit schwärzlichen Spitzen.
Vorkommen Wege, Straßenränder, Schuttplätze, Kiesgruben, Ufer. Auf offenen, meist kalkhaltigen Böden aller Art. Bodenfestigende Pionierpflanze. Häufig.
Wissenswertes Die Pflanze enthält Schleimstoffe, die Husten und Heiserkeit lindern (lat. *tussis* = Husten, *agere* = vertreiben). In Wildpflanzen sind jedoch auch giftige Pyrrolizidinalkaloide vorhanden. Deshalb werden meistens alkaloidfreie Züchtungen verwendet.
Verwechslung Blätter mit Pestwurz (S. 58), Blattzähne an der Spitze nicht schwärzlich.

Höhe 20–50 cm
Blütezeit Juni–Juli
Typisch Grundrosette, Stängelblätter gegenständig.

Echte Arnika Berg-Wohlverleih
Arnica montana | Korbblütengewächse | (☙) | geschützt

Merkmale Staude. Je Stängel 1–3 goldgelbe Körbchen, außen Zungen-, innen Röhrenblüten. Stängel borstigdrüsig behaart, meist nur mit 1 Paar Blättern.
Vorkommen Magere Wiesen und Weiden, Heiden, Moore, lichte Wälder. Auf etwas feuchten, sauren Böden. Meidet Kalk. Zerstreut, in den Mittelgebirgen und Alpen.
Wissenswertes Blütenauszüge hemmen Entzündungen und lindern Schmerzen. Äußerlich helfen sie bei Prellungen, Quetschungen, Rheuma und Insektenstichen. Überdosierung kann jedoch eine Allergie auslösen. Innerlich angewandt kann die Pflanze zu Vergiftungen mit Erbrechen, Herzrhythmusstörungen und Kollaps führen.
Verwechslung Großblütige Gämswurz *(Doronicum grandiflorum)*, Blätter wechselständig, Alpen.

Hinweis auf Giftigkeit
Unterschieden in
schwach giftig, giftig

Typisches Aussehen
Das Foto zeigt einen Eindruck
der blühenden Pflanze oder
eines auffälligen Ausschnitts

Weitere Details
In einigen Fällen
zeigt ein zweites Foto
weitere Merkmale der
Pflanze, wie Blätter,
Früchte oder Wurzeln

**Hinweis auf Schutz-
status**
Als „geschützt"
gekennzeichnet
sind Pflanzen, die
entweder gesetzlich
geschützt sind oder
auf der Roten Liste
der Farn- und Blü-
tenpflanzen Deutsch-
lands stehen

Verwechslung Großblütige Gämswurz

Verwechslung
Foto der im Text un-
ter „Verwechslung"
angegebenen Pflan-
ze, sofern diese nicht
an anderer Stelle
im Buch ausführlich
beschrieben ist

Kapitel „Botanische
Fachausdrücke im Bild"
Seite 424

Zum Gebrauch des Buches

Das auffälligste einer Blume ist die Farbe der Blüte. Daher sind die Blumen in diesem Buch nach ihrer Blütenfarbe in fünf Gruppen eingeteilt. Die Blütenform ist ein weiteres Merkmal und ermöglicht es, die fünf Farbgruppen in weitere Untergruppen zu gliedern.

Die vordere Umschlagklappe zeigt alle Gruppen mit jeweils einem Beispiel und verweist auf die zugehörigen Seiten im Buch.

Blütenfarbe

Der Kosmos-Farbcode in der Kopfleiste der Seiten kennzeichnet die Blütenfarben Rot, Weiß, Blau, Gelb und Grün/Braun. Die typische Blütenfarbe ist am Besten an voll geöffneten Blüten zu erkennen.

Frühlings-Platterbse ändert ihre Farbe

Wechselnde Blütenfarbe

Die Blüten der meisten Pflanzen lassen sich recht einfach in eine der Farbgruppen einordnen. Violette Blüten zeigen jedoch verschiedene Nuancen zwischen rot und blau. Wirken sie während der ganzen Blütezeit eher rotviolett, finden sie sich unter der Hauptgruppe Rot, erscheinen sie eher blauviolett, sind sie der Hauptgruppe Blau zugeordnet. Zahlreiche Blüten ändern auch ihre Farbe während der Blütezeit. In diesen Fällen empfiehlt es sich, bei allen in Frage kommenden Farben nachzuschlagen.

Blütenform

Die Blütenform gehört zu den wichtigsten Erkennungsmerkmalen. Dieses Buch unterscheidet fünf verschiedene Blütenformen, die jeweils in der Kopfleiste der Seite als Symbol dargestellt und zusätzlich beschrieben werden. Innerhalb dieser Untergruppen können die einzelnen Teile einer Blüte in unterschiedlicher Ausprägung vorhanden sein oder auch ganz fehlen, so dass Blüten eine ganze Fülle an Erscheinungsformen aufweisen. Die „Botanischen Fachausdrücke im Bild" (ab S. 424) zeigen wichtige und häufige davon.

Unter **den zwei Symbolen** ⌘ ❋ finden sich Blüten mit höchstens 4 bzw. 5 Blütenblättern. Bei Blüten mit verwachsener Blütenhülle gilt die Anzahl der Zipfel an der Krone. Diese zwei

 **Deutscher Enzian**

Gewöhnliche Golddiestel

Wiesen-Klee

Gruppen umfassen nur Blüten, die radiärsymmetrisch aufgebaut sind. Solche Blüten haben ähnlich wie ein Stern mehrere Symmetrieebenen. Sie sehen deshalb von oben immer gleich aus.

Auch die Arten unter **dem Symbol** sind radiärsymmetrisch aufgebaut. Jedoch sind in diese Gruppe zusätzlich alle Korbblütengewächse eingeordnet. Ihre Körbchen bestehen zwar aus vielen Einzelblüten. Unvoreingenommen betrachtet ähnelt jedoch jedes einzelne Körbchen einer Blüte mit vielen Blütenblättern.

Blüten mit **dem Symbol** haben nur eine Symmetrieebene. Von vorn betrachtet gibt es ein eindeutiges „Oben" und „Unten". „Links" und „Rechts" sind spiegelbildlich zueinander.

Vorkommen

Unsere heimischen Pflanzen besiedeln unterschiedlichste Lebensräume. Dabei gibt es Arten, die bezüglich Wasser, Boden und Licht kaum Ansprüche haben. Andere sind Spezialisten, wie etwa die Gewöhnliche Wassernuss, die nährstoffreiche, saubere, stehende Gewässer braucht.

Die Vorkommen vieler Pflanzen weisen auf ganz bestimmte Eigenschaften ihres Standorts hin. Sie sind so genannte Zeigerpflanzen. So erkennt man an üppig wachsenden Brennnesseln stickstoffreiche Stellen. Das Leberblümchen dagegen weist auf Kalk im Boden hin.

Die im Buch beschriebene Häufigkeit bezieht sich auf Deutschland und in der Regel auf den jeweiligen Lebensraum der Pflanze. So sind etwa Moore in Deutschland selten. Damit müssten alle Moorpflanzen selten (oder sehr selten) sein. Nimmt man jedoch als Basis die Moore und beachtet, wie häufig dort eine bestimmte Pflanze vorkommt, kann man innerhalb dieses Lebensraumes seltenere und häufigere Arten unterscheiden. So findet man dort z. B. die Preiselbeere häufig und den Rundblättrigen Sonnentau zerstreut.

Blütezeit

Die Blüte stellt ein bestimmtes Stadium in der Entwicklung einer Pflanze dar. Dieser Zustand kann bei einer einjährigen oder kurzlebigen Art wie der Gewöhnlichen Vogelmiere bereits wenige Wochen nach der Samenkeimung erreicht sein. Ihre Blütezeit ist damit weitgehend von den Jahreszeiten unabhängig. Bei den ausdauernden Arten bilden nur wenige, z. B. das Gänseblümchen, rund ums Jahr Blüten. Zweijährige Pflanzen wie der Rote Fingerhut entwickeln im ersten Jahr nur Blätter. Sie blühen erst im zweiten Jahr. Bei diesen sowie den meisten ausdauernden Arten ist eine mehr oder weniger ausgeprägte Abhängigkeit vom Jahresverlauf zu finden. Erst bestimmte Temperaturen, Licht- und Feuchtigkeitsverhältnisse führen zur Blüte. Dabei kann die gleiche Art an einem Nordhang 1–2 Wochen später als am gegenüberliegenden Südhang blühen. Ein ähnlicher Effekt lässt sich beobachten, wenn man vom Flachland ins Gebirge aufsteigt. Hier können durchaus Unterschiede von 1–3

Preiselbeere

Monaten auftreten. Auch der globale Klimawandel lässt sich direkt an den Pflanzen beobachten: Viele Frühjahrsarten blühen früher, immer mehr im Herbst ein zweites Mal.

Die im Buch für die jeweiligen Pflanzen angegebenen Blütezeiten geben die Hauptmonate an. Manche Arten können jedoch auch noch davor oder danach blühend angetroffen werden.

Giftige Arten

Im Buch sind giftige Arten entsprechend gekennzeichnet. Dies kann jedoch keine absolute Sicherheit vermitteln. Der Rückschluss, alle Arten, bei denen kein entsprechender Hinweis zu finden ist, seien vollkommen ungiftig, funktioniert leider nicht. Von auffälligen Arten oder solchen, die zum Beispiel auf Viehweiden stehen, kennt man meist die Giftigkeit. Dagegen liegen zu vielen Arten, die bisher für den Menschen nicht interessant genug waren, keine oder nur wenige Informationen vor.

So können selbst lange Zeit als unproblematisch geltende Pflanzen ein Risiko bergen. Das Fuchs' Kreuzkraut war eine wichtige Heilpflanze. Heute weiß man, dass es Inhaltsstoffe enthält, die Krebs auslösen können.

Artenschutz

Im vorliegenden Buch steht der Hinweis „geschützt" bei Pflanzen, die entweder in der Bundesartenschutzverordnung aufgeführt sind, oder in der deutschlandweiten Roten Liste stehen. Rote Listen verzeichnen im jeweiligen Gebiet ausgestorbene, verschollene oder gefährdete Arten. Neben der für ganz Deutschland geltenden Roten Liste haben die Bundesländer noch eigene Rote Listen. Diese enthalten viele zusätzliche Arten, die lokal sehr selten sind und deshalb in diesen Gebieten geschont werden müssen. Diese spezifischen Listen sind in diesem Buch nicht berücksichtigt. Im Zweifelsfall gilt deshalb immer: Lieber eine Pflanze stehen lassen!

In ausgewiesenen Schutzgebieten wie Naturschutzgebieten dürfen Pflanzen grundsätzlich nicht gepflückt oder zerstört werden. Dies gilt dort für alle Arten, auch solche, die eher als „Unkraut" gelten.

Helm-Knabenkraut

9

Die Blumenarten

Höhe 40–120 cm
Blütezeit Mai–Juli
Typisch Pinselartige
Blüten mit vielen langen
Staubblättern.

Akeleiblättrige Wiesenraute

Thalictrum aquilegifolium | Hahnenfußgewächse

Merkmale Staude. Reichblütige Rispe, Staubfäden
violett oder rötlich, unter dem Staubbeutel verdickt.
Stängel kantig, kahl. Blätter 2–3fach gefiedert, blaugrün
bereift. Blättchen rundlich bis oval, grob stumpf ge-
zähnt oder etwas eingeschnitten.
Vorkommen Auen- und Schluchtwälder, feuchte
Wiesen. Auf nassen, nährstoffreichen Böden. Zerstreut,
vor allem im Süden und Osten.
Wissenswertes Die duftenden Blüten fallen durch die
Staubblätter auf, die anfangs aufrecht stehen und sich
später nach außen spreizen. Bienen, Hummeln, Käfer
und Fliegen sammeln Pollen aus den Staubbeuteln.
Die 4 kleinen Blütenblätter fallen früh ab.
Verwechslung Ohne Blüten mit der Gewöhnlichen
Akelei (S. 240), diese aber mit behaartem Stängel.

Höhe 30–90 cm
Blütezeit Mai–Juli
Typisch 5–8 cm große
Blüten mit 4 Kronblättern.

Klatsch-Mohn

Papaver rhoeas | Mohngewächse | (☠)

Merkmale Einjährig. Kronblätter meist mit schwarzem
Fleck, Blütenstiele abstehend borstig behaart. Kapselfrucht 1–2-mal so lang wie breit. Weißer Milchsaft.
Vorkommen Getreidefelder, Wege, Bahnhofsgelände,
Ödflächen, an Straßenböschungen auch zur Begrünung
ausgesät. Verbreitet.
Wissenswertes Die Blütenblätter liegen zerknautscht
in den Knospen und straffen sich erst beim Entfalten.
Jede Blüte bildet rund 2,5 Millionen Pollenkörner, die
besonders morgens bis etwa 10 Uhr abgegeben werden.
Hummeln erhöhen die Abgabe durch Vibrieren (Buz-
zing), das als lautes Brummen hörbar ist. Die Pflanze
enthält Alkaloide, jedoch kein Opium.
Verwechslung Saat-Mohn *(Papaver dubium)*, Blüten
2–5 cm groß, Kapselfrucht 2–4-mal so lang wie breit.

Verwechslung Saat-Mohn

Höhe 30–100 cm
Blütezeit Mai–Juli
Typisch Untere Blätter pfeilförmig mit spitzen Ecken.

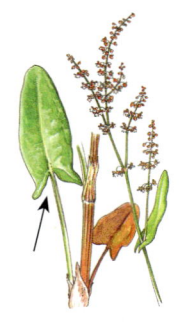

Großer Sauerampfer
Wiesen-Sauerampfer
Rumex acetosa | Knöterichgewächse | (☠)

Merkmale Staude. Blütenstand mit meist unverzweigten Seitenästen. Blüten klein, rot bis grün, männlich oder weiblich. Stängelblätter stängelumfassend.
Vorkommen Wiesen, Weiden, Wegränder, Fluss- und Bachufer, auf nährstoffreichen Böden. Zeigt Stickstoffreichtum an. Verbreitet.
Wissenswertes Für den sauren Geschmack der Pflanze sind Oxalsäure und Kaliumoxalat verantwortlich. Größere Mengen führen zu Durchfällen und Erbrechen und können Nierenschäden verursachen. Der Name *Rumex* geht auf die Bezeichnung für einen Wurfspeer zurück, dem die Blattform ähnelt.
Verwechslung Kleiner Sauerampfer *(Rumex acetosella)*, Pflanze 10–30 cm hoch, zeigt magere, saure Böden an.

Höhe 5–15 cm
Blütezeit Mai–Aug.
Typisch Blätter immergrün, unterseits punktiert.

Preiselbeere Kronsbeere
Vaccinium vitis-idaea | Heidekrautgewächse

Merkmale Zwergstrauch. Blüten in kurzen, hängenden Trauben, glockenförmig, 4-teilig. Beeren rot, vorn mit 4-teiligem Kelchrest. Blätter 1–3 cm lang, oval, derb, am Rand verdickt oder umgerollt.
Vorkommen Nadelwälder, Heiden, Moore. Auf nährstoffarmen, sauren Böden. Häufig.
Wissenswertes Die Beeren enthalten Fruchtsäuren, Gerbstoffe, Mineralstoffe und Vitamine. Die Schweden ernten sie in großen Mengen als das „Rote Gold des Landes". Die Blätter werden manchmal in der Heilkunde verwendet. Sie enthalten Arbutin, das den Harn desinfiziert und Blasenentzündungen lindert.
Verwechslung Immergrüne Bärentraube *(Arctostaphylos uva-ursi)*, Blüte mit 5 Zipfeln, Beeren vorn höchstens mit Griffelrest. Selten.

Verwechslung Kleiner Sauerampfer

Verwechslung Immergrüne Bärentraube

Höhe 30–100 cm
Blütezeit Aug.–Okt.
Typisch Kleine Blätter dachziegelartig an den Zweigen.

Heidekraut Besenheide
Calluna vulgaris | Heidekrautgewächse

Merkmale Zwergstrauch. Meist einseitswendige Traube, Blüten um 4 mm lang, Kelch rosa, länger als die Krone. Blätter immergrün, in 4 Zeilen, 2–4 mm lang. Wuchs besenartig.

Vorkommen Heiden, magere Weiden, Kiefernwälder, Moore. Auf sauren, oft sandigen Böden. Verbreitet.

Wissenswertes Das Heidekraut verwandelt bei uns ganze Landstriche in ein rosa Meer und sorgt so für die eindrucksvolle „blühende Heide" (z. B. Lüneburger Heide). Die Wurzeln geben Tannine in den Boden ab und unterdrücken so das Wachstum von Mycorrhiza-Pilzen. Bäume, die auf die Lebensgemeinschaft mit diesen Pilzen angewiesen sind, können deshalb Heideflächen nur spärlich besiedeln. Die Zweige dienten früher zur Herstellung von Besen.

Höhe 15–50 cm
Blütezeit Juni–Sept.
Typisch Blätter nadelförmig, steifhaarig bewimpert.

Glocken-Heide
Erica tetralix | Heidekrautgewächse

Merkmale Zwergstrauch. Blütenstand kopfig, Blüten ei- bis krugförmig, um 7 mm lang. Blätter immergrün, 4–7 mm lang, in Quirlen zu je 3–4.

Vorkommen Moorige Heiden. Auf nassen, nährstoffarmen, sauren Sandböden. Selten. Die Ostgrenze der natürlichen Verbreitung liegt im Westen Deutschlands, östliche Vorkommen eingeschleppt und eingebürgert.

Wissenswertes Die Glocken-Heide wächst im Gegensatz zum Heidekraut (s. o.), das im Volksmund ebenfalls „Erika" genannt wird, nur einzeln oder höchstens in lockeren Gruppen. Entwässerungen und Aufforstungen führen zu einem Rückgang der Bestände.

Verwechslung Schnee-Heide (*Erica carnea*), Blätter kahl, Blüten zylindrisch bis eng krugförmig. In Kiefernbeständen im Alpenvorland und im Gebirge.

Verwechslung Schnee-Heide

Höhe 30–150 cm
Blütezeit Juni–Sept.
Typisch Dichte, dunkel braunrote Blütenköpfchen.

Großer Wiesenknopf

Sanguisorba officinalis | Rosengewächse

Merkmale Staude. Köpfchen endständig, kugelig bis eiförmig, 1–3 cm lang, Blüten mit 4 Kelchblättern, Kronblätter fehlend. Blätter unpaarig gefiedert, die 7–15 Blättchen herz-eiförmig, unterseits graugrün.
Vorkommen Feuchte Wiesen, Moor- und Bergwiesen. Verbreitet, im nördlichen Tiefland selten.
Wissenswertes Die Pflanze lockt im Gegensatz zum Kleinen Wiesenknopf (S. 384) Insekten als Bestäuber an. In der Volksheilkunde empfahl man den gerbstoffhaltigen Wurzelstock gegen Durchfall und zur Blutstillung bei starker Monatsblutung. Der wissenschaftliche Name bezieht sich auf diese Anwendung: lat. *sanguis* = Blut, *sorbere* = aufsaugen. Form und Farbe der Blütenköpfchen deutete man als Zeichen für die Heilwirkung.

Höhe 40–120 cm
Blütezeit März–April
Typisch Duftende Blüten sitzen direkt an den Ästen.

Gewöhnlicher Seidelbast
Kellerhals
Daphne mezereum | Seidelbastgewächse | 🕱 | geschützt

Merkmale Strauch. 4-zipfelige Blüten erscheinen früher als die lanzettlichen Blätter. Früchte beerenartig.
Vorkommen Wälder. In den Kalkgebieten der Berge zerstreut, im nordwestlichen Tiefland fehlend.
Wissenswertes „Kellerhals" stammt von „Quälerhals". Die in der Pflanze enthaltenen giftigen Diterpene führen beim Verschlucken zu starken Halsentzündungen und Brechreiz. Es kommt zu Schock und Kreislaufkollaps. Gelangt Pflanzensaft auf die Haut, rötet sich diese und bildet Blasen. Bachstelzen und Drosseln fressen die roten Früchte. Ihnen schadet das Gift nicht.
Verwechslung Rosmarin-Seidelbast *(Daphne cneorum)*, Blätter immergrün, Blüten in Büscheln. Trockene Wälder und Rasen, liebt Wärme, selten.

Verwechslung Rosmarin-Seidelbast

Höhe 80–150 cm
Blütezeit Juni–Sept.
Typisch 2–3 cm breite Blüten in den Blattachseln.

Zottiges Weidenröschen
Epilobium hirsutum | Nachtkerzengewächse

Merkmale Staude. Blüten tiefrosa bis purpurrot. Fruchtknoten wirkt wie ein langer, dicker Stiel. Narbe mit 4 sternförmigen Ästen. Samen mit langen Haaren. Pflanze zottig behaart. Blätter sitzend.
Vorkommen Bäche, Grabenränder, Quellen. Auch an verschmutzten Gewässern. In den Lehm- und Kalkgebieten zerstreut, im nördlichen Tiefland seltener.
Wissenswertes Die Samen sind leichter als Wasser und können mehrere Wochen lang schwimmen. Im 18. Jh. nutzte man die Samenhaare als Stopfmaterial für Polster und Bettdecken und fertigte Dochte und kleine Stricke daraus. Sie lassen sich jedoch nicht zu Fäden verspinnen.
Verwechslung Kleinblütiges Weidenröschen *(Epilobium parviflorum)*, Blüten unter 1 cm breit.

Höhe 60–120 cm
Blütezeit Juli–Aug.
Typisch Lange Trauben mit 2–3 cm großen Blüten.

Schmalblättriges Weidenröschen
Epilobium angustifolium | Nachtkerzengewächse

Merkmale Staude. Blüten rosa bis purpurn, Narbe mit 4 sternförmigen Ästen. Fruchtknoten lang. Stängel aufrecht, kahl, Blätter wechselständig, lanzettlich, 8–15 cm lang, unterseits blaugrün.
Vorkommen Waldlichtungen, Kahlschläge, Waldwege, Ufer. Auf etwas feuchten, meist kalkarmen, lockeren Böden. Häufig, meist in großen Beständen.
Wissenswertes Die stabförmigen Kapselfrüchte reißen bei der Reife der Länge nach auf und geben die mit einem langen, weißen Haarschopf versehenen Samen frei. Eine Pflanze kann viele Tausend Samen bilden, die der Wind bis zu 10 km weit forttragen kann. In der Volksheilkunde wird die Pflanze ebenso wie das Kleinblütige Weidenröschen (s. o.) gegen gutartige Vergrößerungen der Prostata empfohlen.

Höhe 30–150 cm
Blütezeit Juni–Aug.
Typisch Gespinstartige
Pflanze ohne Blattgrün.

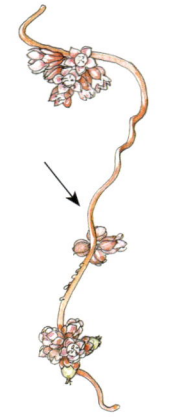

Nessel–Seide
Cuscuta europaea | Seidengewächse

Merkmale Einjährig. 10–15 mm große Blütenköpfchen, Blüten mit 4, seltener 5 Zipfeln, Kelch oft purpurrot. Stängel fadenförmig, gelblich weiß bis rötlich, umwinden die Wirtspflanze. Blätter winzig, schuppenförmig.
Vorkommen Vollschmarotzer, meist auf Brennnesseln, auch auf Zaunwinde oder Beifuß. Vorwiegend an feuchten Standorten. Selten.
Wissenswertes Die wurzellose Pflanze zapft ihren Wirt mit besonderen, an ihren Stängeln entstehenden Saugwurzeln an und entzieht ihm Wasser und Nährstoffe. Die Seiden-Arten brachte man früher mit Hexen- und Teufelszauber in Verbindung und nannte sie „Teufelszwirn" oder „Hexengarn".
Verwechslung Gewöhnliche Thymian-Seide *(Cuscuta epithymum)*, meist auf Thymian oder Ginster.

Höhe 5–20 cm
Blütezeit Juni–Okt.
Typisch Borstige Blätter
in Quirlen zu 4–6.

Ackerröte
Sherardia arvensis | Rötegewächse

Merkmale Einjährig. Blütenstände mit wenigen 4-zipfeligen, helllila, um 5 mm großen Blüten. Stängel liegend oder aufsteigend, 4-kantig, rau behaart. Blätter länglich-lanzettlich, 4–15 mm lang, 1-nervig, spitz.
Vorkommen Unkrautbestände in Äckern, Gärten, auf Brach- und Ödflächen, an Wegrändern. Auf nährstoffreichen, meist kalkhaltigen Böden an sommerwarmen Standorten. Zeigt Lehm an. Verbreitet. Stammt aus dem Mittelmeerraum.
Wissenswertes Der Name bezieht sich auf die rötliche Farbe der Wurzeln. Sie enthalten wie die Wurzeln des nah verwandten Krapps *(Rubia tinctoria)* und zahlreicher Labkraut-Arten (S. 132) rot färbende Anthrachinonfarbstoffe (in der Ackerröte z. B. Pseudopurpurin).

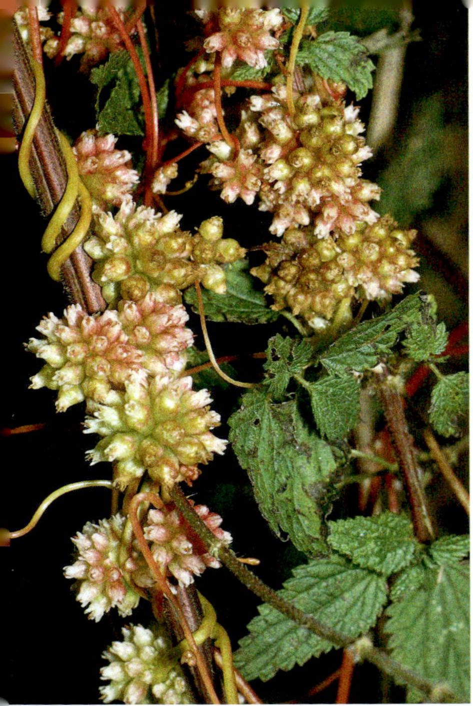

Verwechslung Gewöhnliche Thymian-Seide

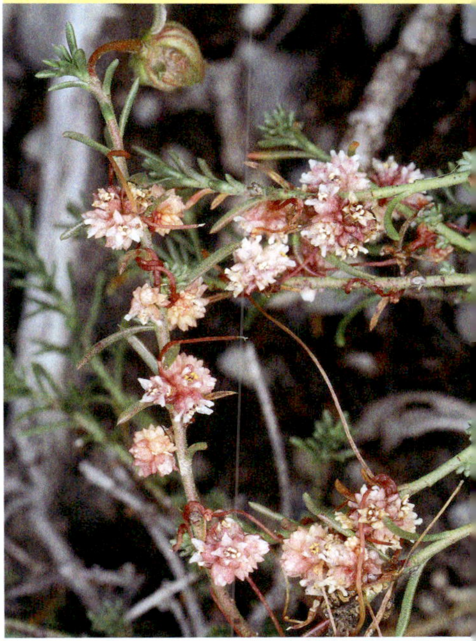

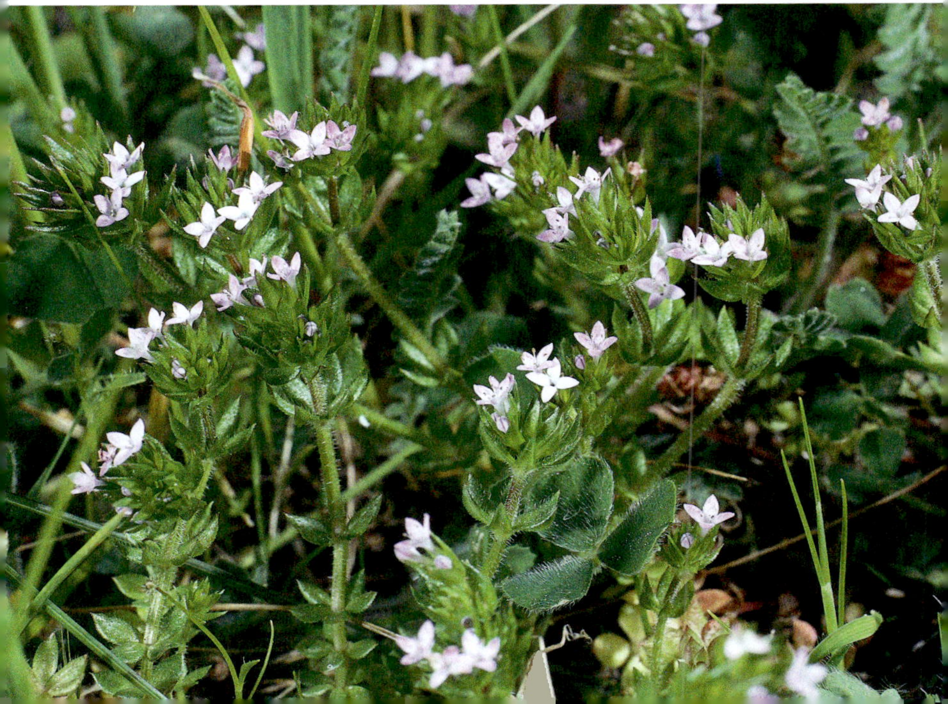

Höhe 20–80 cm
Blütezeit Juli–Okt.
Typisch Endständiger, kugelig-kopfiger Blütenstand.

Wasser-Minze Bach-Minze
Mentha aquatica | Lippenblütengewächse

Merkmale Staude. Unter dem endständigen Blütenstand meist 1–2 weitere Quirle. Pflanze behaart. Stängel 4-kantig. Blätter gekreuzt gegenständig, grob gesägt.
Vorkommen Ufer, Gräben, nasse Wiesen, Moorwiesen, im Schilf. Auf nährstoffreichen, meist kalkhaltigen, modrig-humosen Böden. Häufig.
Wissenswertes Die Pflanze zählte früher zu den heiligen Kräutern der Druiden. Die Blätter duften aromatisch und eignen sich für Tee. Angenehmer in Duft und Geschmack ist jedoch die Pfeffer-Minze *(Mentha × piperita)*, eine Kreuzung aus der Wasser-Minze mit der Grünen Minze *(Mentha spicata)*.
Verwechslung Acker-Minze *(Mentha arvensis)*, Blütenquirle in den oberen 6–12 Blattachseln, nicht am Stängelende.

Höhe 50–100 cm
Blütezeit Juli–Sept.
Typisch Endständige, ährenähnliche Blütenstände.

Ross-Minze
Mentha longifolia | Lippenblütengewächse

Merkmale Staude. Blüten klein, blasslila bis blassrot. Stängel 4-kantig, filzig behaart. Blätter gekreuzt gegenständig, länglich-lanzettlich, 4–10 cm lang, unterseits weißfilzig. Aromatischer Duft beim Zerreiben. Bildet einen verzweigten Wurzelstock und wächst dadurch meist in Gruppen.
Vorkommen Ufer, nasse Weiden, Gräben, Wegränder. Pionierpflanze. Zeigt Vernässung an. Verbreitet in Kalkgebieten. Heute weltweit vorkommend.
Wissenswertes Die Ross-Minze ist weniger wirksam und hat ein schlechteres Aroma als die verwandte Pfeffer-Minze. Der Namenszusatz „Ross" deutet auf diesen geringeren Wert hin, aber auch auf den Geruch, der etwas an Pferdeurin erinnert. Früher wurde die Pflanze bei Kopfschmerzen verwendet.

Höhe 30–80 cm
Blütezeit Juni–Sept.
Typisch Dichte, rosa
Blütenbüschel.

Gewöhnliches Seifenkraut
Saponaria officinalis | Nelkengewächse | (☠)

Merkmale Staude. Blüten bis 2,5 cm breit, hell- oder
tiefrosa, gelegentlich weiß, Kronblätter abgerundet oder
eingebuchtet, Kelch zylindrisch. Blätter gegenständig,
lanzettlich bis eiförmig, mit 3 Längsnerven.
Vorkommen An Flussufern, Wegen, auf Schuttplätzen,
Dämmen, Ödland. Auf nährstoffreichen, steinigen oder
sandigen Böden. Verbreitet.
Wissenswertes Wurzeln und Wurzelstock enthalten
2–5 Prozent Saponine. Sie dienten früher als Seifener-
satz, da sie zusammen mit Wasser einen Schaum bilden
und Waschkraft entfalten. In der Medizin helfen sie
zähen Hustenschleim zu verflüssigen. Größere Mengen
führen zu Erbrechen. Häufig sind die Staubbeutel der
Blüten nicht gelb vom Blütenstaub, sondern durch die
Sporen eines Pilzes schwarzviolett.

Höhe 25–50 cm
Blütezeit Juni–Aug.
Typisch Blüte mit
einem Ring aus dunk-
leren Punkten.

Busch-Nelke
Dianthus seguieri | Nelkengewächse | geschützt

Merkmale Staude. Blüten meist zu 2–8, von grünen
Hochblättern umgeben, Kronblätter gezähnt, Kelch
zylindrisch. Pflanze mit Blattrosette und gegenständig
beblättertem Stängel. Blätter schmal, bis 8 cm lang.
Vorkommen Magere Rasen und Weiden, Gebüsche,
Waldränder, Lichtungen. Auf kalkarmen Böden. Selten.
Wissenswertes Die wilden Nelken sind nicht nur durch
Pflücken, sondern besonders durch die düngende Wir-
kung von Luftverunreinigungen gefährdet, da hier-
durch ihre mageren Standorte verändert werden. Die
Busch-Nelke verliert außerdem durch intensive Bewirt-
schaftung zunehmend ihren Lebensraum.
Verwechslung Heide-Nelke *(Dianthus deltoides),* Blüten
meist einzeln. Blätter nur bis 3 cm lang. An ähnlichen
Standorten, zerstreut.

Höhe 15–50 cm
Blütezeit Juni–Sept.
Typisch Blütenbüschel
mit braunhäutigen
Hochblättern.

Kartäuser-Nelke
Dianthus carthusianorum | Nelkengewächse | geschützt

Merkmale Staude. Meist 1–3 Blüten je Büschel gleichzeitig geöffnet. Kronblätter gezähnt, dunkelpurpurn,
Kelchröhre braunrot. Nichtblühende Sprosse und zahlreiche blühende, meist unverzweigte, kahle, steife Stängel. Blätter gegenständig, lineal, derb.
Vorkommen Magere Rasen, sonnige Hänge, Böschungen. Auf warmen, trockenen, meist kalkreichen Böden.
Zerstreut, im Nordwesten fehlend.
Wissenswertes Das erste Eremitenkloster der Kartäu-
sermönche befand sich in den Westalpen in einer Ge-
gend, in der die nach ihnen benannte Nelke vorkommt.
Die Mönche haben Nelken in ihren Gärten gezogen.
Ob es jedoch die Kartäuser-Nelke war oder ob es sich
dabei um die als Gartenblume beliebte Bart-Nelke
(Dianthus barbatus) handelte, ist unklar.

Höhe 30–60 cm
Blütezeit Juni–Sept.
Typisch Kronblätter bis
über die Mitte fransig
geschlitzt.

Pracht-Nelke
Dianthus superbus | Nelkengewächse | geschützt

Merkmale Staude. Lila bis hellpurpurne, 3–4,5 cm breite, duftende Blüten, einzeln oder zu wenigen. Kelch
2–3 cm lang. Pflanze kahl, oft blaugrün. Blätter gegenständig, lineal-lanzettlich, bis 12 cm lang.
Vorkommen Moorwiesen, Grabenränder. Auf nassen,
kalkarmen, modrig-humosen Böden. Zerstreut, vor
allem in den Stromtälern, im Nordwesten selten.
Wissenswertes Nur Insekten mit langem Rüssel, wie
das Taubenschwänzchen und andere Tagschwärmer,
können an den Nektar am Grunde der schmalen Blütenröhre gelangen. Bei ihrem Schwirrflug von Blüte zu
Blüte bestäuben sie diese. Kleine Insekten, die in die
Blüte kriechen wollen, jedoch als Bestäuber nicht in
Frage kommen, werden durch Barthaare am Eingang
der Röhre zurückgehalten.

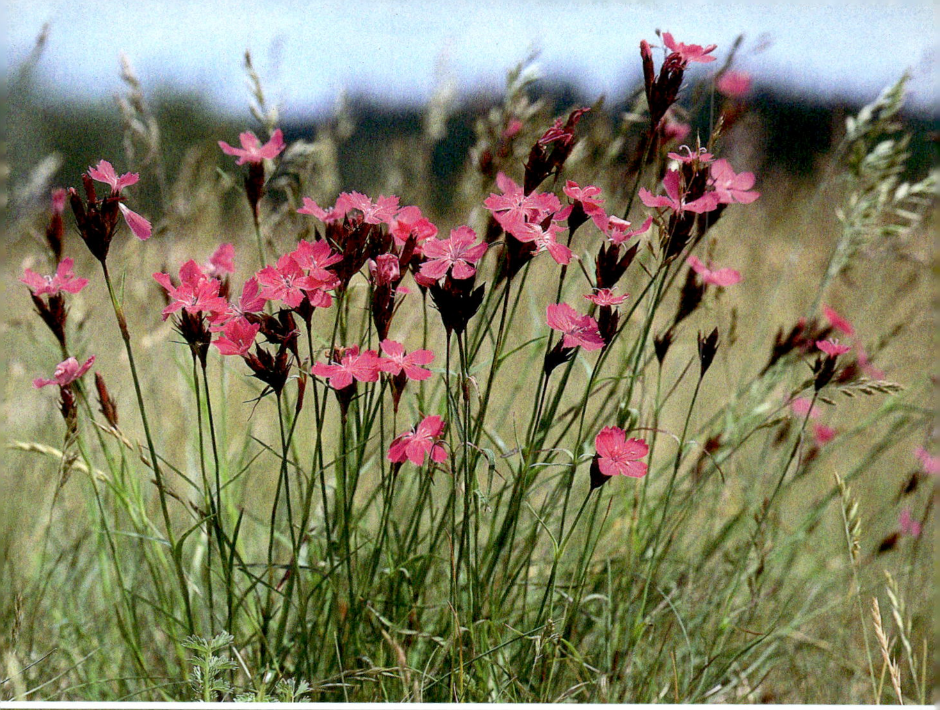
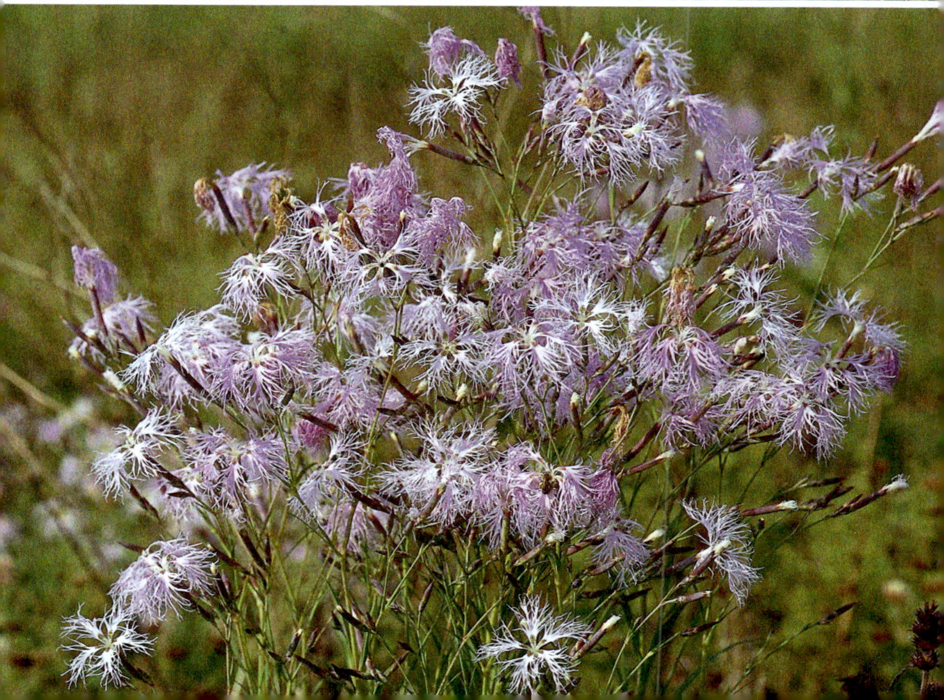

Höhe 30–90 cm
Blütezeit April–Sept.
Typisch Kronblätter
tief 2-spaltig.

Rote Lichtnelke

Silene dioica, Melandrium rubrum
Nelkengewächse | (☠)

Merkmale Staude. 1,5–2,5 cm breite, geruchlose, tiefrosa, sehr selten weiße Blüten in lockeren Rispen, männliche und weibliche auf verschiedenen Pflanzen, männliche Blüten mit zylindrischem (Foto oben), weibliche mit bauchigem Kelch (Foto unten). Pflanze abstehend behaart.
Vorkommen Feuchte Wiesen, lichte Wälder. Zeigt Nährstoffreichtum und Feuchtigkeit an. Verbreitet.
Wissenswertes Die Blüten sind Tag und Nacht geöffnet und werden von Tagfaltern und langrüsseligen Hummeln besucht. An geeigneten Standorten färben sie die Wiesen im Mai durch die üppige Blütenpracht tiefrosa. Nachzügler blühen auch später.
Verwechslung Weiße Lichtnelke (S. 140), Blüten weiß, wirken tagsüber wie verwelkt.

Höhe 30–80 cm
Blütezeit Mai–Juli
Typisch Kronblätter
tief 4-teilig mit
schmalen Zipfeln.

Kuckucks–Lichtnelke

Silene flos–cuculi | Nelkengewächse | (☠)

Merkmale Staude. Bis zu 30 Blüten in gabeligen Blütenständen. Pflanze fast kahl, oft rötlich. Blätter gegenständig, Blattunterseite mit erhabenem Nerv.
Vorkommen Fettwiesen, Sumpf- und Moorwiesen. Auf nassen oder feuchten, nährstoffreichen Böden. Zeigt Feuchtigkeit an. Verbreitet.
Wissenswertes Die Pflanze enthält wie zahlreiche ihrer Verwandten Saponine, die die Schleimhäute reizen und Erbrechen auslösen können. Die Blütezeit im Frühling führte zur Namensgebung, da der Kuckuck das Frühjahr ankündigt. Auch der häufig an der Pflanze zu findende Schaum der Schaumzikaden, den man im Volksmund „Kuckucksspeichel" nennt, kann mit dazu beigetragen haben. Die stark zerteilten Kronblätter wirken auf Insekten besonders attraktiv.

Höhe 40–100 cm
Blütezeit Juni–Juli
Typisch Kelchzipfel
viel länger als die Kronblätter.

Gewöhnliche Kornrade

Agrostemma githago | Nelkengewächse | ☠ | geschützt

Merkmale Einjährig. Blüten einzeln, Krone 2,5–4 cm groß, jedes Kronblatt mit 3–4 dunkleren Linien. Kapselfrucht mit schwarzen Samen. Pflanze seidig behaart. Blätter schmal-lanzettlich bis lineal.
Vorkommen Getreideäcker, Sandrasen, Ödland. Heute durch Saatgutreinigung und Unkrautvernichtungsmittel selten, gelegentlich jedoch ausgesät.
Wissenswertes Die Gewöhnliche Kornrade war früher als Getreideunkraut gefürchtet. Die Samen wurden meist erst beim Dreschen frei. Wegen ihrer ähnlichen Größe und Form konnten sie nur schwer von den Getreidekörnern getrennt werden und so das Mehl vergiften. Sie enthalten stark giftige Saponine, die zu Übelkeit, Erbrechen, Schwindel, Krämpfen und Tod durch zentrale Atemlähmung führen.

Höhe 10–80 cm
Blütezeit Juli–Okt.
Typisch Blätter meist mit dunklem Fleck.

Floh-Knöterich
Pfirsichblättriger Knöterich
Persicaria maculosa | Knöterichgewächse | (☠)

Merkmale Einjährig. 1–4 cm lange Blütenstände, Blüten rosa, weiß oder grünlich. Stängel liegend bis aufrecht. Blätter lanzettlich, kurz gestielt oder sitzend. Blattscheide am Rand mit 2–4 mm langen Borsten.
Vorkommen Unkrautbestände auf Äckern, Schuttplätze, in Gärten, an Gräben. Auf feuchten, nährstoffreichen Böden. Pionierpflanze. Verbreitet.
Wissenswertes Die Blätter enthalten scharf schmeckende ätherische Öle. Man nützte die Pflanze früher, um Flöhe zu vertreiben. Diese Wirkung ist jedoch nicht bewiesen, vielleicht verglich man lediglich die Flecken auf den Blättern mit Flohstichen.
Verwechslung Ampfer-Knöterich *(Persicaria lapathifolia)*, Blattscheiden höchstens 0,5 mm lang behaart.

Höhe 30–100 cm
Blütezeit Mai–Juli
Typisch Dichter, walzlicher Blütenstand.

Schlangen-Wiesenknöterich
Schlangen-Knöterich
Bistorta officinalis | Knöterichgewächse

Merkmale Staude. 1–2 cm breiter Blütenstand am Stängelende, Blüten duftend, hell- oder dunkelrosa, Staubblätter ragen weit heraus. Blätter länglich-eiförmig, bis 20 cm lang. Stängel unverzweigt. Wurzelstock dick, schlangenartig verbogen.
Vorkommen Nasswiesen, Auenwälder, Ufer. Auf nassen oder feuchten, nährstoffreichen Böden. Zeigt Nässe an. Häufig. Bildet oft große Bestände.
Wissenswertes Früher röstete man in Sibirien und auf Island den stärkereichen Wurzelstock als Nahrung. Gemahlen diente er zum Strecken von Mehl. Da er auch reichlich Gerbstoffe enthält, verwendeten Heilkundige ihn gegen Durchfall. Wegen der Form hieß es sogar, er helfe gegen Schlangengifte.

Höhe 5–50 cm
Blütezeit Mai–Nov.
Typisch Je 1–3 kleine Blüten in den Blattachseln.

Vogel-Knöterich
Polygonum aviculare | Knöterichgewächse

Merkmale Einjährig. Blüten klein, rosa oder grünlich. Stängel liegend oder aufsteigend, oft lang kriechend. Blätter 0,5–4 cm lang, mit hautartigen, oft silbrig glänzenden Blattscheiden. Sehr vielgestaltige Pflanze.
Vorkommen Wege, Wegränder, Risse in Asphalt, Pflasterplätze, Unkrautbestände. Sehr trittfeste Pflanze, zeigt Stickstoffreichtum an. Verbreitet.
Wissenswertes Die Pflanze begleitet den Menschen seit der jüngeren Steinzeit. Ihre Früchte haften an den Sohlen und werden so besonders entlang der Wege verbreitet. Heute wächst der Vogel-Knöterich weltweit in den gemäßigten Zonen. Seinen Namen trägt er, weil Vögel, besonders Spatzen, sehr gerne seine Samen fressen. In der Heilkunde verwendet man ihn gelegentlich gegen Atemwegskatarrhe.

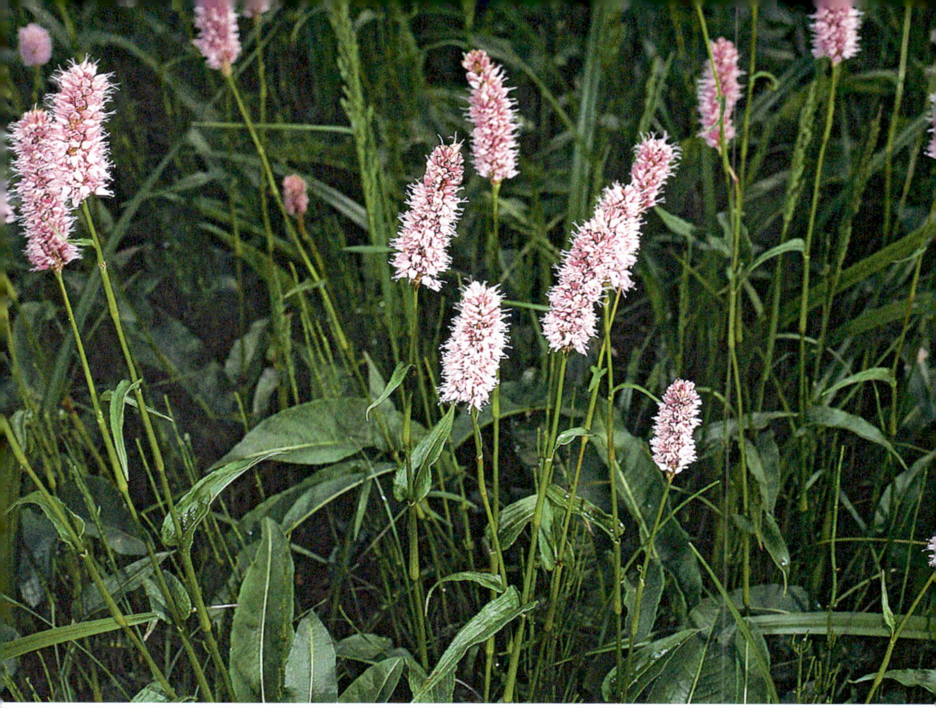
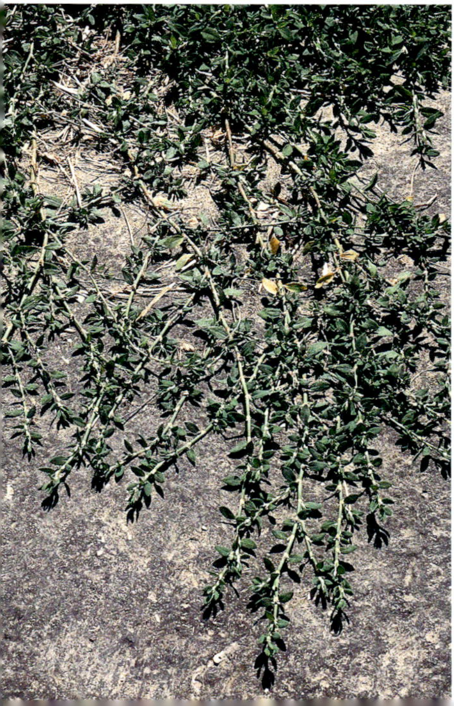
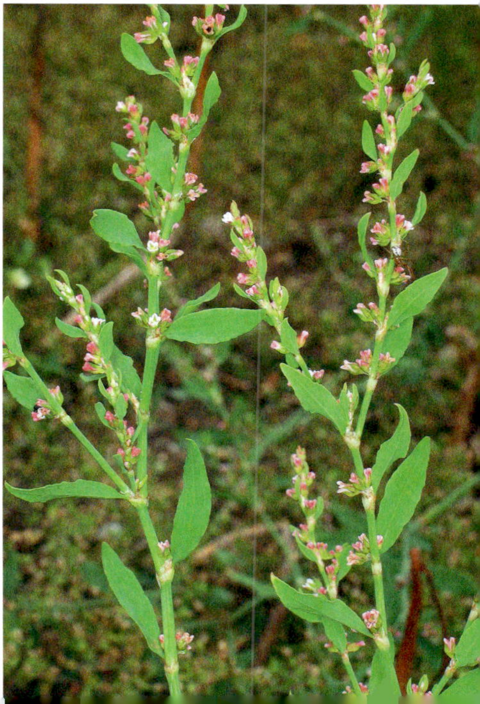

Höhe 20–80 cm
Blütezeit Juni–Okt.
Typisch 3 schmale
Blätter außerhalb des
Kelchs.

Moschus-Malve
Malva moschata | Malvengewächse

Merkmale Staude. 4–6 cm breite Blüten zu 1–3 in den Blattachseln und traubig am Stängelende. Oberste Blätter bis zum Grund handförmig 3–7-teilig, die Abschnitte in schmal-bandförmige Zipfel gespalten.
Vorkommen Magere, sonnige Wiesen, Weiden, Straßenränder, Böschungen. Auf meist kalkarmen Böden. Wärmeliebend. Zerstreut.
Wissenswertes Die Blüten sowie welke junge Pflanzen duften ganz schwach nach Moschus. Die Pflanze kam ursprünglich aus dem Mittelmeerraum als Zierpflanze zu uns. Wegen ihres Schleimgehalts wurde sie auch als Heilpflanze gegen Geschwulste und Husten verwendet.
Verwechslung Rosen-Malve *(Malva alcea)*, Außenkelchblätter eiförmig, Blüten in den Blattachseln nur einzeln.

Höhe 30–100 cm
Blütezeit Juni–Okt.
Typisch Blätter etwa
bis zur Mitte 3–7-teilig.

Wilde Malve
Malva sylvestris | Malvengewächse

Merkmale Staude. 3,5–5,5 cm große Blüten zu je 2–6 in den Blattachseln, Kronblätter mit dunklen Nerven, vorn eingebuchtet. Blätter mit gerundeten Abschnitten, am Grund herzförmig. Wuchs aufrecht.
Vorkommen Sonnige Unkrautbestände an Wegen, auf Schuttplätzen. Auf im Sommer trockenen Böden. Zeigt Stickstoffreichtum an. Wärmeliebend. Zerstreut.
Wissenswertes Blätter und Blüten enthalten bis 8 Prozent Schleim, der trockenen Reizhusten lindert.
Im 16. Jh. galt die Wilde Malve als Allheilmittel. Dunkle Blüten eignen sich zum Färben von Lebensmitteln. Malven-Früchtetee stammt aber von einer Hibiskus-Art *(Hibiscus sabdariffa)*.
Verwechslung Weg-Malve (S. 38), Stängel niederliegend, Blüten höchstens 2,5 cm breit.

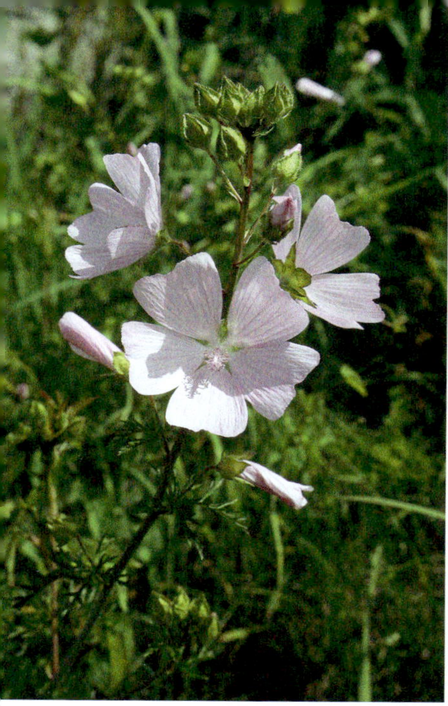

Verwechslung Rosen-Malve

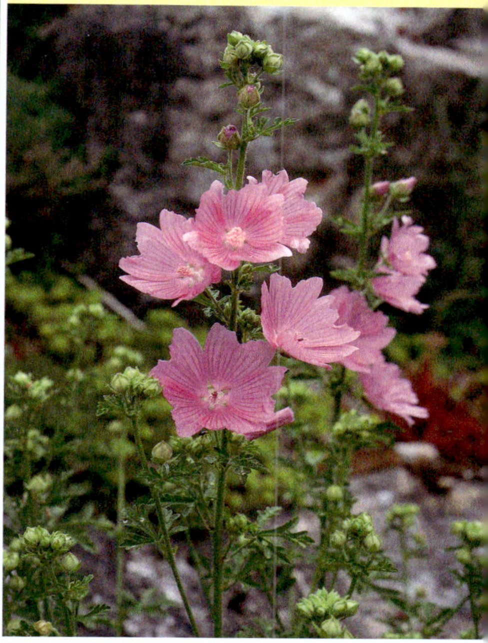

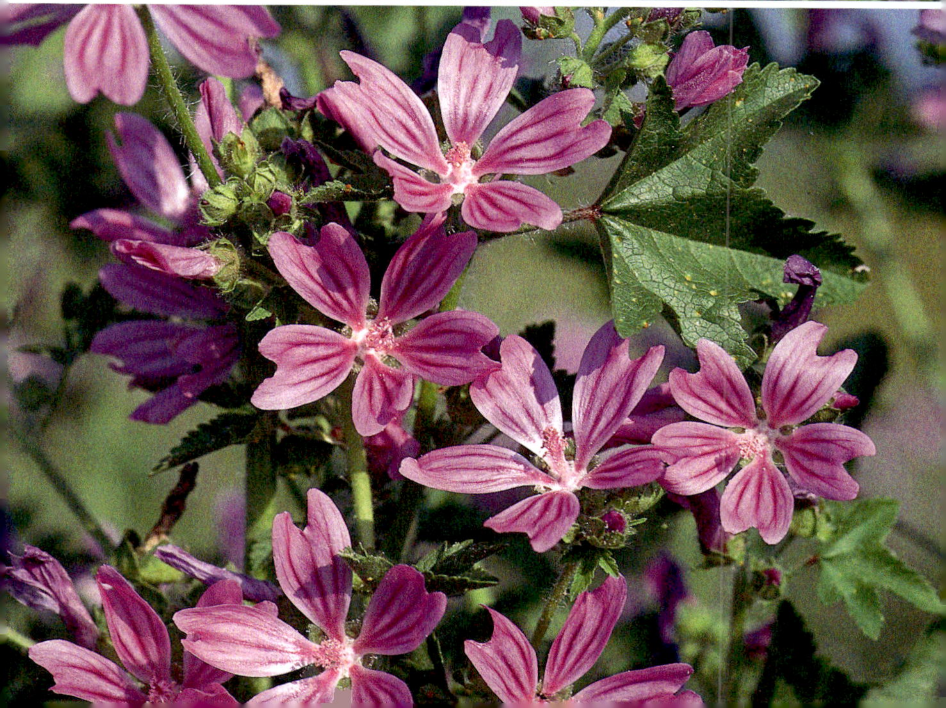

Höhe 15–50 cm
Blütezeit Juni–Okt.
Typisch Blüten hellrosa
bis fast weiß, 1–2,5 cm
breit.

Weg-Malve Käsepappel
Malva neglecta | Malvengewächse

Merkmale Ein- bis zweijährig. Meist 2 Blüten auf längeren Stielen in den Blattachseln, Kronblätter tief eingebuchtet. Früchte scheibenförmig. Blätter rundlich bis nierenförmig, wollig, seicht 5–7-teilig gelappt. Wuchs niederliegend.

Vorkommen Unkrautbestände an Wegen, Ackerrändern, auf Mistplätzen, Höfen, in Gärten. Zeigt Stickstoff- und Ammoniakreichtum an. Häufig.

Wissenswertes Die Fruchtform erinnert an Hartkäse-Laibe. „Pappel" leitet sich von niederhochdeutsch „Pappe" = Kinderbrei ab und bezieht sich auf die frühere Verwendung für Breiumschläge und Essen. Kinder naschten gerne die kohlartig schmeckenden, unreifen Früchte. Reif zerfallen diese in Teilfrüchte, die bei Nässe an Tieren kleben bleiben.

Höhe 5–30 cm
Blütezeit Juni–Okt.
Typisch Meist ziegelrote,
ausgebreitete Blüten.

Acker-Gauchheil
Anagallis arvensis | Primelgewächse | ☠

Merkmale Einjährig. Blüten einzeln, 4–8 mm groß, rot, sehr selten blau. Kronzipfel 3,5–6 mm breit, berühren oder überdecken sich meist, Staubfäden behaart. Stängel 4-kantig, Blätter gegenständig, oval bis lanzettlich, unterseits punktiert.

Vorkommen Unkrautbestände auf Äckern, in Gärten, Weinbergen, an Straßenrändern, auf Schuttplätzen. Auf nährstoffreichen Lehmböden. Häufig.

Wissenswertes Die Blüten öffnen sich bei Sonnenschein von etwa 9 Uhr bis 15 Uhr. Früher galt der Gauchheil als Heilpflanze gegen Geisteskrankheiten und Dummheit (Gauch = Narr, Tor). Doch „gegen Dummheit ist kein Kraut gewachsen".

Verwechslung Blauer Gauchheil *(Anagallis foemina)*, Blüten immer blau, Kronzipfel schmaler.

Verwechslung Blauer Gauchheil

Höhe 10–30 cm
Blütezeit Mai–Juli
Typisch Blattunterseite
wirkt mehlig bestäubt.

Mehl-Primel

Primula farinosa | Primelgewächse | geschützt

Merkmale Staude. Dolden mit 3–15 kaum duftenden Blüten, diese 0,8–1,5 cm breit, rotlila bis blassrosa, mit tief eingebuchteten Zipfeln und gelbem Ring. Stängel unbeblättert, nach oben zu weißmehlig. Blätter der Rosette schwach runzelig, bis 8 cm lang.
Vorkommen Quellige Moore, moorige Wiesen des Alpenvorlandes, steinige Alpenrasen. Auf feuchten bis nassen, kalkhaltigen, torfigen oder sumpfigen Böden an hellen, offenen Standorten. Selten.
Wissenswertes An sehr dicht bewachsenen Standorten verschwindet die Pflanze, da ihre dem Boden anliegende Blattrosette dann nicht mehr genügend Licht bekommt. Der gelbe Ring der Blüte weist den besuchenden Insekten, besonders Tagfaltern, den Weg zum Nektar in der engen Röhre.

Höhe 30–80 cm
Blütezeit Juli–Sept.
Typisch Blätter oval, fleischig.

Große Fetthenne

Purpur-Fetthenne
Sedum telephium | Dickblattgewächse

Merkmale Staude. Dichte Scheindolde, Blüten gelblich grün, rosa oder dunkelviolett, Stängel aufrecht, alle mit Blüten. Pflanze kahl, oft rot überlaufen. Blätter 2–10 cm lang, oft unregelmäßig gezähnt. Vielgestaltige Art.
Vorkommen Gebüschränder, Steinschutt, Waldschläge, Wege, Äcker, Felsen, auf meist steinigen Böden. Zerstreut. Zuchtformen in Gärten.
Wissenswertes Blätter und Wurzeln speichern Wasser und ermöglichen an trockenen Standorten das Überleben. Die Volksheilkunde empfiehlt den Presssaft als blutstillend (lat. *sedare* = stillen). Früher legte man hierzu zerdrückte Blätter auf die Wunden. Junge Blätter liefern Vitamin-C-reichen Salat, die dicken Speicherwurzeln verwendete man in Eintöpfen.

Höhe 30–70 cm
Blütezeit April–Juli
Typisch Nickende
Blüten mit purpur-
braunem Kelch.

Bach-Nelkenwurz
Geum rivale | Rosengewächse

Merkmale Staude. Blüten locker angeordnet, 1–1,5 cm
lang, glockig, Krone rötlich bis gelblich. Früchtchenkopf
aufrecht, wirkt wie eine Perücke. Stängel aufrecht.
Untere Blätter unterbrochen gefiedert.
Vorkommen Nasse Wiesen, Gräben, Bäche, Auenwälder,
Moorwiesen. Zeigt Nährstoffreichtum an. Verbreitet in
kühleren, feuchteren Gegenden.
Wissenswertes Die Früchtchen tragen noch den ver-
längerten Griffel und können damit an Tieren hängen
bleiben. Die Wurzeln enthalten Gerbstoffe sowie im
Vergleich zur Gewöhnlichen Nelkenwurz (S. 310) sehr
wenig Gein. Die Volksheilkunde empfiehlt sie gegen
Durchfall und Entzündungen in Mund und Rachen.
Verwechslung Sumpfblutauge (s. u.), Blüten aufrecht,
geöffnet flach ausgebreitet.

Höhe 30–100 cm
Blütezeit Juni–Juli
Typisch Blüten dunkel-
purpurn, 1,5–2,5 cm breit.

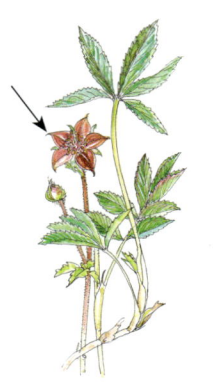

Sumpfblutauge
Sumpf-Fingerkraut
Potentilla palustris | Rosengewächse

Merkmale Staude. Blüten flach ausgebreitet, Kelch auf-
fälliger als die Krone, verlängert sich nach der Blüte.
Scheinfrucht erdbeerähnlich. Stängel bogig aufstei-
gend. Blätter unpaarig gefiedert, mit 5–7 eng stehenden
Blättchen, diese unterseits bläulich grün.
Vorkommen Sümpfe, Moore, Gräben. Auf nassen, oft
überschwemmten, kalkarmen, mäßig sauren Böden.
Zerstreut, in warmen Gegenden selten.
Wissenswertes Die Scheinfrüchte zeigen denselben
Bau wie die der Wald-Erdbeere (S. 154). Obwohl sie nicht
sehr schmackhaft sind, haben Kinder sie früher in man-
chen Gegenden gesammelt und gegessen.
Verwechslung Bach-Nelkenwurz (s. o.), Blüten nickend,
glockig.

Höhe 1–3 m
Blütezeit Juni
Typisch Sichel- oder
hakenförmige Stacheln
mit breitem Grund.

Hunds–Rose

Rosa canina | Rosengewächse

Merkmale Strauch. Hellrosa Blüten auf kahlen Stielen.
Zweige bogig überhängend oder kletternd. Blätter kahl,
ihr Stiel unbehaart, aber oft mit gestielten Drüsen und
sichelförmigen Stacheln. Frucht kahl.
Vorkommen Hecken, Wald- und Wegränder, Feldgehölze, Ödflächen. Pioniergehölz. Verbreitet.
Wissenswertes Das Fruchtfleisch der Hagebutten
enthält viel Vitamin C. Die Volksheilkunde empfiehlt
die Kerne der Früchte bei Blasen- und Nierensteinen.
Dies geht jedoch weniger auf ihre Inhaltsstoffe als auf
Aussehen und Härte der Kerne zurück, die kleinen
Steinchen ähneln.
Verwechslung Hecken-Rose *(Rosa corymbifera)*, Blätter
wenigstens am Stiel und unterseits auf den Nerven
flaumig behaart, Blüten oft weißlich.

Höhe 15–50 cm
Blütezeit Juni–Aug.
Typisch Blüten einzeln,
leuchtend karminrot,
3–4 cm breit.

Blutroter Storchschnabel

Geranium sanguineum | Storchschnabelgewächse

Merkmale Staude. Kronblätter vorn seicht eingebuchtet. Stängel abstehend behaart. Blätter fast bis zur Basis
handförmig 6–7-teilig, Blattabschnitte in 2–3 lineal-lan-
zettliche, ganzrandige Zipfel gespalten.
Vorkommen Rand von Trockengebüschen und trockenen Wäldern, Felsen, Magerrasen, Böschungen. Auf im
Sommer warmen Böden. Zerstreut.
Wissenswertes Der Name bezieht sich auf die Färbung
des Wurzelstocks, des Herbstlaubs oder die Blütenfarbe.
Der Wurzelstock färbt sich an Schnittstellen innen rot.
Er enthält Gerbstoffe und diente früher zum Blutstillen.
Verwechslung Sumpf-Storchschnabel *(Geranium
palustre)*, Blüten zu zweit, Kronblätter schmäler.

Verwechslung Hecken-Rose

Verwechslung Sumpf-Storchschnabel

Höhe 25–70 cm
Blütezeit Mai–Okt.
Typisch Hellviolette
Blüten jeweils zu 2 auf
einem Stiel.

Pyrenäen-Storchschnabel
Geranium pyrenaicum | Storchschnabelgewächse

Merkmale Zweijährig oder Staude. Blüten 1–2 cm breit,
Kronblätter tief herzförmig. Stängel verzweigt,
abstehend behaart. Blätter gegenständig, 3–7 cm breit,
im Umriss rundlich, bis über die Mitte handförmig
5–9-teilig, Blattabschnitte wenig geteilt.
Vorkommen Wege, Schuttplätze, Hecken, unkrautrei-
che Weiden, Ödflächen. Auf nährstoffreichen Böden in
Gegenden mit milderem Klima. Verbreitet, vor allem
im Westen.
Wissenswertes Wie der Name vermuten lässt, stammt
dieser Storchschnabel aus den Gebirgen Südeuropas.
Bei uns ist er seit etwa 1800 eingebürgert. Wahrscheinlich kultivierte man ihn als Zierpflanze und er verwilderte aus den Gärten. Nachts schließen sich die Blüten.

Höhe 20–60 cm
Blütezeit Mai–Aug.
Typisch Blüten violett,
im Zentrum oft fast weiß.

Wald-Storchschnabel
Geranium sylvaticum | Storchschnabelgewächse

Merkmale Staude. Meist 2 Blüten auf drüsenhaarigen
Stielen. Kronblätter gerundet. Untere Blätter 6–15 cm
breit, bis über die Mitte handförmig 5–7-teilig,
Abschnitte wiederum tief geteilt, grob gesägt.
Vorkommen Feuchte Waldränder, Schluchtwälder,
Gebüsche, Fettwiesen. Häufig besonders in Höhen über
700 m, in tieferen Lagen selten.
Wissenswertes Entgegen des Namenszusatzes „Wald"
wächst die Pflanze im Gebirge häufig auf Wiesen.
Nach der Mahd kann sie noch ein zweites Mal blühen.
Die Haare an den Blütenstängeln sollen kleine hinauf-
kletternde Insekten zurückhalten. Sie würden aufgrund
ihrer Größe die Blüten nicht bestäuben.
Verwechslung Wiesen-Storchschnabel (S. 222), Blüten
fast hellblau, untere Blätter tiefer geteilt.

Höhe 20–40 cm
Blütezeit Mai–Okt.
Typisch Blatt mit
gestielten Abschnitten,
Geruch intensiv.

Stink-Storchschnabel
Ruprechtskraut
Geranium robertianum | Storchschnabelgewächse

Merkmale Einjährig. Blüten rosa bis purpurn, 1–2,5 cm
breit. Pflanze besonders an hellen Standorten rot über-
laufen, untere Blattstiele stützen die Pflanze.
Vorkommen Wälder, Schluchten, Auen, Mauern, Felsen,
Hecken, steinige Plätze, Bahnschotter, Ödflächen.
Auf nährstoffreichen Böden. Verbreitet.
Wissenswertes Die Klappen der schnabelförmigen
Früchte rollen sich beim Austrocknen wie eine Uhr-
feder auf und schleudern die Samen fast 2 m hoch.
Diese tragen Haarsträngе, mit denen sie an Mauern,
Rinde usw. haften bleiben, sodass die Pflanze auch auf
Bäumen wächst. Die ätherischen Öle, die für den un-
verkennbaren Duft verantwortlich sind, können Motten
und Fliegen vertreiben.

Höhe 10–60 cm
Blütezeit April–Okt.
Typisch Frucht schnabel-
artig. Blätter unpaarig
gefiedert

Gewöhnlicher Reiherschnabel
Erodium cicutarium | Storchschnabelgewächse

Merkmale Ein- bis zweijährig. Blüten 1–2 cm groß, rosa,
in lang gestielter Dolde. Frucht 3–4 cm lang, spaltet
sich in 5 Teilfrüchte, die sich als Ganzes ablösen. Stängel
liegend oder aufsteigend. Blätter einfach gefiedert,
Fiedern tief geteilt, kurzhaarig.
Vorkommen Weinberge, Wege, Böschungen, Äcker,
Ödflächen. Pionier auf warmen, eher trockenen Böden.
Zeigt Sand an. Verbreitet.
Wissenswertes Jede Blüte öffnet sich nur 1 Tag. Die
Granne der Teilfrucht (der Schnabelteil) ist trocken eingerollt, feucht gestreckt. Durch die Bewegung bohrt sie
das Ende mit dem Samen in den Boden ein. Die Granne
reagiert dabei so empfindlich auf die Luftfeuchtigkeit,
dass sie sich als einfacher Feuchtigkeitsanzeiger ver-
wenden lässt.

Höhe 10–50 cm
Blütezeit Juli–Sept.
Typisch Scheindolde
mit rosa Blüten.
Blätter gegenständig.

Echtes Tausendgüldenkraut
Centaurium erythraea | Enziangewächse | geschützt

Merkmale Einjährig. Blüten um 1 cm breit, mit langer
Röhre und flachem Saum. Stängel 4-kantig, oberhalb
der Mitte verzweigt. Blätter etwas fleischig, mit 3–5
Längsnerven, die unteren bilden eine Rosette.
Vorkommen Sonnige Waldlichtungen, Halbtrocken-
rasen, trockene Gebüsche. Auf im Sommer warmen
Böden an sonnigen Standorten. Zerstreut.
Wissenswertes *„Centaurium"* heißt die Pflanze nach
dem kräuterkundigen Kentaur Cheiron der griechi-
schen Mythologie. Wegen der wertvollen Heilkraft, die
man der Pflanze früher zuschrieb, übersetzte man den
Namen zunächst mit „100 Goldstücke" (lat. *aurum* =
Gold, *cent* = hundert) dann mit 1000 Gulden. Heute
nutzt man das bitterstoffhaltige Kraut nur noch bei
Appetitlosigkeit und Verdauungsstörungen.

Höhe 5–40 cm
Blütezeit Juni–Okt.
Typisch Blüten rot-
violett mit langem Bart
am Röhreneingang.

Deutscher Fransenenzian
Deutscher Enzian
Gentianella germanica | Enziangewächse | geschützt

Merkmale Zweijährig. Blüten 1–2,5 cm breit, mit trichterförmiger, 2,5–3,5 cm langer Röhre und 5-zipfeligem
Saum. Blätter gegenständig.
Vorkommen Magere Rasen und Weiden über Kalk, vor
allem in den Mittelgebirgen. Zerstreut.
Wissenswertes Im Frühsommer blühende Pflanzen
sind nur wenig verzweigt. Herbstformen verzweigen
sich stark und tragen bis 50 Blüten. Der Bart am Röhreneingang hindert Insekten am Hineinkriechen.
Nur langrüsselige Hummeln und Tagfalter können auf
regulärem Weg Nektar saugen. Kurzrüsselige Hummeln
beißen aber die Blüten von der Seite her an.
Verwechslung Feld-Fransenenzian *(Gentianella cam-
pestris)*, Krone nur mit 4 Zipfeln.

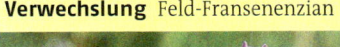
Verwechslung Feld-Fransenenzian

Höhe 20–80 cm
Blütezeit Juni–Sept.
Typisch Windende
Pflanze mit weit trichter-
förmigen Blüten.

Acker-Winde
Convolvulus arvensis | Windengewächse

Merkmale Staude. Duftende, gestielte Blüten in den
Blattachseln, 1,5–2,5 cm lang, weiß bis rosa, oft rosa-
weiß gestreift. Stängel dünn, kriechend oder windend.
Blätter spießförmig, 3–6-mal so lang wie breit.
Vorkommen Äcker, Weinberge, Gärten, Schuttplätze,
Wegränder, Ödflächen. Auf meist humusarmen Böden.
Zeigt Lehm an. Pionierpflanze. Verbreitet.
Wissenswertes Die Art umschlingt andere Pflanzen
und kann diese ersticken. Weder Unkrautvernichtungsmittel noch Jäten können die bis über 2 m tief wurzelnde Pflanze vollständig beseitigen. Die Blüten sind nur
einen Tag von etwa 7 bis 14 Uhr geöffnet, bei Regenwet-
ter bleiben sie geschlossen.
Verwechslung Gewöhnliche Zaunwinde (S. 176), Blüten
4–7 cm lang, reinweiß.

Höhe 30–100 cm
Blütezeit Mai–Juli
Typisch Sehr rauhaarige
Blätter laufen am Stängel
herab.

Gewöhnlicher Beinwell
Arznei-Beinwell, Wallwurz
Symphytum officinale | Raublattgewächse | ☠

Merkmale Staude. Blütenstände anfangs schnecken-
artig eingerollt, Blüten nickend, 1–2 cm lang, gelblich
weiß, purpurn oder rotviolett. Blätter lanzettlich.
Vorkommen Ufer, Wegränder, Wiesen, Gräben, Auenwälder. Auf feuchten bis nassen, nährstoffreichen
Böden. Vor allem in den tieferen Lagen verbreitet.
Wissenswertes Kurzrüsselige Hummeln beißen die
Blüten von der Seite an, um an den Nektar zu gelangen.
Schon früher verwendete man die Pflanze bei Knochen-
brüchen und Wunden („Bein" = Knochen, „well", „wall" =
zuwachsen). Das enthaltende Allantoin hilft bei Prellungen und regt die Knochenheilung an. Da jedoch auch
giftige Alkaloide vorhanden sind, darf man nur geprüf-
te Arzneimittel verwenden.

Höhe 40–100 cm
Blütezeit Mai–Aug.
Typisch Gabelige, dichte Blütenstände.

Echter Arznei-Baldrian
Valeriana officinalis | Baldriangewächse

Merkmale Staude. Sehr viele hellrosa, seltener fast weiße, trichterförmige, kleine Blüten. Früchte mit fedrigem Haarkranz. Stängel gefurcht, hohl. Blätter gegenständig, alle unpaarig gefiedert mit 7–29 Blättchen oder fiederspaltig.
Vorkommen Feuchte Wiesen, Flussufer, Gräben, feuchte Wälder. Auf nährstoffreichen, oft lehmigen Böden. Häufig.
Wissenswertes Die Wurzeln enthalten u. a. ätherisches Öl, Valerensäuren und Valepotriate. Auszüge aus ihnen haben sich bei Nervosität und Einschlafstörungen bewährt. Beim Trocknen der Wurzeln entsteht ein penetranter, schweißfußähnlicher Geruch. Er ähnelt auch dem Geruch von rolligen Katzen, weshalb Kater durch diesen stark erregt werden.

Höhe 10–30 cm
Blütezeit Mai–Juni
Typisch Sehr dichte Blütenstände. Untere Blätter ungeteilt.

Kleiner Baldrian Sumpf-Baldrian
Valeriana dioica | Baldriangewächse

Merkmale Staude. Pflanze entweder mit 3–4 mm großen, rosafarbenen männlichen oder 1–2 mm großen, weißen weiblichen Blüten. Stängelblätter mit 2–7 Fiederpaaren und größerer Endfieder.
Vorkommen Nasse Wiesen, Moorwiesen, Gräben, Bachufer. Auf feuchten bis nassen, nährstoffreichen Böden an eher hellen Standorten. Verbreitet, durch Entwässerung im Rückgang.
Wissenswertes Häufig hält man die männlichen und weiblichen Pflanzen für verschiedene Arten, weil deren Blüten so unterschiedlich aussehen. Insekten besuchen meist zuerst die auffälligeren männlichen Blüten und tragen dann den Pollen zu den weiblichen.
Verwechslung Dreiblättriger Baldrian (*Valeriana tripteris*), Stängelblätter meist bis zum Grund 3-teilig.

Höhe 20–60 cm
Blütezeit Mai–Juli
Typisch Blüten mit
meist 6–8 Kronblättern.

Sommer-Adonisröschen

Adonis aestivalis | Hahnenfußgewächse | ☠ | geschützt

Merkmale Einjährig. Blüten 1–3,5 cm groß, Kronblätter
rot oder seltener gelb, an der Basis mit schwarzem
Fleck. Stängel aufrecht, kahl. Blätter 2–3fach fiederteilig,
Blattzipfel sehr schmal.
Vorkommen Getreideäcker, Wegböschungen. Auf im
Sommer warmen, eher trockenen, kalkreichen, meist
steinigen Böden. Zerstreut in den Kalkgebieten.
Wissenswertes Das Sommer-Adonisröschen wächst bei
uns als Getreideunkraut seit der mittleren Bronzezeit.
Durch Unkrautbekämpfung und intensive Bearbeitung
der Äcker ist es jedoch stark zurückgegangen. Es enthält
giftige Herzglykoside. Nach der griechischen Mythologie entstand die Pflanze aus dem Blut des schönen
Jünglings Adonis, als dieser von einem wilden Eber
getötet wurde.

Höhe 50–100 cm
Blütezeit Juli–Sept.
Typisch Langer, ähren-
artiger Blütenstand.

Blut-Weiderich

Lythrum salicaria | Weiderichgewächse

Merkmale Staude. Blüten violettrot, 1,5–2,5 cm breit,
mit 6 schmalen Kronblättern. Stängel 4-kantig. Blätter
lanzettlich, gegenständig oder in Quirlen zu 3.
Vorkommen Nasse Wiesen, Wiesengräben, Teichufer.
Auf nährstoffreichen, auch kalkhaltigen Lehm- und
Tonböden. Verbreitet, nur in Gebirgen mit Silikatgestein selten.
Wissenswertes Jede Pflanze besitzt einen von 3 verschiedenen Blütentypen, die sich in der Länge von Griffeln und Staubblättern unterscheiden. Bereits Darwin
untersuchte dieses Phänomen und stellte fest, dass die
Vermehrung am stärksten war, wenn es sich um ergän-
zende Blütentypen handelte. Der Blütenstaub stammt
in diesem Fall von einer anderen Pflanze mit anderem
Blütentyp und ein Austausch von Erbgut ist gesichert.

Höhe 50–150 cm
Blütezeit Juli–Sept.
Typisch Dichte Doldenrispe mit kleinen Blüten-
körbchen.

Gewöhnlicher Wasserdost

Kunigundenkraut
Eupatorium cannabinum | Korbblütengewächse |

Merkmale Staude. In jedem Blütenkörbchen 4–6 rosa
bis weißliche Röhrenblüten. Stängel aufrecht, kurz
behaart, meist rot überlaufen, dicht beblättert. Blätter
gegenständig, handförmig 3–5-teilig, wirken deshalb
wie quirlig angeordnet.
Vorkommen Waldlichtungen und Säume von feuchten
Wäldern, Ufer, Böschungen. Auf feuchten, meist kalkhaltigen Böden. Zeigt Stickstoffreichtum an. Häufig.
Wissenswertes Die Volksheilkunde empfahl die Pflanze
früher für Harnfluss, Leber, Galle und zur Wundheilung. Heute weiß man, dass sie leberschädigende und
krebsauslösende Alkaloide enthält.
Verwechslung Blütenstände erinnern an den Gewöhnlichen Dost (S. 100), dieser aber mit Lippenblüten.

Höhe 15–150 cm
Blütezeit April–Mai
Typisch Ovale Blüten-
traube erscheint vor
den grünen Blättern.

Gewöhnliche Pestwurz

Petasites hybridus | Korbblütengewächse |

Merkmale Staude. Im 5–10 mm großen Körbchen meist
rötliche Röhrenblüten. Blätter grundständig, derb,
unterseits schwach spinnwebartig behaart, später kahl
werdend, ausgewachsen bis 90 cm breit.
Vorkommen Bach- und Flussufer, nasse Wiesen, Tal-
auen. Auf wasserdurchsickerten, nährstoffreichen
Böden, Kies und Schotter. Häufig.
Wissenswertes Im Mittelalter meinte man, die Pflanze
könne die Pest austreiben. Heilkundige verabreichten
sie deshalb den Kranken als Pulver oder Wein. Auch
„Pestmasken", die sie vor dem Gesicht trugen, enthiel-
ten oft zerstoßene Pestwurz. Heute werden spezielle
Extrakte bei Migräne eingesetzt.
Verwechslung Blätter mit Huflattich (S. 326), Blatt-
zähne an der Spitze schwärzlich.

Höhe 60–120 cm
Blütezeit Juli–Sept.
Typisch Hülle der
Körbchen dicht spinn-
webartig filzig.

Filzige Klette
Arctium tomentosum | Korbblütengewächse

Merkmale Zweijährig. Körbchen lang gestielt, 1,5–3 cm
breit, mit purpurnen Röhrenblüten. Hüllblätter mit
Hakenspitzen. Pflanze mit aufrecht abstehenden Ästen.
Grundblätter bis 50 cm lang, eiförmig bis breit 3-eckig,
Blattunterseite dicht graufilzig.
Vorkommen Unkrautbestände an Wegrändern, Schutt-
und Auffüllplätzen, Ufern, in Steinbrüchen. Auf nähr-
stoffreichen, meist kalkhaltigen Böden. Wärmeliebend.
Zerstreut.
Wissenswertes *„Arctium"* leitet sich von griech. *arktos*
= Bär ab. Dieser Name soll sich vielleicht auf die behaar-
ten Blätter oder die zottigen Fruchtstände beziehen.
Die Behaarung schützt die Pflanze vor zu intensiven
Sonnenstrahlen. Der Name „Klette" bezieht sich auf die
„klebrig" anhaftenden Blütenkörbchen.

Höhe 80–150 cm
Blütezeit Juli–Aug.
Typisch Lang gestielte
Körbchen mit hakigen
Hüllblättern.

Große Klette
Arctium lappa | Korbblütengewächse

Merkmale Zweijährig. Bis 7 cm lang gestielte, 3–4,5 cm
breite Körbchen mit purpurnen Röhrenblüten. Hülle
grün, kaum spinnwebartig. Grundblätter bis 50 cm
lang, breit 3-eckig, unterseits dünn graufilzig.
Vorkommen Unkrautbestände an Schuttplätzen, Bahnanlagen, Wegen, Zäunen, Ufern, gestörten Waldstellen.
Auf eher feuchtem, nährstoffreichem, lockerem Lehmboden. Zerstreut.
Wissenswertes Die fleischigen Wurzeln enthalten
ätherisches Öl, Schleime und schwefelhaltige Stoffe.
Sie können bei Hauterkrankungen und Kopfschuppen
helfen. Die Samen enthalten fast 20 Prozent fettes Öl,
das „Klettensamenöl" für Kosmetika.
Verwechslung Hain-Klette *(Arctium nemorosum)*,
Körbchen höchstens 2 cm lang gestielt.

Verwechslung Hain-Klette

Höhe 30–100 cm
Blütezeit Juli–Sept.
Typisch Körbchen
nickend, 3–6 cm breit,
einzeln.

Nickende Distel
Carduus nutans | Korbblütengewächse

Merkmale Zweijährig. Hüllblätter der Körbchen mit rückwärts gekrümmtem Dorn. Stängel spinnwebartigwollig. Blätter fiederspaltig, mit stacheligen Abschnitten und stacheligen, am Stängel herablaufenden Rändern, Stacheln hart, weiß, bis 8 mm lang.
Vorkommen Wege, Schuttplätze, Steinbrüche, Böschungen, stark beweidete, magere Weiden. Zeigt Stickstoffreichtum an. Zerstreut, in warmen Kalkgebieten.
Wissenswertes Die Dornen schützen wirkungsvoll gegen Weidetiere. Außerdem kann an ihrer Spitze Wasser besonders leicht kondensieren. Die von dort herabfallenden Tropfen sind an den trockenen Standorten für die Wasserversorgung der Pflanze wichtig.
Verwechslung Berg-Distel *(Carduus defloratus)*, Blütenkörbchen nur 1,5–3 cm breit.

Höhe 60–120 cm
Blütezeit Juli–Sept.
Typisch Blätter stachelig,
Stängel jedoch nicht.

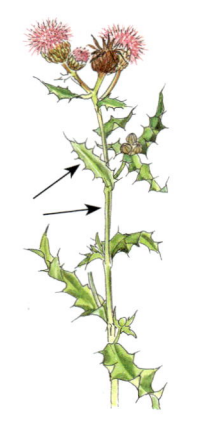

Acker-Kratzdistel
Cirsium arvense | Korbblütengewächse

Merkmale Staude. Meist viele locker angeordnete, nur 0,5–1 cm breite Körbchen mit lila oder bläulich rosa Röhrenblüten. Frucht mit fedrigem Haarkranz. Blätter ungeteilt, buchtig gezähnt oder tief fiederspaltig, oben kahl, unten kahl bis weißfilzig.
Vorkommen Äcker, Wege, Schuttplätze, Waldschläge, Ödflächen. Auf offenen, nährstoffreichen, meist tiefgründigen Böden. Häufig. Erträgt Salz.
Wissenswertes Diese Distel ist sehr vermehrungsfreudig. Für Landwirte gehört sie zu den problematischen Unkräutern. Ihre Früchte reifen bereits nach etwa 4 Wochen. Aus waagerecht wachsenden Wurzeln oder Wurzelstücken, wie sie durch Bodenbearbeitung entstehen, treiben neue Pflanzen aus. Die Wurzeln dringen bis über 2 m tief in den Boden ein.

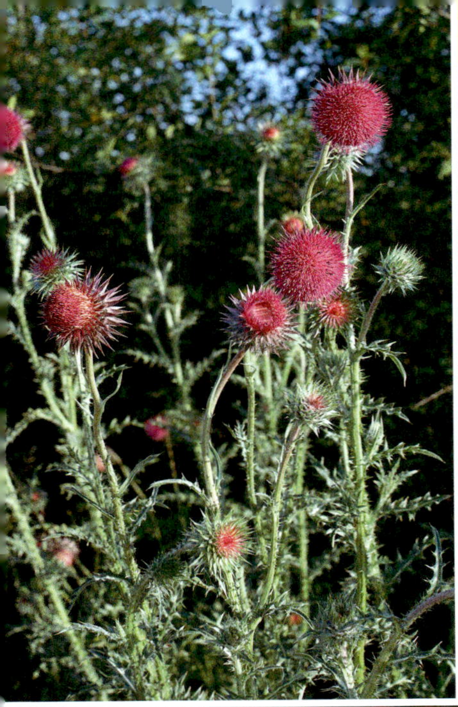

Verwechslung Berg-Distel

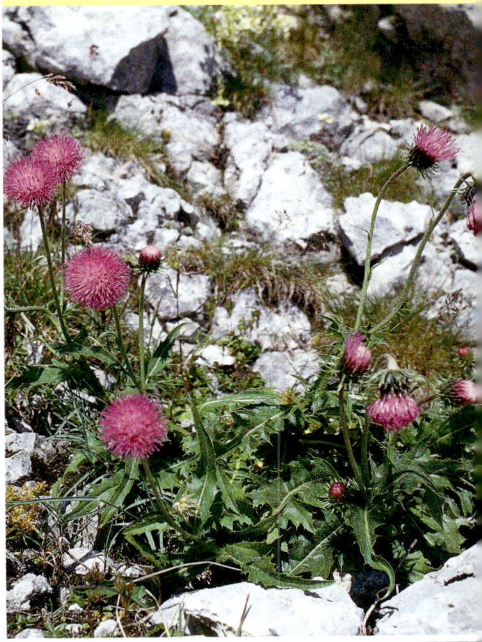

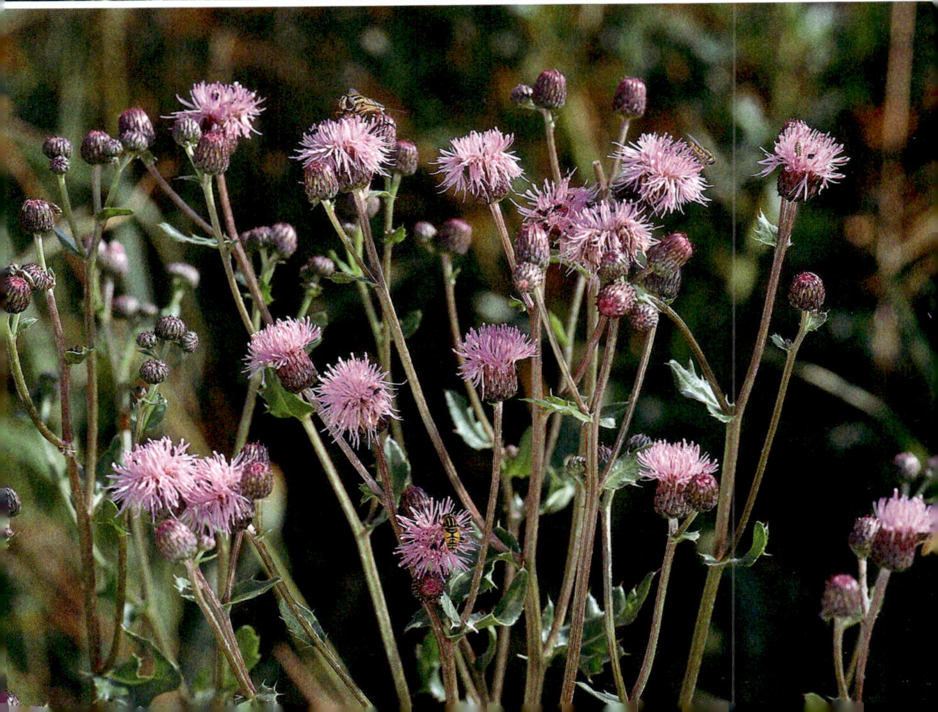

Höhe 60–120 cm
Blütezeit Juni–Sept.
Typisch Körbchen
3–5 cm lang. Blätter stachelig, herablaufend.

Gewöhnliche Kratzdistel

Cirsium vulgare | Korbblütengewächse

Merkmale Zweijährig. Körbchen mit hellpurpurnen bis rosa Röhrenblüten. Früchte mit fedrigem Haarkranz. Stängel mit wolligen Haaren und Stacheln. Blätter steif, fiederspaltig, Abschnitte enden in einem kräftigen, gelben Dorn, zeigen oft nach oben und unten, unterseits spinnwebartig bis weißfilzig. Bildet im 1. Jahr eine regelmäßige, auffällige Blattrosette.
Vorkommen Unkrautbestände an Wegen, Schuttplätzen, Ufern, Waldschlägen. Auf nährstoffreichen Böden. Zeigt Nitratreichtum an. Häufig.
Wissenswertes Die Blüten locken Käfer, Hummeln und Fliegen an. Die Gewöhnliche Kratzdistel gehört zu den Futterpflanzen der Raupen des Distelfalters. Sie sitzen in einem zusammengesponnenen Blatt oder einem Gespinst zwischen Stiel und Blattansatz.

Höhe 80–180 cm
Blütezeit Juli–Sept.
Typisch Blütenhülle dicht weiß spinnwebartig behaart.

Wollköpfige Kratzdistel

Cirsium eriophorum | Korbblütengewächse

Merkmale Zweijährig. 4–7 cm breite Körbchen, Hülle mit kräftigen Stacheln. Stängel stachellos, nur wollig behaart. Blätter auffällig dreidimensional, Abschnitte 2-spaltig, davon 1 nach oben, 1 nach unten gerichtet, in einen kräftigen Dorn auslaufend, Blattunterseite spinnwebartig. Im 1. Jahr auffällige Blattrosette.
Vorkommen Intensiv genutzte magere Weiden, Wege, Gebüschränder, Waldschläge. Auf mäßig trockenen, nährstoffreichen Böden. Zerstreut in Mittelgebirgen mit Kalkgestein und in den Kalkalpen.
Wissenswertes Die im 2. Jahr austreibenden Sprosse aß man früher als Gemüse, die jungen Blütenkörbchen verwendete man wie Artischocken. Früher hieß die Pflanze „Mönchskrone", da das Blütenkörbchen einem geschorenen Mönchskopf ähnelt.

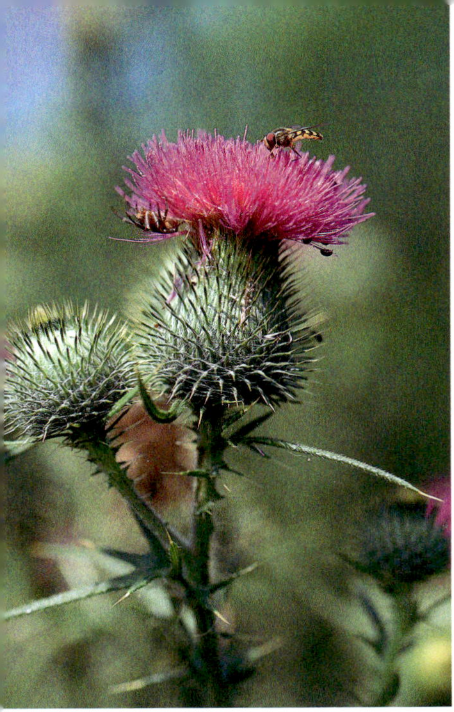
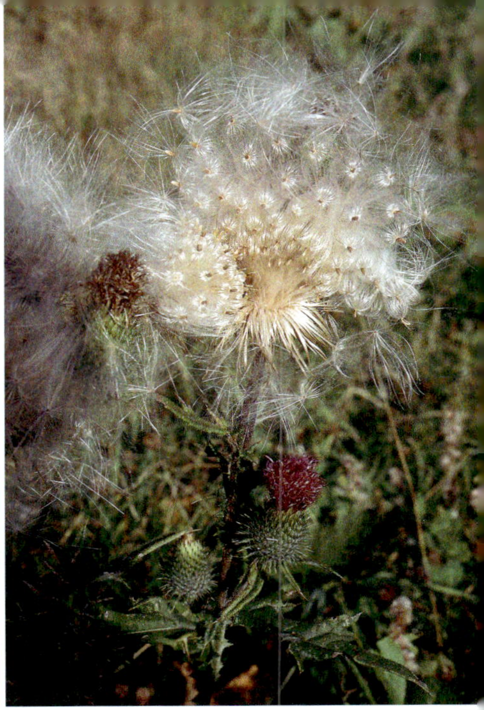
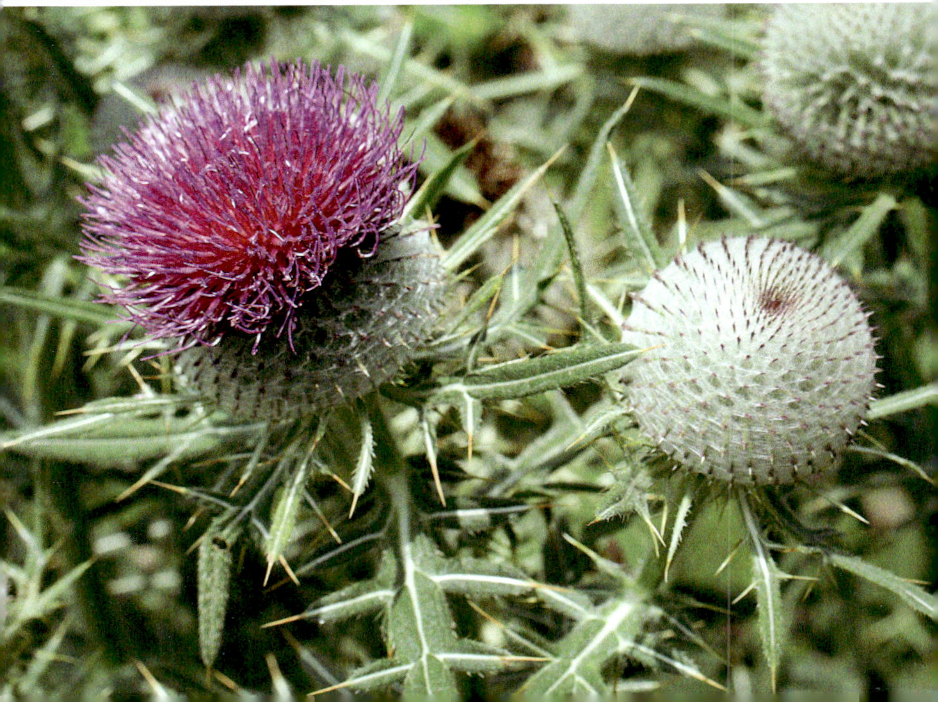

Höhe 3–25 cm
Blütezeit Juli–Sept.
Typisch Blütenkörbchen
fast sitzend in stacheliger
Rosette.

Stängellose Kratzdistel
Cirsium acaule | Korbblütengewächse

Merkmale Staude. 2,5–4,5 cm lange Körbchen mit pur-
purnen Röhrenblüten. Hülle rotbraun oder grün. Früch-
te mit fedrigem Haarkranz. Stängel kurz oder nicht vorhanden. Blätter steif, gelappt bis buchtig fiederspaltig,
Abschnitte 3–4-spaltig, stachelig gezähnt.
Vorkommen Halbtrockenrasen, magere Weiden und
Wiesen. Auf kalkhaltigen, oft steinigen, etwas wärmeren
Böden. Zerstreut, im Nordwesten selten.
Wissenswertes Bei Trockenheit spreizen sich die
Fruchthaare auseinander und drücken die Früchte aus
den Körbchen, sodass sie leicht vom Wind erfasst und
weggetragen werden können. Ihre Sinkgeschwindigkeit
ist sehr niedrig. So können große Flugweiten erreicht
werden, wenn die Samen in höhere Luftschichten ge-
wirbelt werden.

Höhe 30–150 cm
Blütezeit Juli–Aug.
Typisch Äußere Röhrenblüten groß. Blätter
fiederspaltig.

Skabiosen–Flockenblume
Centaurea scabiosa | Korbblütengewächse

Merkmale Staude. Einzelne, 3–5 cm breite Blütenkörbchen mit purpurnen Röhrenblüten. Hülle eiförmig,
um 2 cm lang, grünbraun gescheckt, Hüllblätter mit
schwarzer, gefranster Spitze. Stängel meist verzweigt.
Blätter 1–2fach fiederspaltig, Blattabschnitte oft
schmal-lanzettlich, rau, dunkelgrün.
Vorkommen Magere Rasen, Weiden, Wiesen, Raine,
Waldränder. Auf mäßig trockenen, meist kalkreichen
Böden. Zerstreut, im nordwestlichen Tiefland selten.
Wissenswertes Die Fransen der Hüllblätter bleiben an
vorbeistreifenden Tieren hängen, wodurch die reifen
Früchte aus den Körbchen geschüttelt werden.
An jeder Frucht sitzt unten ein nahrhafter Ölkörper.
Ameisen werden davon angelockt und transportieren
die Früchte fort.

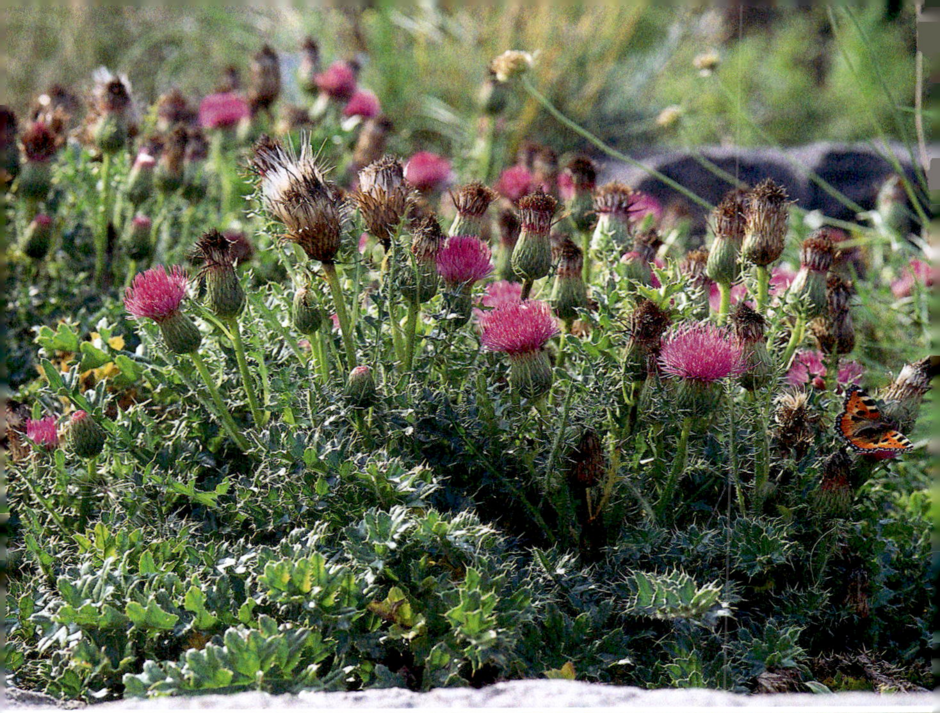

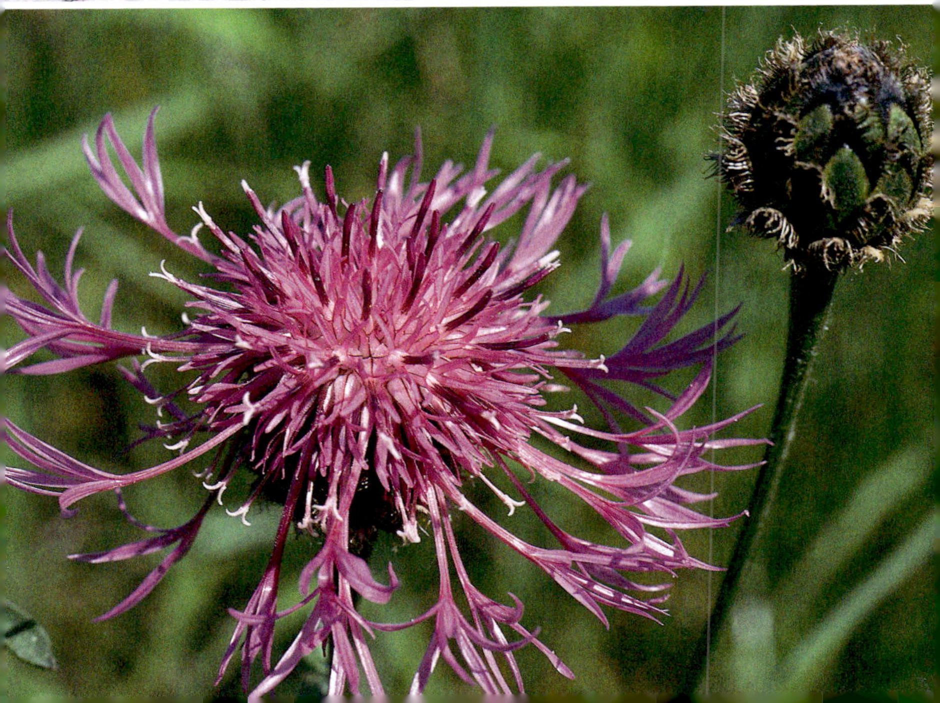

Höhe 20–150 cm
Blütezeit Juni–Nov.
Typisch Äußere Röhrenblüten vergrößert.
Blätter ungeteilt.

Wiesen-Flockenblume
Centaurea jacea | Korbblütengewächse

Merkmale Staude. Blütenkörbchen 2,5–4 cm breit, mit purpurnen Röhrenblüten. Hülle ei- bis kugelförmig, 1,2–2 cm lang, Hüllblätter mit rundlichem, braunem Anhängsel, nur dieses sichtbar. Blätter eiförmig bis lanzettlich, kahl bis filzig, meist ganzrandig oder entfernt fein gezähnt. Vielgestaltige Art.

Vorkommen Wiesen, Weiden, magere Rasen, Wegböschungen. Auf nährstoffreichen, meist tiefgründigen, humusreichen Lehmböden. Verbreitet.

Wissenswertes Die Pflanze enthält reichlich Gerbstoffe und liefert deshalb nur schlechtes Futter. Auf Wiesen erträgt sie zweimaliges Mähen im Jahr, sofern der 1. Schnitt erst im Juli erfolgt. Bei starker Düngung geht sie zurück. Die Blütenkörbchen locken Bienen und Falter als Bestäuber an.

Höhe 50–150 cm
Blütezeit Juli–Aug.
Typisch Nickende Körbchen mit nur 2–5 Zungenblüten.

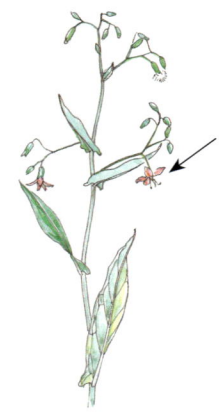

Gewöhnlicher Hasenlattich
Prenanthes purpurea | Korbblütengewächse

Merkmale Staude. Lockere, sparrige Rispe mit zahlreichen, 1–1,5 cm breiten Körbchen. Pflanze bläulich grau, kahl, mit Milchsaft. Blätter dünn, länglich-lanzettlich, untere fiederspaltig oder buchtig gezähnt, obere ungeteilt, stängelumfassend.

Vorkommen Wälder, Waldlichtungen, Waldwege. Auf etwas feuchten Lehmböden an schattigen oder halbschattigen Standorten mit höherer Luftfeuchtigkeit. Häufig, nördlich des Mains selten.

Wissenswertes Der Gewöhnliche Hasenlattich ist eine wildwachsende Futterpflanze, wie der Namensbezug zum Hasen andeutet. Dagegen werden andere Lattich-Arten kultiviert und in verschiedenen Sorten gezüchtet, z. B. der Kopfsalat *(Lactuca sativa)* und der Römische Salat *(Lactuca romana)*.

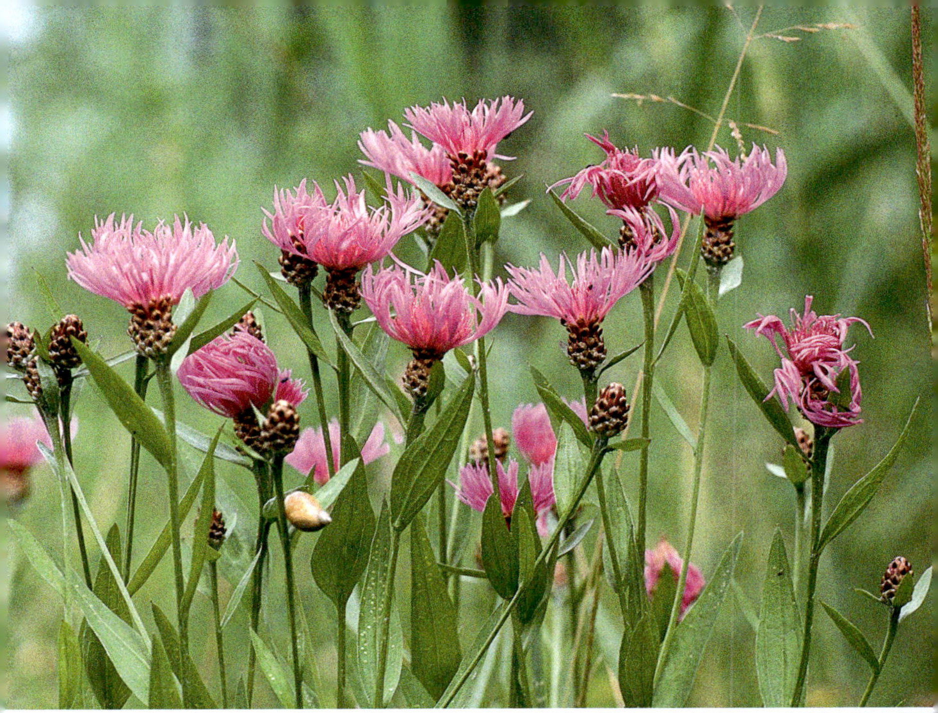
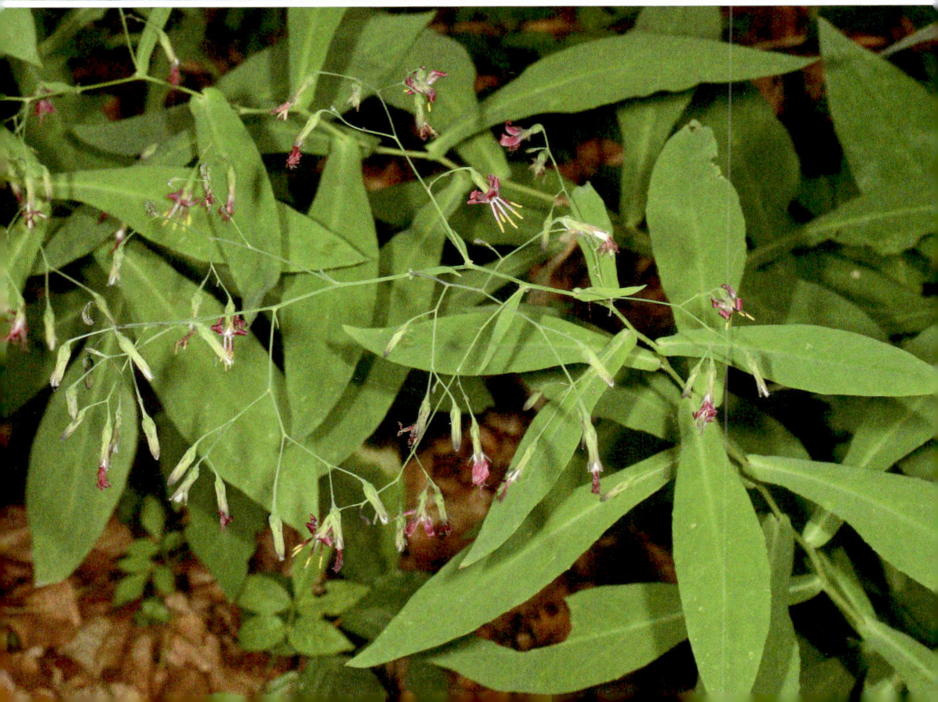

Höhe 30–70 cm
Blütezeit Juni–Aug.
Typisch Meist nur wenige oder keine Blüten.

Weinberg-Lauch
Allium vineale | Lauchgewächse

Merkmale Staude. Blüten rot bis grünlich, 4–5 mm lang, oft fehlend, Blütenstand dafür oft mit austreibenden Brutzwiebeln. Junge Blätter stielrund, ältere mit Rinne, röhrig, graugrün. Stängel bis zur Mitte beblättert. Geruch knoblauchartig, Geschmack scharf.
Vorkommen Weinberge, Parkrasen, Wegränder, Obstbaumwiesen. Auf nähr- und stickstoffreichen, kalkhaltigen Böden. Wächst häufig büschelig.
Wissenswertes Die Pflanze vermehrt sich hauptsächlich über die Brutzwiebeln. Im Gegensatz zu Samen, bei denen das Erbgut neu kombiniert wird, enthalten diese nur das Erbgut der Mutterpflanze.
Verwechslung Schnitt-Lauch *(Allium schoenoprasum)*, Stängel einfach, ohne Blätter, Blütenstand ohne Brutzwiebeln.

Höhe 40–100 cm
Blütezeit Juni–Juli
Typisch Nickende, turbanähnliche, gefleckte Blüten.

Türkenbund-Lilie
Lilium martagon | Liliengewächse | geschützt

Merkmale Staude. Blüten 5–8 cm breit, 6 hellpurpurne Blütenblätter mit dunkleren Flecken, in der geöffneten Blüte zurückgerollt. Blätter mit 7–11 parallelen Nerven, in der Stängelmitte in Quirlen zu 4–8.
Vorkommen Wälder, in höheren Lagen auch zwischen hohen Stauden. Auf etwas feuchten, meist kalkreichen, lockeren Böden im Halbschatten. Zerstreut.
Wissenswertes Die Blüten duften abends und locken Schmetterlinge aus der Verwandtschaft der Schwärmer, wie Weinschwärmer und Taubenschwänzchen an. Oft ist die Pflanze zerfressen, weil Rehe die Blütenknospen abweiden und das Lilienhähnchen, ein roter Blattkäfer, an den Blättern und Blüten frisst. Die Alchemisten des 16. Jh. setzten die goldgelben Zwiebeln bei ihren Experimenten zur Goldherstellung ein.

Verwechslung Schnitt-Lauch

Höhe 15–30 cm
Blütezeit April–Mai
Typisch Blüte schach-
brettartig purpurrot
und weiß gefleckt.

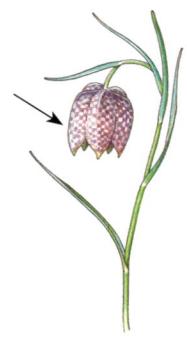

Gewöhnliche Schachblume
Kiebitzei
Fritillaria meleagris | Liliengewächse | ☠ | geschützt

Merkmale Staude. Blüten hängend, glockig, bis 4 cm
lang, einzeln, seltener zu 2–3. Blüht selten auch weiß
mit gelblichen Adern. Stängel in der oberen Hälfte mit
4–6 graugrünen, höchstens 1 cm breiten Blättern.
Vorkommen Ungedüngte, nicht vor Anfang Juni ge-
mähte, nasse oder immer wieder überschwemmte
Wiesen. Selten. Äußerst gefährdet, da es kaum noch
passende Standorte an Flüssen gibt.
Wissenswertes Auf der Innenseite der Blütenblätter befindet sich je eine Längsfurche mit reichlich Nektar, der
Bienen und Hummeln anlockt. Beide deutschen Namen
beziehen sich auf das Muster der Blüten; der wissenschaftliche Name „*Fritillaria*" leitet sich von lat. *fritillus*
= Würfelbecher ab.

Höhe 5–40 cm
Blütezeit Aug.–Nov.
Typisch Lange Blüten-
röhre kommt direkt aus
dem Boden.

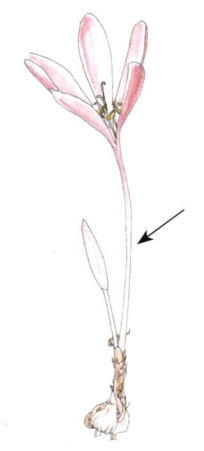

Herbst–Zeitlose
Colchicum autumnale | Zeitlosengewächse | ☠

Merkmale Staude. Blüten treiben direkt aus der Knolle,
Fruchtknoten bleibt tief in der Erde. Blütenzipfel
4–8 cm lang. Grüner Spross mit Blättern und Früchten
erst im Frühjahr. Blätter breit-lanzettlich, 8–25 cm lang,
an fruchtenden Pflanzen meist zu 3–4.
Vorkommen Feuchte Mager-, Obst- und Riedwiesen.
Verbreitet, im nördlichen Tiefland selten.
Wissenswertes Enthält das giftige Alkaloid Colchicin,
das zu Krämpfen, Lähmung und Tod führt. Genau
dosiert war die Pflanze jedoch lange Zeit das Standard-
mittel bei akuter Gicht. Colchicin greift außerdem in
die Verteilung des Erbgutes bei Pflanzenzellen ein und
eignet sich damit zur Pflanzenzüchtung.
Verwechslung Bär-Lauch (S. 198), meist 2 Blätter pro
Pflanze, starker Lauchgeruch.

Höhe 10–35 cm
Blütezeit März–Mai
Typisch Blüten gespornt,
Tragblätter ganzrandig.

Hohler Lerchensporn
Corydalis cava | Erdrauchgewächse | ☠

Merkmale Staude. Trauben mit 10–20 Blüten, diese
18–28 mm lang, weiß oder purpurrot. Wurzelstock
knollig, wird hohl. Stängel aufrecht mit meist 2 lang
gestielten, doppelt 3-zähligen Blättern.
Vorkommen Buchenwälder, Schluchtwälder, Auenwälder, Obstgärten. Auf feuchten Böden. Zeigt Nährstoffreichtum an. In Lehm- und Kalkgebieten zerstreut,
im Nordwesten selten.
Wissenswertes Die schwarzbraunen Samen tragen weiße, nährstoffreiche Anhängsel. Ameisen verschleppen
die Samen, um die Anhängsel zu fressen und verbreiten
so die Pflanze. Besonders die Knollen enthalten giftige
Alkaloide, die zu Krämpfen führen.
Verwechslung Gefingerter Lerchensporn *(Corydalis
solida)*, Tragblätter fingerförmig geteilt.

Höhe 15–30 cm
Blütezeit Mai–Okt.
Typisch Schlanke,
5–9 mm lange Blüten
in Trauben.

Gewöhnlicher Erdrauch
Echter Erdrauch
Fumaria officinalis | Erdrauchgewächse | (☠)

Merkmale Einjährig. Trauben mit 10–50 Blüten, diese
an der Spitze dunkelpurpurn. Kelchblätter bis 5 mm
lang, fallen leicht ab. Früchte oben etwas eingedrückt.
Pflanze zart, bläulich grün. Blätter doppelt 3-zählig.
Vorkommen Äcker, Gärten, Weinberge, offene Stand-
orte von Baustellen und andere Ödflächen. Zeigt Nähr-
stoffreichtum an. Häufig.
Wissenswertes Die Pflanze enthält Alkaloide und die
nach ihr benannte Fumarsäure. Diese entweicht beim
Zerkleinern und reizt – wie Rauch – die Augen. Die
Volksmedizin setzt die Pflanze gegen Galle-, Magen-
Darm-Beschwerden und Hauterkrankungen ein.
Verwechslung Blasser Erdrauch *(Fumaria vaillantii)*,
Kelchblätter bis 1 mm lang, Frucht mit kleiner Spitze.

Höhe 30–60 cm
Blütezeit Juni–Juli
Typisch Pflanze mindestens unten dornig.

Dornige Hauhechel
Ononis spinosa | Schmetterlingsblütengewächse

Merkmale Staude, Halbstrauch. Schmetterlingsblüten zu 1–2 in den Blattachseln, 1–2 cm lang. Pflanze am Grund verholzt, Stängel mit 1 oder 2 Haarzeilen. Untere Blätter 3-zählig, obere einfach, gezähnt.

Vorkommen Magere Rasen und Weiden, Weg- und Waldränder, Böschungen, Dämme. Zeigt magere Böden an. Häufig, vor allem in den Kalkgebieten.

Wissenswertes Im Volk hieß die Pflanze früher „Weiberkrieg", da sich die Röcke der Frauen in den Dornen verfingen und diese deshalb mit der Pflanze auf Kriegsfuß standen. „Hauhechel" leitet sich von „Heuhechel" ab; man verglich die dornigen Äste mit einem Metallrechen, an dem Halme hängen bleiben.

Verwechslung Kriechende Hauhechel *(Ononis repens)*, ohne Dornen, Stängel oben ringsum behaart.

Höhe 15–40 cm
Blütezeit Juni–Sept.
Typisch Meist 2 unterschiedlich weit entwickelte Köpfchen.

Wiesen-Klee
Rot-Klee
Trifolium pratense | Schmetterlingsblütengewächse

Merkmale Staude. Köpfchen kugelig bis eiförmig, 1,5–3 cm groß, von den obersten Blättern umhüllt. Blätter 3-zählig, meist mit weißer Zeichnung.

Vorkommen Häufig auf Wiesen, Weiden, in verschiedenen Kulturformen auf Äckern angebaut.

Wissenswertes Anstatt einen Acker brachliegen zu lassen, säten Bauern schon im 18. Jh. Wiesen-Klee aus. Er liefert gutes Viehfutter und verbessert den Boden. In seinen Wurzelknöllchen leben Bakterien, die Stickstoff aus der Luft binden und als Nährstoff der Pflanze verfügbar machen. Die Medizin nutzt den Klee bei Wechseljahresbeschwerden.

Verwechslung Mittlerer Klee *(Trifolium medium)*, Köpfchen einzeln, gestielt, Stängel zickzackförmig.

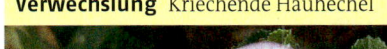

Verwechslung Kriechende Hauhechel

Verwechslung Mittlerer Klee

Höhe 10–30 cm
Blütezeit April–Juni
Typisch Auf dem Kopf
stehende Schmetterlings-
blüten.

Persischer Klee
Trifolium resupinatum | Schmetterlingsblütengewächse

Merkmale Einjährig. Lockere, 1–1,5 cm große, halbkugelige Köpfchen mit je 5–15 nach Honig duftenden,
rosa bis violetten Blüten. Blätter 3-zählig, Blättchen
1–3 cm lang, rautenförmig bis verkehrt eiförmig, ohne
Zeichnung, Blattrand fein gezähnt.
Vorkommen Kultiviert, selten in Trittrasen, an Wegen,
Schuttplätzen, Ödflächen verwildert. Stammt aus Küs-
tenweiden und Salzrasen Südeuropas.
Wissenswertes In Südwestasien gehört dieser Klee zu
den ältesten Futterpflanzen. Bei uns baut man ihn seit
den 60er-Jahren des 20. Jh. an, vor allem als Gründün-
gungspflanze. Er eignet sich aber auch als Bienenweide.
Bei den ersten Frösten friert er ab. Ausscheidungen aus
der Wurzel unterdrücken das Auskeimen von Samen
der eigenen oder verwandten Arten.

Höhe 60–120 cm
Blütezeit Juni–Aug.
Typisch Lang gestielte,
lockere, aufrechte Blütentrauben.

Gewöhnliche Geißraute
Galega officinalis | Schmetterlingsblütengewächse

Merkmale Staude. Blüten helllila bis weiß, um 1 cm
lang, alle Blütenblätter etwa gleich lang. Hülsenfrucht
2–5 cm lang. Pflanze kahl. Mehrere runde, hohle, verzweigte Stängel. Blätter unpaarig gefiedert mit 7–19 lanzettlichen bis eiförmigen Blättchen.
Vorkommen Brachflächen, Raine, Steinbrüche, Straßenränder, Bahnhöfe. Besonders auf feuchten Böden.
Benötigt etwas wärmere Standorte und ist frostemp-
findlich. Zerstreut.
Wissenswertes Die Pflanze stammt aus dem östlichen
Mittelmeerraum. Sie wurde seit dem 17. Jh. bei uns als
Zier-, Heil- und Futterpflanze kultiviert und verwilderte. Die Volksmedizin verwendet sie, um die Harn- und
Milchbildung zu fördern. Sie soll auch den Blutzucker
senken, was jedoch nicht bewiesen ist.

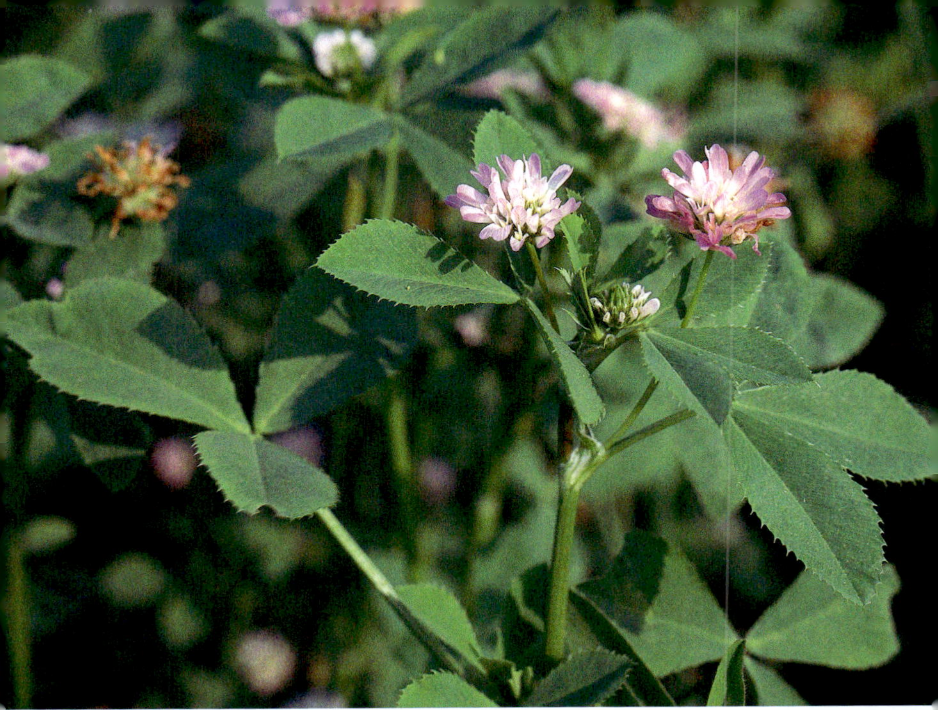

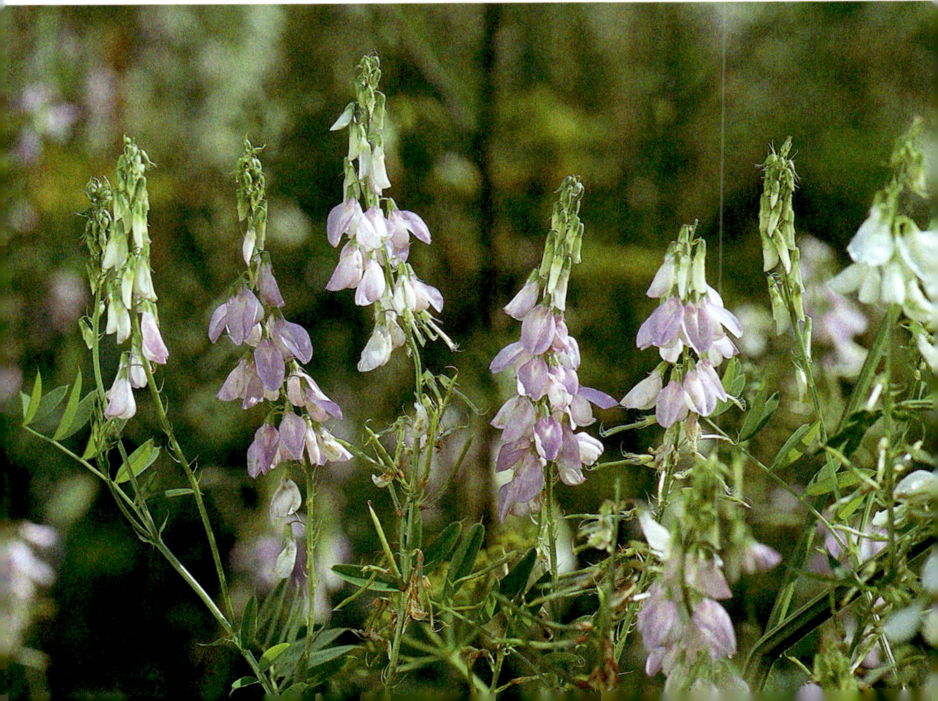

Höhe 30–60 cm
Blütezeit Juni–Aug.
Typisch Kopfige Dolden
mit 5–20 nickenden
Blüten.

Bunte Kronwicke

Securigera varia, Coronilla varia
Schmetterlingsblütengewächse | ☠

Merkmale Staude. Blütendolden lang gestielt, Blüten
1–1,5 cm lang, rosa oder weißlich, Schiffchen vorn
dunkelviolett. Stängel gerillt, liegend oder aufsteigend.
Blätter unpaarig gefiedert, die 11–25 Fiederblättchen
mit deutlichem Stachelspitzchen.

Vorkommen Weg- und Straßenböschungen, Bahndämme, Steinbrüche, Halbtrockenrasen, Waldränder.
Zerstreut, besonders in Kalkgebieten.

Wissenswertes Die Bunte Kronwicke treibt aus ihren
Wurzeln neue Sprosse aus und besiedelt so große
Flächen. Ihre Fiederblättchen besitzen ein Gelenk und
bewegen sich nachts aufwärts. Die Pflanze enthält
herzwirksame Glykoside. Diese können zu Übelkeit,
Krämpfen und im Extremfall zum Tod führen.

Höhe 30–60 cm
Blütezeit Mai–Juli
Typisch Dichte, auf-
rechte Trauben mit
gestreiften Blüten.

Futter-Esparsette

Onobrychis viciifolia | Schmetterlingsblütengewächse

Merkmale Staude. Trauben lang gestielt. Blüten
1–1,5 cm lang. Hülsenfrucht eiförmig, mit gezähnter
Kante. Stängel aufrecht. Blatt unpaarig gefiedert, mit
15–29 ovalen, kurz gestielten Fiederblättchen.

Vorkommen Aus Anbau verwildert und eingebürgert.
Sonnige Halbtrockenrasen über Kalk, Wege, Böschun-
gen. Auf warmen, mäßig trockenen Böden. Hilft, den
Boden zu verbessern. Häufig.

Wissenswertes Die aus Südosteuropa stammende
Futter-Esparsette wurde im 16. Jh. erstmals in Frank-
reich angebaut. Von dort breitete sich ihr Anbau bald
über ganz Europa aus, ging aber später durch ertragrei-
chere Futterpflanzen wie Mais und Luzerne wieder zurück. Die Wurzeln reichen bis 4 m tief, weshalb man sie
auch „Felsensprenger" nannte.

Zaun-Wicke
Vicia sepium | Schmetterlingsblütengewächse

Höhe 30–60 cm
Blütezeit Mai–Juni
Typisch Rankende Pflanze mit je 3–6 Blüten in den Blattachseln.

Merkmale Staude. Blüten 1,2–1,5 cm lang, rotviolett bis schmutzig dunkelblau, selten gelblich oder weißlich. Blätter mit 4–8 Paar breit-elliptischen bis eiförmigen Fiedern und verzweigter Endranke. Nebenblätter mit braunschwarzer, glänzender Nektargrube.
Vorkommen Wiesen, Wegränder, Ödflächen, Waldränder, Lichtungen, Zäune. Auf etwas feuchten, lockeren Böden. Zeigt Nährstoffreichtum an. Verbreitet.
Wissenswertes Der Nektar in den Gruben der Nebenblätter lockt Ameisen an. Diese saugen bei ihren Besuchen nicht nur den süßen Saft, sondern fressen auch Schädlinge, wie etwa Raupen. So nützen sie auch der Pflanze.
Verwechslung Futter-Wicke *(Vicia sativa)*, Blüten 2–3 cm lang, rotviolett mit hellerer Fahne.

Frühlings-Platterbse
Lathyrus vernus | Schmetterlingsblütengewächse | (☠)

Höhe 20–40 cm
Blütezeit April–Mai
Typisch Blütenfarbe verändert sich während der Blütezeit.

Merkmale Staude. Blüten 1,3–1,8 cm lang. Stängel kantig, nicht geflügelt, mit 4–6 Blättern. Diese mit 2–4 Fiederpaaren und feiner Spitze, aber ohne Ranke. Fiederblättchen eiförmig, lang zugespitzt, 1–3 cm breit, mit 3–5 deutlichen Längsnerven, glänzend, auf beiden Seiten hell- oder frischgrün.
Vorkommen Wälder mit reichlich krautigem Unterwuchs. Auf etwas feuchten, meist kalkhaltigen, nährstoffreichen Böden. Häufig.
Wissenswertes Je nach Säuregehalt des Zellsaftes zeigen die für die Blütenfarbe verantwortlichen Anthocyanfarbstoffe eine andere Farbe. In der Knospe (sauer) ist sie rot, in der offenen Blüte (neutral) blauviolett/blau und schließlich beim Abblühen (basisch) türkisfarben.

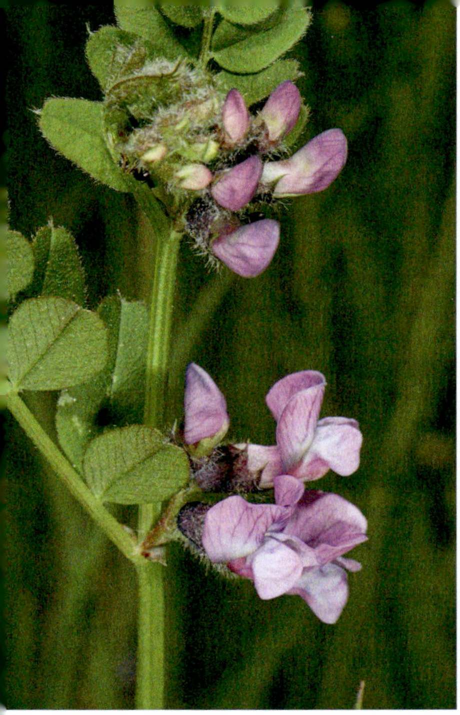

Verwechslung Futter-Wicke

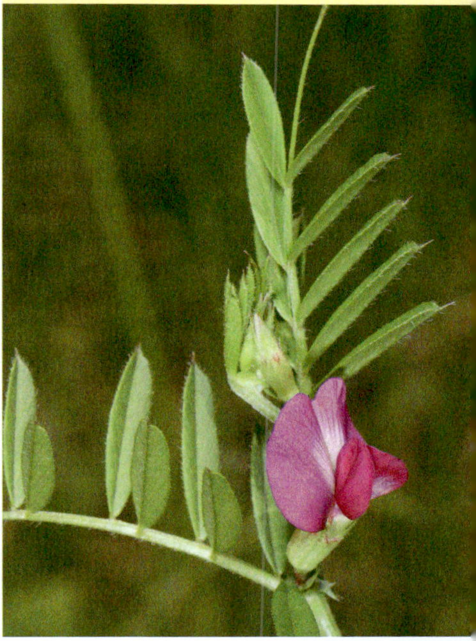

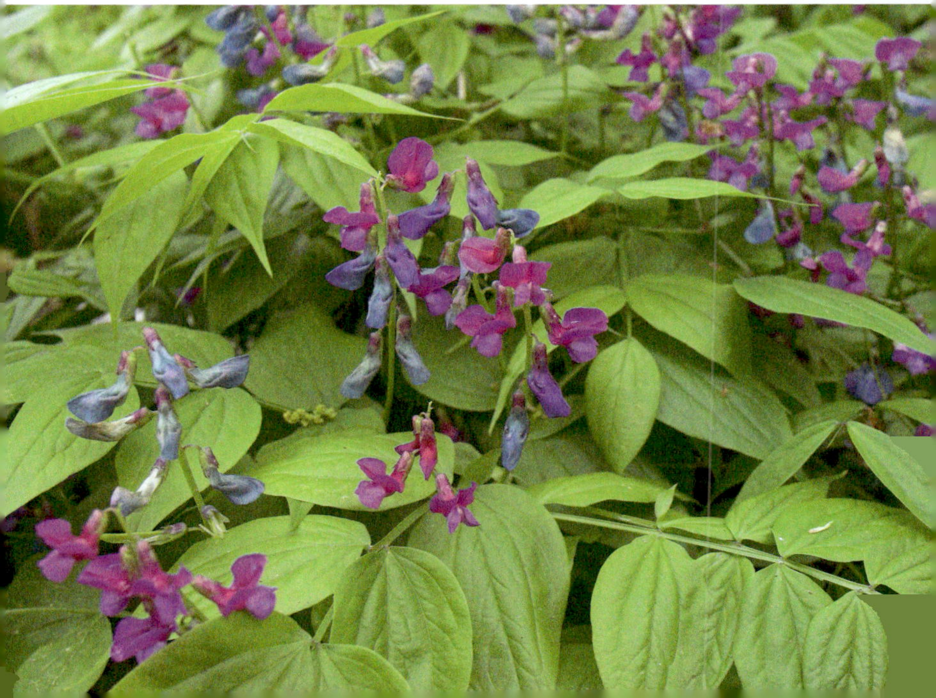

Höhe 30–100 cm
Blütezeit Juni–Aug.
Typisch Blätter mit
1 Fiederpaar und Ranken.
Stängel kantig.

Knollen-Platterbse
Lathyrus tuberosus
Schmetterlingsblütengewächse | (☠)

Merkmale Staude. Sehr lang gestielte Trauben mit 3–5 duftenden, 1,3–1,8 cm langen, karminroten Blüten. Stängel ungeflügelt. Fiederblättchen breit-lanzettlich bis verkehrt eiförmig. Wurzelwerk mit Knollen.
Vorkommen Getreideäcker, Wegränder, Hecken, Schuttplätze. Auf im Sommer warmen, mäßig trockenen, meist kalkreichen Böden. Zerstreut.
Wissenswertes Früher wurde die Pflanze angebaut, um die haselnussgroßen Wurzelknollen zur Schweinemast oder als nahrhafte Speise zu nutzen. Sie enthalten Stärke. Roh schmecken sie herb, gekocht oder wie Kastanien geröstet süßlich.
Verwechslung Breitblättrige Platterbse *(Lathyrus latifolius)*, Stängel 2,5–6 mm breit geflügelt.

Höhe 100–200 cm
Blütezeit Juli–Aug.
Typisch Stängel 1–3 mm
breit geflügelt.

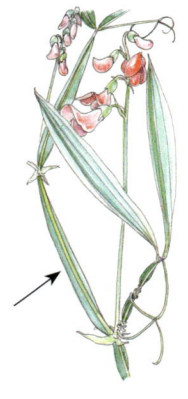

Wald-Platterbse
Lathyrus sylvestris
Schmetterlingsblütengewächse | (☠)

Merkmale Staude. Lang gestielte, einseitswendige Trauben, Schmetterlingsblüten rosa bis purpurn, außen oft grünlich. Blätter mit geflügeltem Blattstiel, 1 Fiederpaar und Endranke. Blättchen schmal, 4–14 cm lang, mit 3–5 parallelen Nerven.
Vorkommen Sonnige Hecken, Waldränder, Lichtungen, Böschungen. Auf etwas kalkhaltigen, nährstoffreichen Böden. Verbreitet, vor allem in den Lehm- und Kalkgebieten.
Wissenswertes Die tief wurzelnde Pionierpflanze spielt auf Kalkgeröllböden eine Rolle als Bodenfestiger. Die Blüten locken Hummeln, Wildbienen und Tagfalter an. Im Vergleich zur Erbse sind die Früchte – und bei den meisten *Lathyrus*-Arten auch die Samen – etwas abgeflacht, daher der Name „Platterbse".

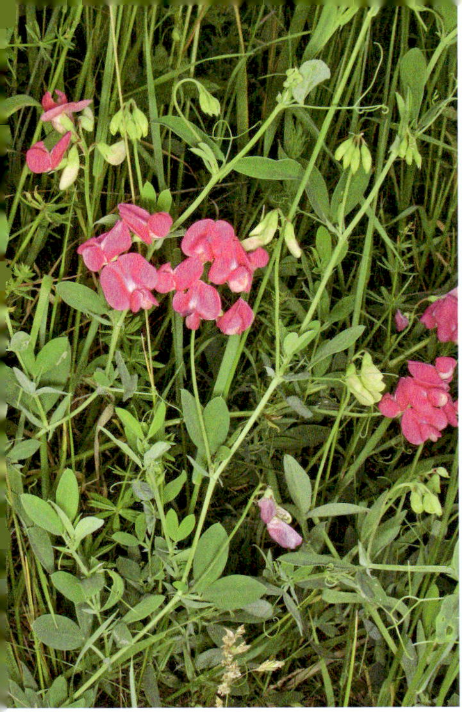

Verwechslung Breitblättrige Platterbse

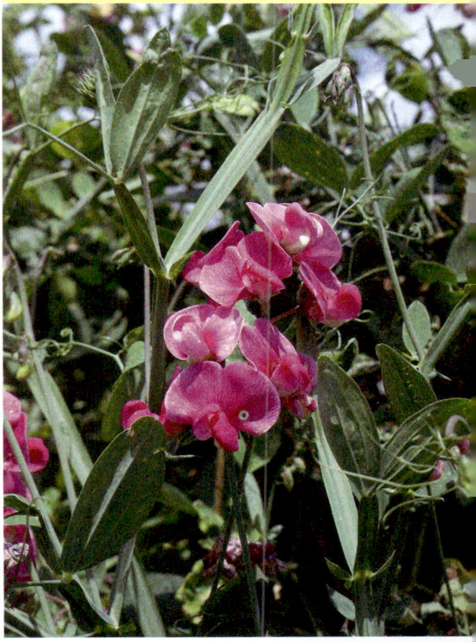

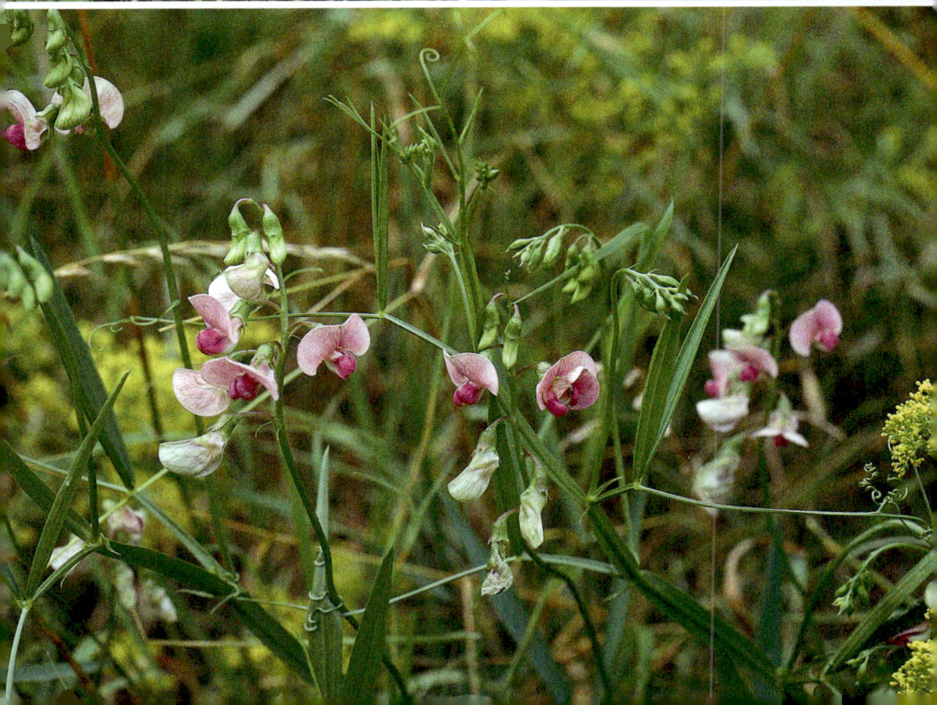

Höhe 15–25 cm
Blütezeit Mai–Juni
Typisch Blüten mit
helleren, gefransten
Anhängseln.

Schopfiges Kreuzblümchen
Polygala comosa | Kreuzblumengewächse

Merkmale Staude. Traube mit 15–30 rotvioletten,
selten blauen oder weißen, um 8 mm langen Blüten.
Tragblätter überragen die Knospen, Traubenspitze
wirkt daher schopfig. Blätter nur am Stängel, nach oben
kaum größer, lineal-lanzettlich.
Vorkommen Sonnige, magere Rasen, Weiden. Auf
mäßig trockenen Böden. In Kalkgebieten verbreitet.
Wissenswertes Der Name bezieht sich auf die Blütezeit
in der Kreuzwoche (Bittwoche), 2 Wochen vor Pfingsten.
Die Blüten ähneln jenen von Schmetterlingsblüten-
gewächsen, mit denen die Pflanzen jedoch nicht näher
verwandt sind. Das Anhängsel an der Spitze der Blüten
dient als Landeplatz für Bienen und Schmetterlinge.
Es soll wohl auch Staubblätter imitieren und damit
reichlich Nahrung verheißen.

Höhe 60–120 cm
Blütezeit Mai–Juni
Typisch 4–5 cm große
rosa Blüten mit dunklen
Adern.

Diptam
Dictamnus albus | Rautengewächse | ☠ | geschützt

Merkmale Staude. Staubfäden lang, nach oben gebogen. 5-teilige Kapselfrucht. Schwarze Drüsenhaare.
Blätter unpaarig gefiedert mit 3–5 Fiederpaaren, Blättchen durchscheinend punktiert.
Vorkommen Felsige, buschige Hänge, lichte, trockene
Wälder, Waldränder. Auf warmen, trockenen, mageren,
meist kalkreichen Böden. Selten.
Wissenswertes An heißen Tagen verdunstet ätherisches Öl, das entfernt nach Zimt duftet. Bei Windstille
kann das Öl sogar über der Pflanze entzündet werden.
Bei Kontakt mit der Pflanze und Sonneneinstrahlung
können verbrennungsähnliche Hautreaktionen entstehen, für die Furanocumarine verantwortlich sind. Dip-
tam ist eine wichtige Futterpflanze für die Raupe des
Schwalbenschwanzes.

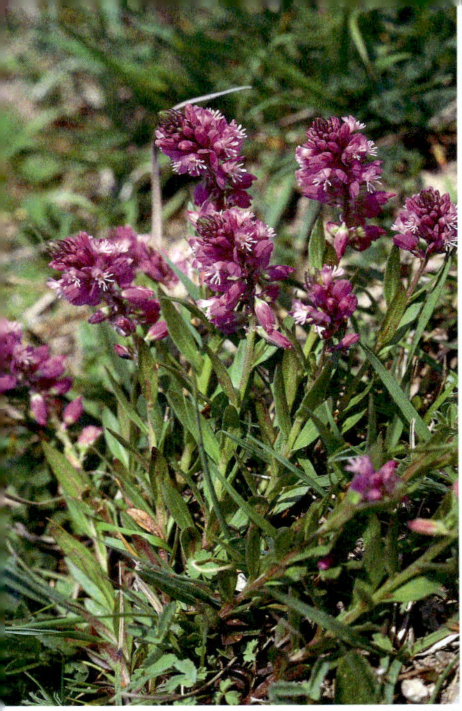
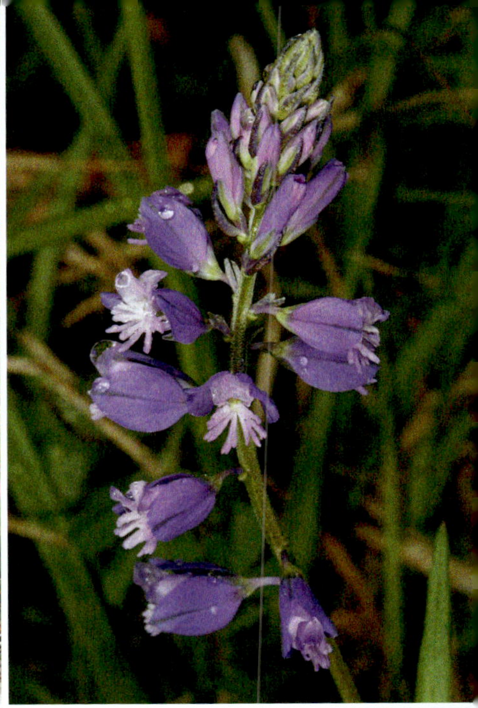
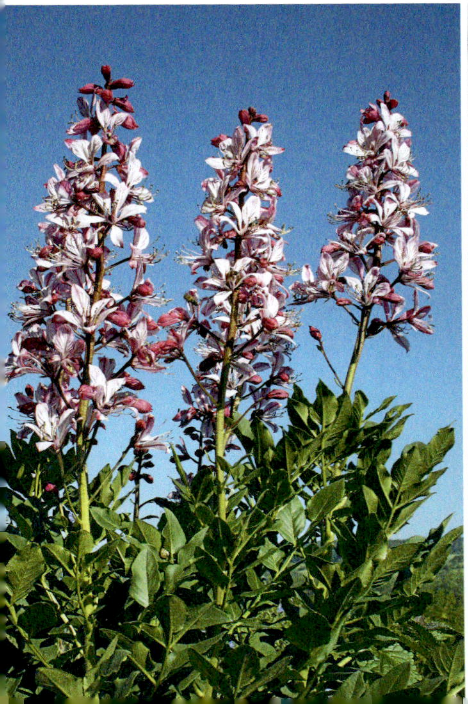
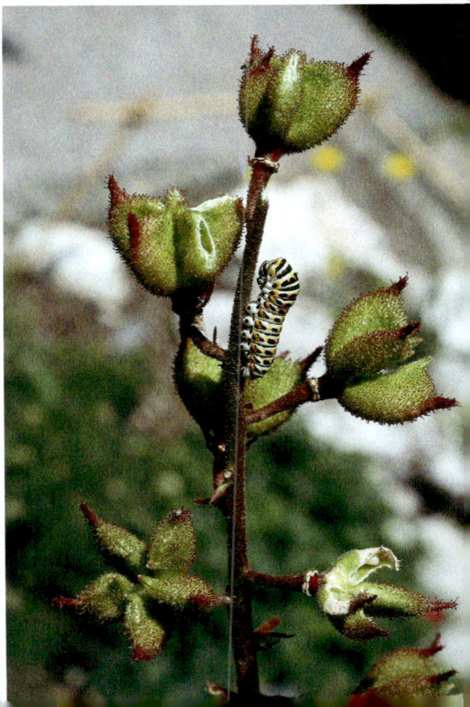

Höhe 50–250 cm
Blütezeit Juli–Aug.
Typisch Blüten mit weitem Helm und gekrümmtem Sporn.

Drüsiges Springkraut
Indisches Springkraut
Impatiens glandulifera | Balsaminengewächse | (☠)

Merkmale Einjährig. Blüten 2,5–4 cm lang, rotviolett, seltener blassrot oder weiß, duftend, in aufrechten Trauben. Frucht 3–5 cm lang, keulenförmig. Blätter gegenständig, kahl, meist scharf gesägt, am Blattstiel auffällige, gestielte Nektardrüsen.

Vorkommen Auenwälder, feuchte Wälder, Ufer. Häufig, noch in Ausbreitung begriffen.

Wissenswertes 1837 säten Gärtner die aus dem Himalaja stammende Pflanze erstmals in Dresden aus. Im Verlauf des 19. Jh. verwilderte sie. Seit einigen Jahrzehnten ist sie fest eingebürgert. Heute bildet der Neubürger oft dichte Bestände und verdrängt heimische Arten. Reife Früchte explodieren und schleudern die Samen bis zu 7 m weit weg.

Höhe 15–30 cm
Blütezeit Juli–Aug.
Typisch Blüten ohne Oberlippe, 1–1,5 cm lang.

Edel-Gamander
Teucrium chamaedrys | Lippenblütengewächse |

Merkmale Zwergstrauch. Je 1–6 rosa, selten weiße Blüten einseitswendig in den Achseln der oberen, oft rotviolett überlaufenen Blätter. Pflanze riecht zerrieben angenehm aromatisch. Stängel 4-kantig. Blätter gekreuzt gegenständig, etwas ledrig, ähneln kleinen Eichenblättern, Blattrand stumpf gesägt.

Vorkommen Felsen, Schotterflächen, sonnige Hänge, Trockenrasen, trockene Wälder. Auf nährstoffarmen Böden. Zerstreut, vor allem in den warmen, trockenen Kalkgebieten im Süden.

Wissenswertes Die Volksmedizin empfahl das an ätherischen Ölen reiche Kraut bei Verdauungsschwäche, Gicht, Fieber und zu Schlankheitskuren. Seit jedoch Vergiftungen mit Leberschäden bekannt wurden, muss hiervon abgeraten werden.

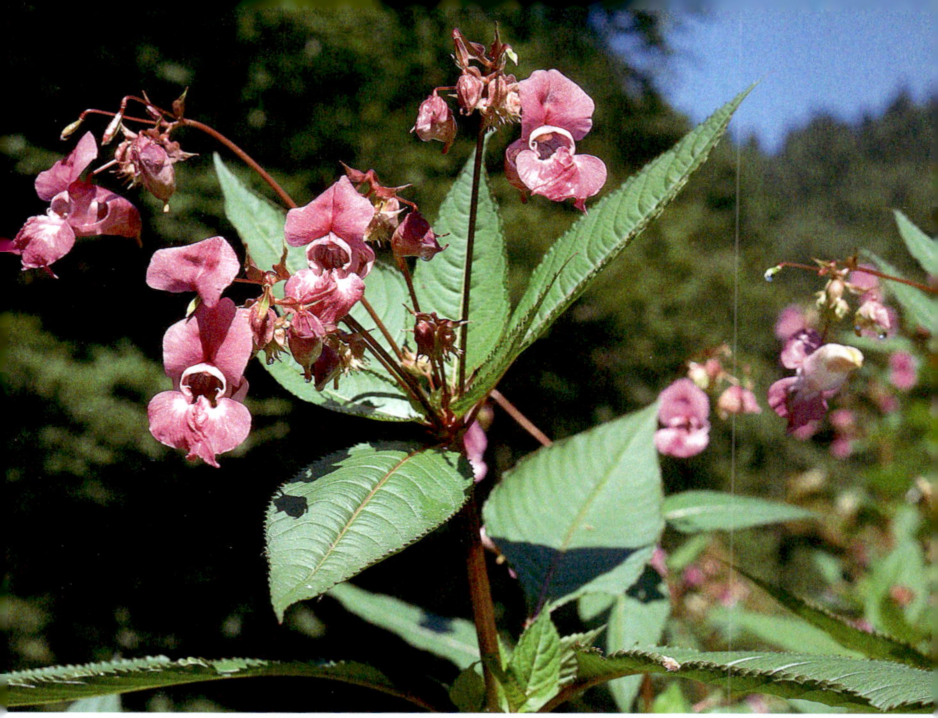

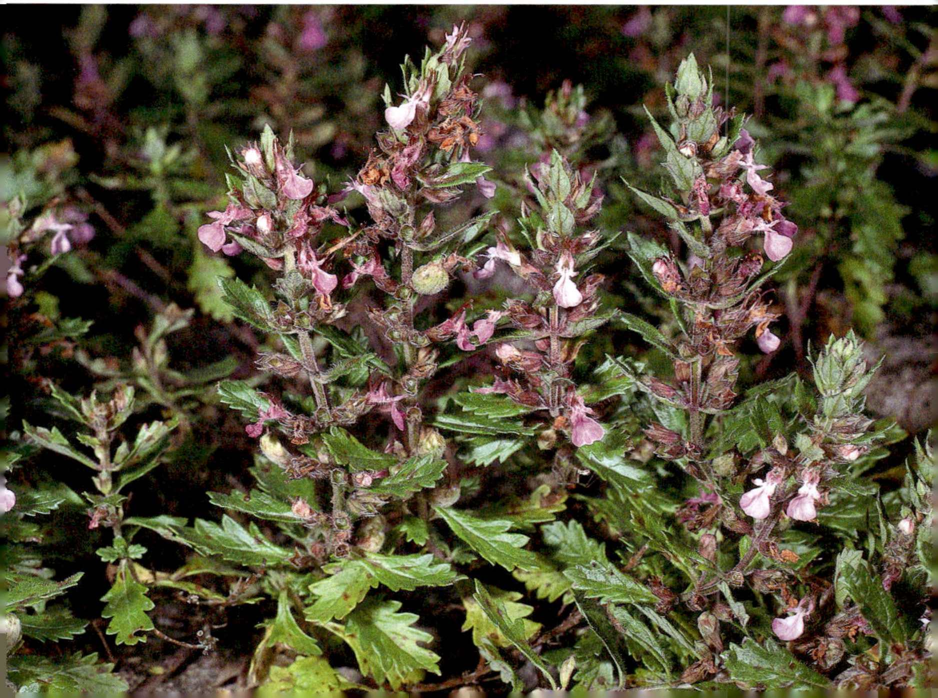

Höhe 10–40 cm
Blütezeit Juni–Okt.
Typisch Blätter nur
0,2–0,5 cm breit.

Schmalblättriger Hohlzahn

Galeopsis angustifolia | Lippenblütengewächse

Merkmale Einjährig. 1–2 cm lange, purpurne Blüten quirlig in den oberen Blattachseln. Oberlippe helmförmig, Unterlippe gemustert, mit 2 hohlen Zähnen. Blätter schmal-lanzettlich bis lineal, ganzrandig oder mit 1–4 Zähnen, gekreuzt gegenständig.
Vorkommen Sonnige Steinschutthalden, Steinbrüche, Bahnschotter, steinige Äcker. Auf warmen, trockenen, meist kalkhaltigen Böden. Zerstreut.
Wissenswertes Die beiden hohlen Zähne auf der Unterlippe dienen als Leitplanken für Insekten: Diese müssen ihren Kopf zwischen den Zähnen hindurch in den Schlund strecken, um an den Nektar am Grund der Blütenröhre zu gelangen. Dabei bestäuben sie die Blüten. Der Mensch fördert die Pflanze, da er offene Flächen wie Bahngelände schafft.

Höhe 10–70 cm
Blütezeit Juni–Okt.
Typisch Stängel unter dem Blattansatz verdickt, mit Borsten.

Gewöhnlicher Hohlzahn
Stechender Hohlzahn
Galeopsis tetrahit | Lippenblütengewächse

Merkmale Einjährig. 1,5–2 cm lange Blüten zu 6–15 quirlig in den Achseln der oberen Blätter, Unterlippe mit 2 kegelförmigen, hohlen Zähnen, Kelchzähne stachelig begrannt. Blätter eiförmig bis breit-lanzettlich.
Vorkommen Äcker, Schuttplätze, Lichtungen, Wege, Ödflächen. Zeigt Stickstoffreichtum an. Verbreitet.
Wissenswertes Tiere bleiben an den Borsten und dem stacheligen Kelch hängen und schütteln so die Früchtchen heraus. Die Art entstand als Kreuzung aus 2 anderen Hohlzahn-Arten (Bunter Hohlzahn, siehe unten und Weichhaariger Hohlzahn). Sie vereint ihr Erbgut und tritt viel häufiger auf als diese.
Verwechslung Bunter Hohlzahn *(Galeopsis speciosa)*. Blüten 2,2–3,5 cm lang, hellgelb mit violetter Unterlippe.

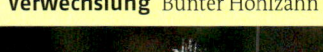

Höhe 20–50 cm
Blütezeit Mai–Juni
Typisch Sehr große, 3–4,5 cm lange Lippenblüten.

Immenblatt Bienensaug

Melittis melissophyllum | Lippenblütengewächse
geschützt

Merkmale Staude. Blüten rotviolett, rosa oder weiß, meist einseitswendig zu 1–3 in den Blattachseln. Stängel meist unverzweigt. Blätter 3–9 cm lang, gestielt, gekreuzt gegenständig, Blattrand grob gezähnt.

Vorkommen Lichte, warme Wälder, Waldränder, sonnige Gebüsche. Auf meist kalkhaltigen, stickstoffarmen, oft steinigen Böden. Selten.

Wissenswertes Nur langrüsselige Hummeln und Schmetterlinge können den Nektar durch die lange Röhre erreichen, der Rüssel der Honigbiene ist zu kurz. Kurzrüsselige Hummeln beißen jedoch seitlich ein Loch in die Röhre und begehen so Nektardiebstahl, ohne die Blüten zu bestäuben. Durch die Löcher gelangen dann auch Honigbienen an den Nektar.

Höhe 10–30 cm
Blütezeit Apri–Aug.
Typisch Obere Blätter stängelumfassend.

Stängelumfassende Taubnessel

Lamium amplexicaule | Lippenblütengewächse

Merkmale Einjährig. Hellpurpurne, 1–1,5 cm lange Blüten, in 8–16-blütigen Quirlen in den Achseln der oberen Blätter. Unterlippe mit weiß-purpurner Zeichnung. Blätter gekreuzt gegenständig, tief und grob gekerbt, rundlich bis nierenförmig.

Vorkommen Lückige Unkrautbestände, Äcker, Gärten, Weinberge, Wege, Schuttplätze. Auf im Sommer warmen, nährstoffreichen Böden. Verbreitet.

Wissenswertes Im Frühjahr und im Herbst bleiben die Blüten oft geschlossen und knospenförmig klein. Sie bestäuben sich dann selbst. Dabei öffnen sich die Staubbeutel in der Knospe und Pollen gelangt durch die räumliche Nähe auf die Narbe. Außerdem kann Pollen auch direkt durch die Wand der geschlossenen Staubblätter zur Narbe hinüberwachsen.

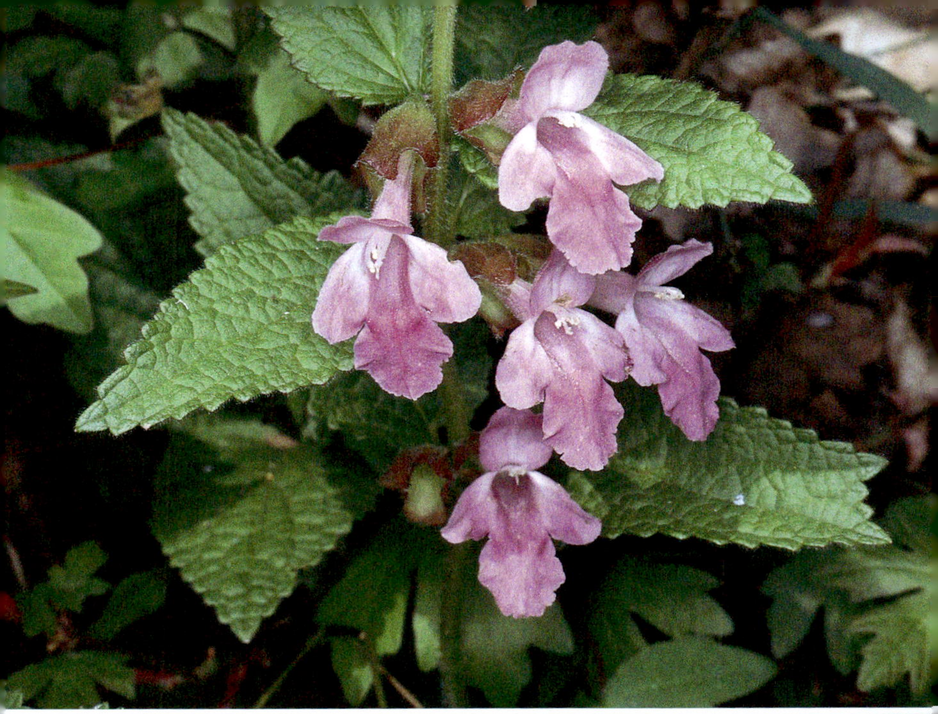
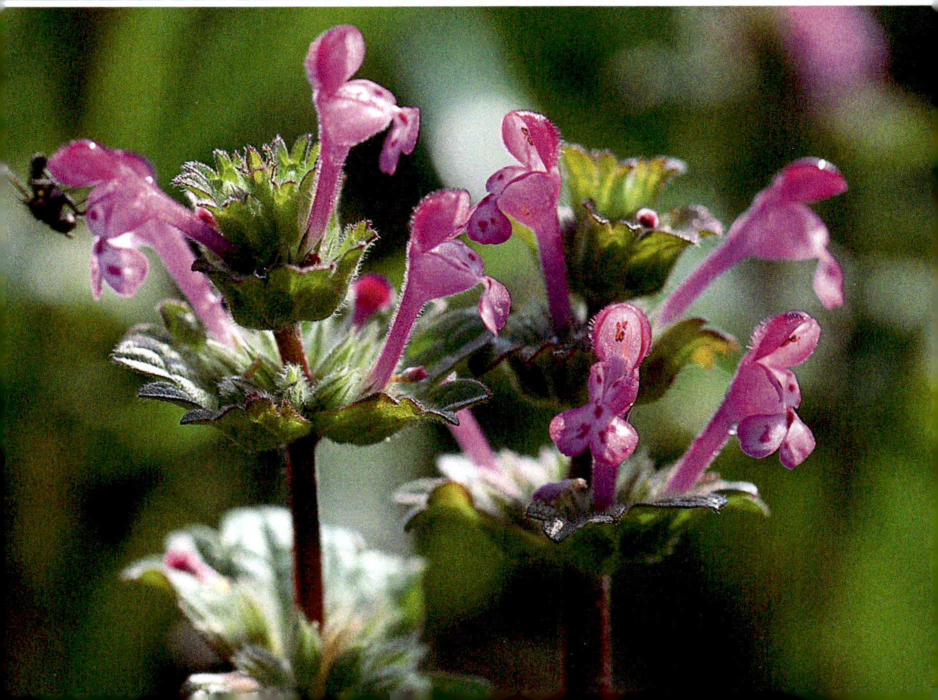

Höhe 15–45 cm
Blütezeit März–Okt.
Typisch Pflanze verzweigt, Blüten 1–1,5 cm groß.

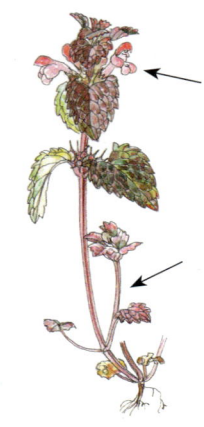

Purpurrote Taubnessel
Lamium purpureum | Lippenblütengewächse

Merkmale Einjährig oder Staude. Blüten purpurn, zu 6–16 quirlig in den Achseln der oberen Blätter, Oberlippe helmförmig, Unterlippe schwach gemustert. Pflanze meist violett überlaufen, brennnesselartig, jedoch ohne Brennhaare. Stängel 4-kantig. Blätter gekreuzt gegenständig, Spreite rundlich, am Grund herzförmig, am Rand stumpf gesägt.
Vorkommen Lückige Unkrautbestände, Äcker, Gärten, Weinberge, Wege, Schuttplätze, Ödflächen. Auf nährstoffreichen Böden. Zeigt Stickstoffreichtum an. Häufig.
Wissenswertes Die Pflanze wächst sehr rasch und kann pro Jahr bis zu 4 Generationen hervorbringen. Bei günstigen Bedingungen blüht sie sogar im Winter.
Verwechslung Gefleckte Taubnessel (s. u.), Blüten größer, Stängel unverzweigt.

Höhe 15–60 cm
Blütezeit April–Sept.
Typisch Unverzweigt. Unterlippe der Blüten meist gefleckt.

Gefleckte Taubnessel
Lamium maculatum | Lippenblütengewächse

Merkmale Staude. Blüten 2-lippig, 2–3 cm lang, purpurn, zu je 6–16 quirlig in den Blattachseln. Oberlippe helmförmig. Brennnesselartige Pflanze ohne Brennhaare. Stängel 4-kantig. Blätter gekreuzt gegenständig, gestielt, herz-eiförmig, gesägt.
Vorkommen Unkrautbestände, Auenwälder, Wald- und Wegränder, Gräben, Hecken, Zäune. Auf eher feuchten Böden. Zeigt Nährstoffreichtum an. Häufig.
Wissenswertes Die Oberlippe der Blüte ist beweglich und weicht zurück, wenn eine Hummel in die Blüte kriecht, um den Nektar zu erreichen. Dieser enthält rund 42 Prozent Zucker. Die vom Kelch umgebenen Früchtchen tragen einen nahrhaften Ölkörper und locken Ameisen an, die für die Verbreitung sorgen.
Verwechslung Weiße Taubnessel (S. 206), blüht weiß.

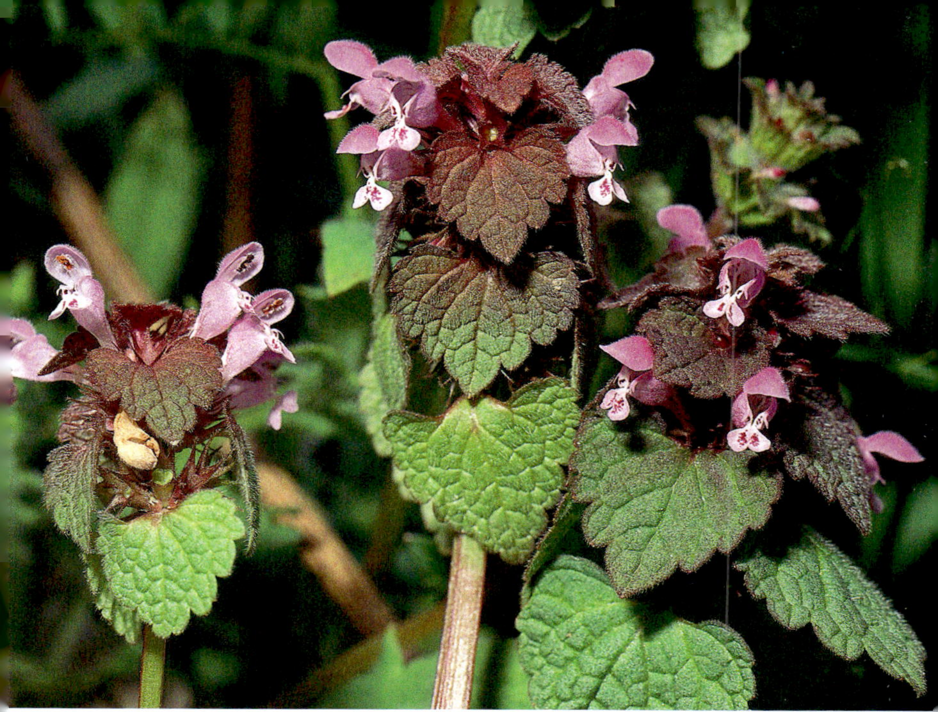
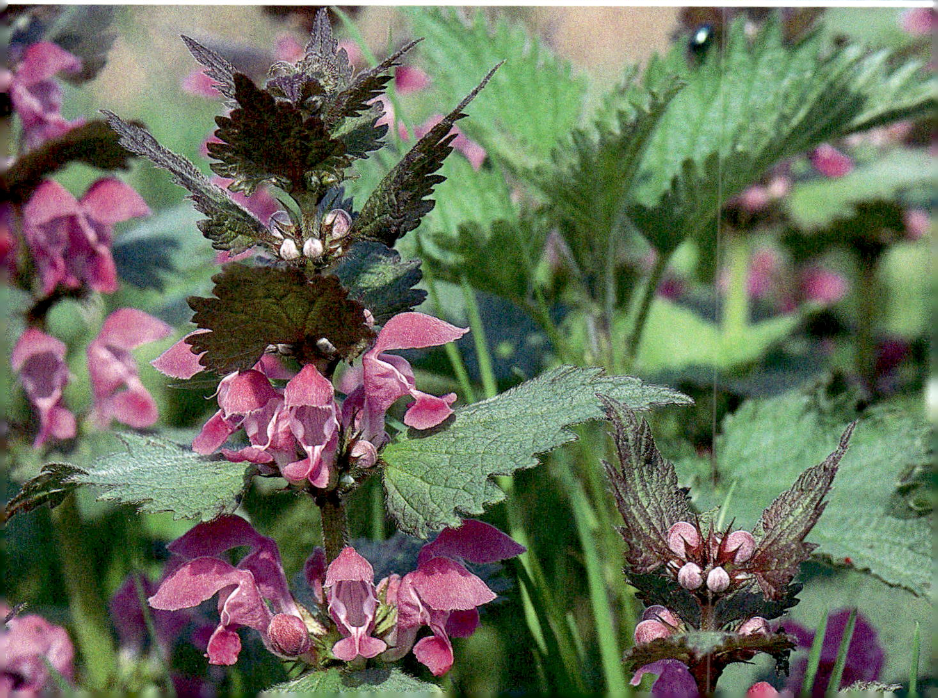

Höhe 30–100 cm
Blütezeit Juni–Sept.
Typisch Runzelige
Blätter mit widerlichem
Geruch.

Schwarznessel
Ballota nigra | Lippenblütengewächse

Merkmale Staude. Violette, rosa oder weiße, 1–1,5 cm
lange Blüten mit fast flacher Oberlippe, zu je 8–20 quir-
lig in den Blattachseln. Pflanze dunkelgrün, oft schwärz-
lich braun. Stängel 4-kantig, verzweigt. Blätter gekreuzt
gegenständig, breit-eiförmig, grob gesägt.
Vorkommen Unkrautbestände an Wegen, Zäunen,
Schuttplätzen. Auf warmen, nährstoffreichen Böden.
Zeigt Stickstoffreichtum an. Verbreitet.
Wissenswertes Einer der ältesten Namen der Pflanze
ist „Gottvergess". Man glaubte wegen des widerlichen
Geruchs, dass sie von Gott vergessen worden sei. Die
Volksmedizin kennt die Pflanze gegen Magenbeschwer-
den, Unruhe und Keuchhusten.
Verwechslung Purpurrote Taubnessel (S. 94), Oberlippe
helmförmig, Pflanze nicht stinkend.

Höhe 30–100 cm
Blütezeit Juli–Aug.
Typisch Dichter Blüten-
stand vom blütenlosen
Bereich abgerückt.

Heil-Ziest
Betonica officinalis, *Stachys officinalis*
Lippenblütengewächse

Merkmale Staude. Ährenartiger Blütenstand, unterster
Blütenquirl meist etwas entfernt. Blüten 8–15 mm lang,
dunkelrosa, Oberlippe fast flach. Grundblätter lang
gestielt, schmal-eiförmig, Blattrand gekerbt.
Vorkommen Moorwiesen, Bergwiesen, Heiden.
Auf zeitweise feuchten, oft kalkarmen Böden. Zeigt
mageren Boden an. Zerstreut, im Nordwesten selten.
Wissenswertes Im Altertum war der Heil-Ziest eine ge-
schätzte Arzneipflanze. Noch im 16. und 17. Jh. glaubte
man, dass kaum eine Krankheit nicht mit ihr behandelt
werden könne. Heute spielt sie selbst in der Volksmedizin kaum mehr eine Rolle.
Verwechslung Sumpf-Ziest *(Stachys palustris)*, Blütenstand nicht abgerückt, Blätter kaum gestielt.

Verwechslung Sumpf-Ziest

Höhe 30–100 cm
Blütezeit Juni–Sept.
Typisch Dunkel braun-
rote Blüten mit gemus-
terter Unterlippe.

Wald-Ziest
Stachys sylvatica | Lippenblütengewächse

Merkmale Staude. Viele meist 6-blütige Quirle mit
kleinen Blättern locker übereinander am Stängelende.
Stängel abstehend behaart. Blätter gestielt, Spreite
herzförmig, rau behaart, Blattrand grob und spitz gesägt. Pflanze riecht zerrieben unangenehm.
Vorkommen Wälder, Gebüsche, Waldquellen, Waldwege. Auf feuchten bis nassen, nährstoffreichen Böden
im Schatten oder Halbschatten. Verbreitet.
Wissenswertes Die Art gehört zu den wenigen Blütenpflanzen, die auch im schattigen Wald noch blühen.
Eselsbrücke hierzu: „Wenn du in den Wald ziehst, siehst
du den Wald-Ziest". Bleiben bestäubende Insekten aus,
bestäubt sie sich selbst.
Verwechslung Alpen-Ziest *(Stachys alpina)*, größere
Blätter im Blütenstand. Pflanze zottig behaart.

Höhe 30–60 cm
Blütezeit Juli–Sept.
Typisch Bis 4 dichte,
fast kugelige Quirle
übereinander.

Gewöhnlicher Wirbeldost
Clinopodium vulgare | Lippenblütengewächse

Merkmale Staude. Blüten 1–1,5 cm lang, hellpurpurn,
Oberlippe flach, Unterlippe 3-teilig. Kelche mit gran-
nenartigen Zähnen. Stängel abstehend zottig behaart.
Blätter gekreuzt gegenständig, eiförmig, 2–4 cm lang.
Pflanze riecht beim Zerreiben etwas aromatisch.
Vorkommen Gebüsch-, Wald- und Wegränder, Hecken,
lichte Wälder, Halbtrockenrasen. Auf etwas kalkhaltigen
Böden an warmen, sonnigen bis halbschattigen Stand-
orten. Zerstreut.
Wissenswertes Der wissenschaftliche Name „Clinopo-
dium" leitet sich von griech. *klinos* = Bett und *podium* =
Füßchen ab. Die antiken Gelehrten Dioskurides und
Plinius, die den Namen vergaben, verglichen den eta-
genartigen Blütenstand mit gedrechselten Bettfüßen.

Höhe 20–60 cm
Blütezeit Juli–Sept.
Typisch Dichte Schein-
dolden mit purpurnen
Tragblättern.

Gewöhnlicher Dost
Origanum vulgare | Lippenblütengewächse

Merkmale Staude. Blüten 4–7 mm lang, rosa, rötlich
oder fast weiß, behaart. Blätter gekreuzt gegenständig,
länglich-eiförmig, unterseits drüsig punktiert. Stängel
derb, rötlich überlaufen, verzweigt. Angenehmer, aromatischer Geruch.
Vorkommen Gebüschränder, Trocken- und Halbtrockenrasen, lichte warme Gehölze, Kahlschläge,
Böschungen. Auf meist kalkhaltigen Böden. Häufig.
Wissenswertes Die Pflanze enthält bis 4 Prozent duftende ätherische Öle. Im „Oregano"-Gewürz finden sich
meist Blätter und Blüten von im Mittelmeerraum heimischen Rassen des Dosts mit kräftigem Aroma sowie
von anderen *Origanum*-Arten. Die Volksmedizin empfiehlt „Dostentee" bei Erkältungen und Verdauungsstörungen.

Höhe 5–40 cm
Blütezeit Juni–Okt.
Typisch Dichte, zylindrische Köpfchen mit
kleinen Blüten.

Arznei-Thymian
Feld-Thymian, Quendel
Thymus pulegioides | Lippenblütengewächse

Merkmale Zwergstrauch. Stängel aufsteigend, unter
dem Blütenstand 4-kantig. Blätter gegenständig, bis
20 mm lang und 11 mm breit. Mehrere Unterarten, die
aromatisch würzig oder nach Zitrone duften.
Vorkommen Magere Rasen und Weiden, Böschungen,
Felsen, Ameisenhaufen. An wärmeren, sonnigen Standorten. Zeigt mageren Boden an. Verbreitet.
Wissenswertes Die Früchtchen tragen nahrhafte Ölkörper und werden von Ameisen verschleppt. Die ätherischen Öle lindern Katarrhe der Atemwege. In der
Antike war Thymian wie Weihrauch eine aromatische
Beigabe in Opferfeuern.
Verwechslung Gewürz-Thymian *(Thymus vulgaris),* aus
dem Mittelmeerraum, Blatt lineal, Rand eingerollt.

Verwechslung Gewürz-Thymian

Höhe 40–150 cm
Blütezeit Juni–Aug.
Typisch Einseitswendige, lange Blütentraube.

Roter Fingerhut

Digitalis purpurea | Braunwurzgewächse | ☠

Merkmale Zweijährig oder Staude. Bis über 100 hell bis dunkel karminrote oder weiße, hängende, 3,5–5 cm lange Blüten, diese innen mit dunklen, weiß umrandeten Punkten. Stängel unverzweigt. Blätter eiförmig, lang gestielt, oberseits dunkelgrün, runzelig, unterseits graufilzig, Blattrand unregelmäßig gekerbt.
Vorkommen Waldschläge, Waldwege, Lichtungen. Auf etwas feuchten, kalkarmen, sauren, humusreichen Böden. Zerstreut, meist in größeren Gruppen.
Wissenswertes Die Flecken in der Blütenröhre imitieren Staubbeutel und dienen als Locksignal, besonders für Hummeln. Der Rote Fingerhut enthält Herzglykoside, die genau dosiert als Arznei bei Herzschwäche das Herz stärken können. Vergiftungen führen zu Herzrhythmusstörungen und zum Tod.

Höhe 15–50 cm
Blütezeit Juni–Sept.
Typisch Blütenähren mit purpurroten, begrannten Blättern.

Acker–Wachtelweizen

Melampyrum arvense | Braunwurzgewächse | (☠)

Merkmale Einjährig. Blütenstände dicht, walzlich-kegelförmig, Blüten 20–25 mm lang, Blütenmitte gelb bis gelblich weiß. Blätter gegenständig, schmal-lanzettlich, die unteren ganzrandig, die oberen mit langen Zähnen. Halbschmarotzer.
Vorkommen Getreideäcker, Gebüschränder, Raine, Wege. Auf eher trockenen, nährstoffreichen, meist kalkhaltigen Böden. Zerstreut in den Kalkgebieten.
Wissenswertes Der Acker-Wachtelweizen enthält Aucubin. Dieser Stoff ist dafür verantwortlich, dass sich das Kraut beim Trocknen schwarz färbt. Früher gelangten manchmal die weizenkornähnlich geformten Samen ins Mehl oder Brot und färbten dieses bläulich. Der Name „*Melampyrum*" leitet sich von griech. *melas* = schwarz und *pyros* = Weizen ab.

Höhe 20–50 cm
Blütezeit Mai–Aug.
Typisch Unterlippe so lang wie die dunklere Oberlippe.

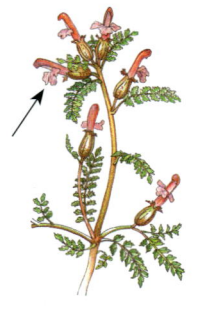

Sumpf–Läusekraut

Pedicularis palustris | Braunwurzgewächse | (☠)
geschützt

Merkmale Zweijährig. Wenige, 1,3–2,2 cm lange Blüten in lockerer Traube. Oberlippe helmförmig. Kelch 2-spaltig. Pflanze kahl, mit 1 verzweigten Stängel. Blätter tief fiederspaltig mit kurz gezähnten Abschnitten. Halbschmarotzer.

Vorkommen Flach- und Zwischenmoore. Auf feuchten bis nassen, auch zeitweise überschwemmten, meist kalkarmen, humusreichen Böden. Zerstreut.

Wissenswertes Früher verwendete man Läusekräuter als Insektenmittel, um Läuse und anderes Ungeziefer zu vernichten. Die Blüten werden von kräftigen Hummeln besucht. Diese müssen die weniger als 1 mm breite Öffnung der Kronröhre auseinander drücken, um an den Nektar zu gelangen. Schwächere Hummeln beißen die Blüten seitlich an.

Höhe 10–30 cm
Blütezeit März–Mai
Typisch Bleiche Pflanze mit einseitswendiger Blütentraube.

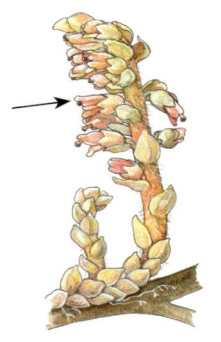

Schuppenwurz

Lathraea squamaria | Braunwurzgewächse

Merkmale Staude. Traube vor dem Aufblühen nickend. Blüten 1,5–2 cm lang, 2-lippig, hellrosa bis hellviolett, Kelch drüsig behaart. Pflanze ohne Blattgrün. Stängel fleischig. Blätter schuppig.

Vorkommen Auen- und Schluchtwälder. Auf wasserdurchsickerten, nährstoffreichen, tiefgründigen Böden im Schatten. Zerstreut in Kalk- und Lehmgebieten.

Wissenswertes Die Schuppenwurz zapft mit Saugwurzeln die Wurzeln ausdauernder Pflanzen – hauptsächlich Erle, Hasel, Pappel – an und entzieht diesen Wasser, Nährsalze und organische Substanzen. Der Vollschmarotzer braucht kein Sonnenlicht und kann im dunklen Wald wachsen.

Verwechslung Sommerwurz-Arten (S. 106), Traube aufrecht, Blüten nach allen Seiten gerichtet.

Höhe 20–50 cm
Blütezeit Juni–Juli
Typisch Pflanze ohne
Blattgrün, Blüten nach
allen Seiten.

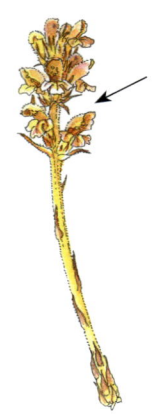

Nelken-Sommerwurz

Orobanche caryophyllacea
Sommerwurzgewächse | geschützt

Merkmale Einjährig bis mehrjährig. Lockere bis mäßig
dichte Blütenähre. Blüte 2-lippig, vorn abgewinkelt,
1,7–3,5 cm lang, hellgelb, rötlich überlaufen oder braun-
rot-violett. Stängel gelb bis lila, mit wenigen Blatt-
schuppen, an der Basis verdickt.
Vorkommen Kalkmagerrasen. Auf mäßig trockenen
Lehm- und Lößböden. Zerstreut.
Wissenswertes Diese Sommerwurz zapft als Vollparasit
die Wurzeln von Labkräutern (S. 132) an. Bei warmem,
sonnigem Wetter duften ihre Blüten angenehm nach
Gewürznelken. In Mitteleuropa gibt es über 20 verschiedene Sommerwurz-Arten.
Verwechslung Andere Sommerwurz-Arten, ohne Nel-
kenduft, auf anderen Wirtspflanzen.

Höhe 25–60 cm
Blütezeit Mai–Aug.
Typisch Blüten mit
1–2 cm langem, sehr
dünnem Sporn.

Mücken-Händelwurz

Gymnadenia conopsea | Orchideengewächse | geschützt

Merkmale Staude. Zylindrische, bis über 15 cm lange
Ähre mit bis 140 stark duftenden, rosa bis rotlila, selten
weißen, 1–1,5 cm breiten Blüten. Lippe breiter als lang.
Blätter etwas rinnig, 1–4 cm breit, aufrecht, ungefleckt.
Vorkommen Moorige Wiesen, Flach- und Quellmoore,
Kalkmagerrasen, lichte Wälder. Sowohl auf trockenen
wie auch feuchten Böden. Zerstreut, im nördlichen Tiefland selten.
Wissenswertes Der lange, dünne Sporn ist nur für ganz
bestimmte Bestäuber geeignet: Tag- und Nachtfalter,
die ihren Rüssel durch den weniger als 1 mm breiten
Eingang in die Röhre einführen und den Nektar aufsaugen können. „Händelwurz" bezieht sich auf die hand-
förmige Form der Knollen.

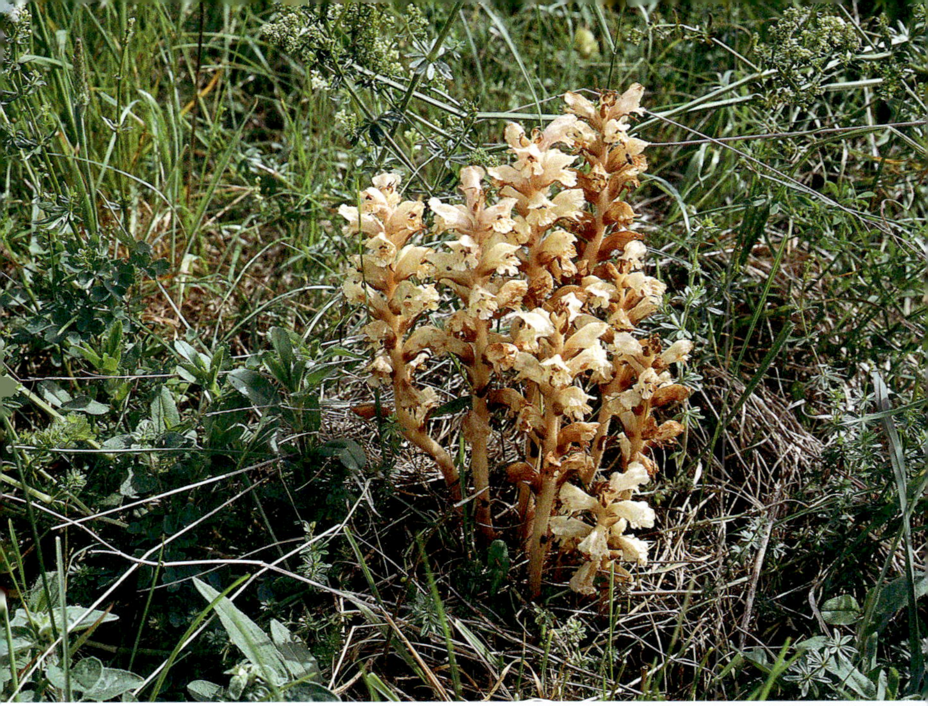

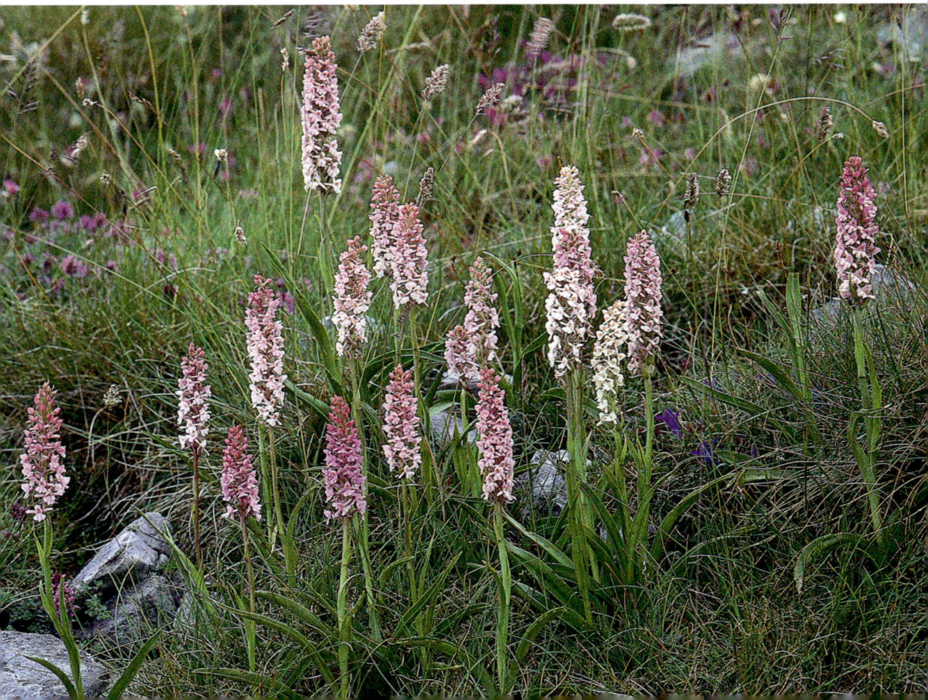

Höhe 15–50 cm
Blütezeit Mai–Juni
Typisch Sporn
horizontal oder
aufwärts gerichtet.

Stattliches Knabenkraut
Manns-Knabenkraut
Orchis mascula | Orchideengewächse | geschützt

Merkmale Staude. Lockere Ähre mit um 2 cm breiten
Blüten. Lippe 3-teilig, länger als breit, meist mit dunkle-
rer Zeichnung. Blätter 2–3 cm breit, gefleckt, gepunktet
oder nur grün, obere nur mit Scheide.
Vorkommen Magere Gebirgswiesen, Halbtrockenrasen,
lichte Wälder, Steinbrüche. Auf mäßig trockenen, wärmeren Böden. Zerstreut.
Wissenswertes Bis zu Beginn des 19. Jh. versuchte man,
mit den hodenförmigen Knollen von Knabenkräutern
den Geschlechtstrieb zu fördern. Die Form der Knollen
gab sowohl der Gattung wie auch der Familie den
Namen (griech. *orchis* = Hoden).
Verwechslung Sumpf-Knabenkraut *(Orchis palustris)*,
Blätter ungefleckt, nur bis 1,5 cm breit.

Höhe 20–30 cm
Blütezeit Mai–Juni
Typisch Blütenblätter
bilden einen schwarz-
purpurnen Helm.

Brand-Knabenkraut
Orchis ustulata | Orchideengewächse | geschützt

Merkmale Staude. Kurze, zylindrische, dichte Ähre mit
15–20 duftenden, 5–9 mm breiten Blüten. Knospen
dunkel, Helm halbkugelig, Lippe weiß mit wenigen
roten Punkten. Sporn kurz kegelförmig, abwärts gerichtet. Untere Blätter lanzettlich, obere ohne Spreite, alle
Blätter ungefleckt.
Vorkommen Kalkmagerrasen, magere Weiden, lichtes
Gebüsch. Auf mäßig trockenen, lockeren Böden an
etwas wärmeren, sonnigen bis halbschattigen Standorten. Selten, im Norden fehlend.
Wissenswertes Der Name bezieht sich auf die auffallend dunkelrote Färbung der Knospen. Ein noch nicht
vollständig aufgeblühter Blütenstand wirkt besonders
aus der Ferne wie angebrannt. Nach dem Aufblühen
verblassen die Blütenblätter.

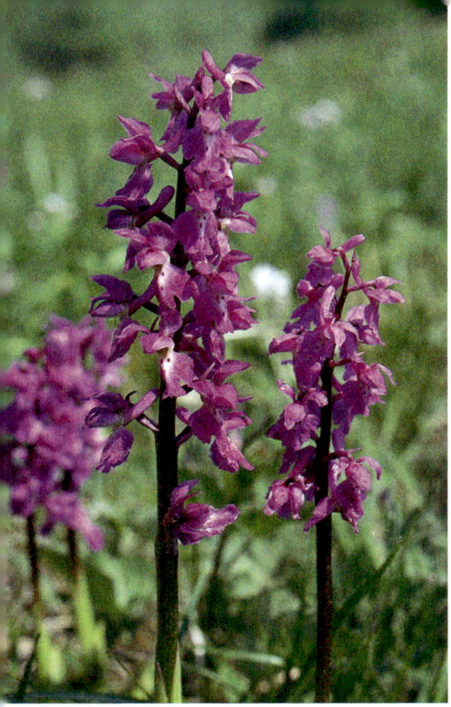

Verwechslung Sumpf-Knabenkraut

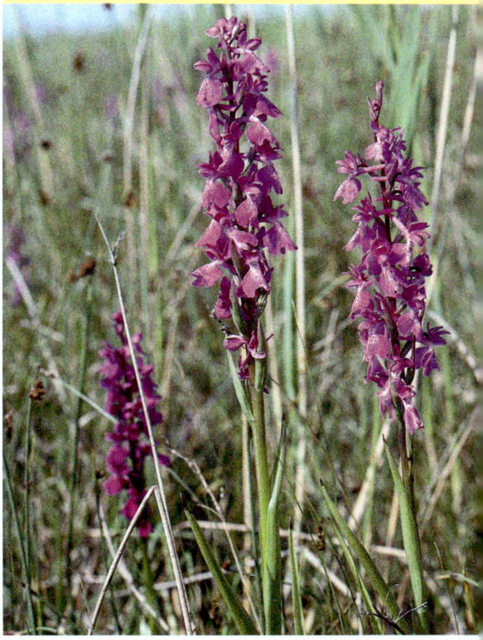

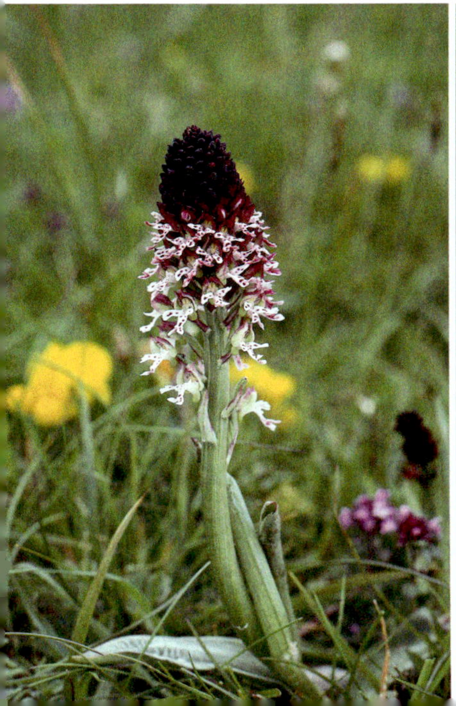

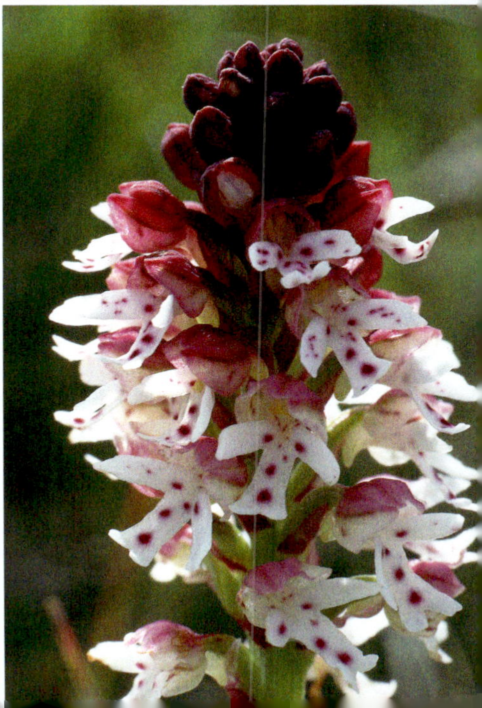

Purpur-Knabenkraut

Orchis purpurea | Orchideengewächse | geschützt

Höhe 30–75 cm
Blütezeit Mai–Juni
Typisch Blütenblätter bilden einen rotbraunen bis purpurnen Helm.

Merkmale Staude. Zylindrische, dichte Ähre mit 20–80 Blüten. Lippe mit dunkelroten Haarbüscheln. Sporn abwärts gerichtet, halb so lang wie der Fruchtknoten. Helm bildet farblich einen Kontrast zur Lippe. Blätter glänzend, 3–5 cm breit.

Vorkommen Lichte, warme Eichen- und Buchenwälder und Gebüsche, Halbtrockenrasen. Auf mäßig trockenen, tiefgründigen Böden. Selten.

Wissenswertes Die meist auffällige Lippe der Orchideenblüten steht in den Knospen noch nach oben. Erst durch eine Drehung des Fruchtknotens oder des Blütenstiels um 180° gelangt sie nach unten und bietet Insekten einen idealen Landeplatz.

Verwechslung Bildet mit dem Helm-Knabenkraut (s. u.) Bastarde mit Merkmalen von beiden Arten.

Helm-Knabenkraut

Orchis militaris | Orchideengewächse | geschützt

Höhe 25–45 cm
Blütezeit Mai–Juni
Typisch Halbkugeliger Helm heller als die Lippe.

Merkmale Staude. Dichte Ähre mit 20–50 Blüten. Lippe tief 3-lappig, die Zipfel bis 3,5 mm breit. Sporn abwärts gerichtet. Helm außen blassrosa bis grau, innen rot geadert. Untere Blätter schmal oval, spitz, die des Stängels mit stängelumfassender Scheide.

Vorkommen Magerrasen, warme Raine, Böschungen, moorige Wiesen, Flußauen, lichte Gebüsche. Auf kalkreichen, humushaltigen Böden. Zerstreut.

Wissenswertes Dieses Knabenkraut ist häufiger als andere Orchideen. Es kann auch neu geschaffene Standorte wie Straßenböschungen oder Dämme besiedeln und erscheint dort oft lange vor anderen Orchideen-Arten.

Verwechslung Affen-Knabenkraut *(Orchis simia)*, Lippenzipfel unter 1 mm breit.

Verwechslung Affen-Knabenkraut

Höhe 20–100 cm
Blütezeit Mai–Juli
Typisch Lange Trag-
blätter überragen die
Blüten.

Fleischfarbenes Knabenkraut

Dactylorhiza incarnata | Orchideengewächse | geschützt

Merkmale Staude. Bis 20 cm lange Ähre mit 20–50 fleischroten, seltener gelblichen, 1,2–1,7 cm breiten Blüten. Lippe mit Punkten und Schleifenmuster. Sporn horizontal oder abwärts gerichtet. Stängel dick. Blätter lanzettlich, hellgrün, meist ungefleckt, steif aufrecht, erreichen den Blütenstand.
Vorkommen Nasse Wiesen, Flachmoore, Moor-gebüsche. Meist auf Kalkböden. Zerstreut.
Wissenswertes Diese Art neigt wie die anderen Knabenkräuter zur Bastardierung. Die gelbe Form heißt auch „Strohgelbes Knabenkraut". Sie blüht etwa 2 Wo-chen später als die fleischrote Form und kann gemein-sam mit der fleischroten Form vorkommen.
Verwechslung Breitblättriges Knabenkraut *(Dactylo-rhiza majalis)*, Blätter abstehend, meist gefleckt.

Höhe 10–60 cm
Blütezeit Mai–Aug.
Typisch Blätter gefleckt.
Blüten meist blassviolett.

Geflecktes Knabenkraut

Dactylorhiza maculata | Orchideengewächse | geschützt

Merkmale Staude. Kegelförmige, später zylindrische Ähre mit 20–70 dunkelvioletten bis weißen Blüten, Lippe mit dunkelroten Ornamenten. Stängel oft rot überlaufen, mit 6–10 Blättern, die oberen den Blüten-stand nicht erreichend. Sehr vielgestaltige Art.
Vorkommen Feuchte Magerrasen, Niedermoore, Heide-moore. Auf nassen oder feuchten, modrigen oder humusreichen Böden. Zerstreut.
Wissenswertes Das Gefleckte Knabenkraut bildet wie alle Orchideen staubfeine, mit einer losen Hülle ver-sehene Samen. Diese sind damit hervorragend an eine Verbreitung durch den Wind angepasst. Allerdings enthalten sie keine Reservestoffe. Für die Ernährung des Keimlings ist deshalb die Lebensgemeinschaft mit einem Pilz erforderlich.

Verwechslung Breitblättriges Knabenkraut

Höhe 30–60 cm
Blütezeit Mai–Juni
Typisch Blüten mit zahlreichen weißen Staubblättern.

Schwarzfruchtiges Christophskraut

Actaea spicata | Hahnenfußgewächse | (☠)

Merkmale Staude. Dichte, kurze Blütentrauben, Blüten mit 4, seltener bis 6 kleinen Blütenblättern, kürzer als die Staubblätter. Schwarze Beeren. Stängelblätter lang gestielt, groß, 3-teilig mit einfach oder doppelt gefiederten Blättchen.

Vorkommen Schlucht- und Laubmischwälder der Mittelgebirge. Auf feuchten, meist kalkhaltigen Lehmböden. Erträgt Beschattung. Zerstreut.

Wissenswertes Bereits im 13. Jh. hieß die Pflanze „herba Christophori". Auch der deutsche Name bezieht sich auf den Heiligen Christophorus, den Schutzpatron gegen Pest. Die Pflanze gilt als giftig, Giftstoffe konnten jedoch nicht nachgewiesen werden. Die zerriebenen Blätter riechen scharf und sollen Ungeziefer abhalten.

Höhe bis 10 m
Blütezeit Juni–Aug.
Typisch Lianenartige, faserige, verholzte Stängel.

Gewöhnliche Waldrebe

Clematis vitalba | Hahnenfußgewächse | ☠

Merkmale Kletterstrauch. Vielblütige Blütenstände, Blüten bis 2,5 cm groß, 4 weiße oder außen leicht grünliche Blütenblätter, viele Staubblätter. Fedrige Früchtchen bilden „Wuschelköpfe". Blätter unpaarig gefiedert mit höchstens 5 Blättchen, Blattstiele rankend, Blättchen breit-lanzettlich.

Vorkommen Auenwälder, Waldränder, Ödflächen. Auf nährstoffreichen, meist kalkhaltigen Böden. Zeigt Stickstoffreichtum an. Pionierpflanze. Häufig.

Wissenswertes Der Pflanzensaft enthält Protoanemonin, das die Haut stark reizt. Die Früchte sind gut flugfähig. Sie reifen erst im Winter voll aus. Die biegsamen Stängel eignen sich zum Flechten.

Verwechslung Aufrechte Waldrebe *(Clematis recta)*, Stängel nicht kletternd, Blätter mit bis 9 Fiederblättchen. Selten.

Verwechslung Aufrechte Waldrebe

Höhe 20–100 cm
Blütezeit April–Juni
Typisch Zerriebene
Blätter riechen nach
Knoblauch.

Gewöhnliche Knoblauchsrauke
Alliaria petiolata | Kreuzblütengewächse

Merkmale Einjährig. 0,6–1 cm große Blüten in endständigen Trauben, diese anfangs fast doldig. Schotenfrüchte sind 20–70 mm lang, aufrecht abstehend, mit
1 Reihe schwarzer Samen. Stängel aufrecht, kantig.
Blätter herz- bis nierenförmig, Blattrand buchtig
gezähnt, untere Blätter lang gestielt.
Vorkommen Schattige Waldränder, Hecken, Gärten,
Parks. Auf nährstoffreichen, humosen, lockeren Lehmböden vor allem an luftfeuchten Standorten. Zeigt
Stickstoffreichtum an. Häufig.
Wissenswertes Die Pflanze enthält Senfölglykoside,
jedoch keine Alliine wie Knoblauch. Nur frische Blätter
riechen und schmecken intensiv, getrocknet verliert
sich das Aroma. Früher verwendete man das Kraut bei
Atemwegserkrankungen und zur Blutreinigung.

Höhe 7–30 cm
Blütezeit März–Juni
Typisch Blätter der
Rosette mit rundlichen
Fiedern.

Behaartes Schaumkraut
Cardamine hirsuta | Kreuzblütengewächse

Merkmale Einjährig. Blüten mit 4 schmalen Kronblättern, die gelegentlich auch fehlen. Schotenfrüchte steil
aufrecht. Pflanze oft violett überlaufen. Mehrere Stängel mit 2–4 Blättern. Rosettenblätter mit 1–7 rundlichen
Fiederpaaren und Endfieder.
Vorkommen Unkrautbestände, Gärten, Parks, Baumschulen, Gärtnereien, Blumentöpfe, Wege, Äcker.
Auf nährstoffreichen Böden. Früher selten, durch Gärtnereien und Baumschulen weit ausgebreitet. Nimmt
seit etwa 3 Jahrzehnten stetig zu.
Wissenswertes In der reifen Frucht entstehen Spannungen. Sind diese groß genug, lösen sich die Frucht-
klappen ruckartig und schleudern die Samen weg.
Ungewollt verbreitet man die Samen auch beim
Unkrautzupfen: Durch Berührung platzen die Früchte
vorzeitig.

Höhe 20–80 cm
Blütezeit Mai–Okt.
Typisch Staubbeutel
gelb, Stängel hohl.

Echte Brunnenkresse
Nasturtium officinale | Kreuzblütengewächse

Merkmale Staude. Blütentrauben anfangs fast doldig,
später gestreckt. Schotenfrüchte stabförmig. Stängel
kantig. Blätter etwas fleischig, mit 1–5 Fiederpaaren und
größerer Endfieder, kahl, bleiben im Winter grün.
Vorkommen Bäche, Gräben und Quellen mit klarem,
kühlem, fließendem Wasser. Zerstreut in den Silikat-
gebirgen, Im Norden selten oder fehlend.
Wissenswertes Die Pflanze enthält Senfölglykoside,
Vitamin A und C und Mineralstoffe. Sie lindert Atemwegskatarrhe und wirkt galle- und harntreibend.
Ab dem Mittelalter kultivierte man sie in Wasserbeeten
(„Kressegärten"), um sie in den vitaminarmen Winter-
monaten für Salat und Gemüse ernten zu können.
Verwechslung Bitteres Schaumkraut *(Cardamine
amara)*, Staubbeutel rot, Stängel markig.

Höhe 3–15 cm
Blütezeit März–Mai
Typisch Zierliche Pflanze
mit Grundrosette.

Hungerblümchen
Erophila verna | Kreuzblütengewächse

Merkmale Einjährig. Blüten mit 4 etwa 2–5 mm langen,
bis etwa zur Mitte gespaltenen Kronblättern. Schötchenfrüchte 5–12 mm lang, oval, kahl, abgeflacht, mit
breiter, heller Scheidewand und vielen Samen. Stängel
blattlos, unverzweigt. Grundblätter oberseits behaart,
ganzrandig oder etwas gezähnt.
Vorkommen Äcker, Wege, Mauern, Gleisanlagen,
Dächer, Spielplätze, Mager- und Sandrasen, Ödflächen.
Pionier auf lockeren Böden. Häufig. Oft zu vielen beieinander.
Wissenswertes Der Name bezieht sich auf die meist
nährstoffarmen Standorte, auf denen sich Ackerkultu-
ren nur schlecht entwickeln („Hungerböden"). Meist
keimen die Samen erst im Winter. Die Blätter verwelken, bevor die Früchte reif sind.

Verwechslung Bitteres Schaumkraut

Höhe 2–70 cm
Blütezeit Jan.–Dez.
Typisch Verkehrt herz-
förmige bis 3-eckige
Schötchenfrüchte.

Gewöhnliches Hirtentäschel
Capsella bursa-pastoris | Kreuzblütengewächse

Merkmale Ein- bis zweijährig. Anfangs kopfige, später
stark verlängerte Trauben. Blüten mit 4 bis zu 3 mm
langen, aufrechten Kronblättern. Grundrosette mit
fiederspaltigen, gezähnten oder ganzrandigen Blättern,
Stängelblätter pfeilförmig stängelumfassend.
Vorkommen Unkrautbestände in Äckern, Gärten, an
Wegen, Schuttplätzen, Ödflächen. Auf nährstoffreichen
Böden. Zeigt Stickstoffreichtum an. Verbreitet.
Wissenswertes Die Pflanze erhielt ihren Namen wegen
der Ähnlichkeit der Früchte mit den Umhängetaschen
mittelalterlicher Hirten. In der Heilkunde werden fast
abgeblühte Pflanzen bei unregelmäßigen Regelblutun-
gen, Nasenbluten und kleinen Hautverletzungen verwendet. Die scharf schmeckenden Samen dienten früher als Pfefferersatz.

Höhe 10–50 cm
Blütezeit April–Aug.
Typisch Fast kreisrunde,
flache, 5–15 mm große
Früchte.

Acker–Hellerkraut
Thlaspi arvense | Kreuzblütengewächse

Merkmale Einjährig. Anfangs kopfige, später stark verlängerte Trauben, Blüten mit 4 Kronblättern. Pflanze
kahl, riecht zerrieben lauchähnlich. Stängel kantig.
Blätter schmal-oval, gezähnt, seltener ganzrandig, die
oberen pfeilförmig stängelumfassend.
Vorkommen Unkrautbestände in Äckern, Weinbergen,
auf Schuttplätzen, Ödland. Auf nährstoffreichen Böden.
Zeigt Lehm an. Häufig.
Wissenswertes Der Name bezieht sich auf die münzen-
ähnlichen Früchte. Ihr Flügelrand dient als Windfang.
Aus den Samen presste man früher Brenn- und Speiseöl, die Blätter verwendete man für Salat und Suppen.
Verwechslung Stängelumfassendes Hellerkraut *(Thlas-
pi perfoliatum)*, Früchte verkehrt herzförmig, Blätter
blaugrün, ganzrandig.

Höhe 20–50 cm
Blütezeit Mai–Juli
Typisch Scheindolde
mit vielen duftenden
Blüten.

Pfeilkresse
Cardaria draba | Kreuzblütengewächse

Merkmale Staude. Blüten mit 4 verkehrt eiförmigen,
3–4 mm langen Kronblättern. Schötchenfrüchte herz-
nierenförmig, kaum abgeflacht, ungeflügelt. Stängel
reich beblättert. Untere Blätter gestielt, verwelken früh,
obere Blätter stängelumfassend.
Vorkommen Unkrautbestände an Wegen, Straßenrändern, Bahndämmen, Schuttplätzen, Weinbergen.
Auf trockenen, meist humusarmen, etwas kalkhaltigen
Böden. Zerstreut. Meist in größeren Gruppen.
Wissenswertes Die Pflanze kam etwa 1728 als Neubürger aus Mittelasien und Südosteuropa zu uns. Mitte des
19. Jh. breitete sie sich mit dem Bau der Eisenbahn-
linien stark aus, heute siedelt sie sich häufig an neu ge-
bauten Straßen an. Die scharf schmeckenden Samen
verwendete man früher als Pfefferersatz.

Höhe 30–60 cm
Blütezeit Juni–Okt.
Typisch Perlschnurartig
gegliederte Schoten-
früchte.

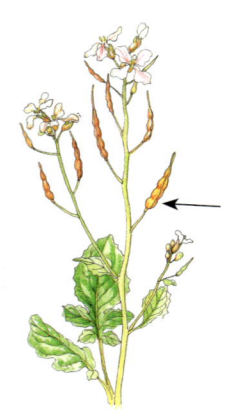

Acker-Hederich
Raphanus raphanistrum | Kreuzblütengewächse

Merkmale Einjährig. Endständige, lockere Trauben mit
1–2 cm großen Blüten, Kronblätter weiß mit violetten
Adern oder blassgelb. Frucht 2–9 cm lang, bricht bei der
Reife auseinander. Untere Blätter rauhaarig, tief fiederspaltig, obere ungeteilt. Wurzel dünn.
Vorkommen Unkrautbestände in Äckern, auf Schuttplätzen, Ödflächen. Auch als Gründüngung oder Futterpflanze gesät. Auf kalkarmen Böden. Zeigt sauren
Boden an. Häufig.
Wissenswertes Im Süden wächst meist die weißblütige
Form, im Norden und Osten auf Sand eher die gelb-
blütige. Die Samen enthalten viel Öl, lassen sich aber
kaum aus der Frucht lösen.
Verwechslung Garten-Rettich *(Raphanus sativus)*, mit
schwammig aufgeblasenen Früchten.

Höhe 60–300 cm
Blütezeit Juli–Aug.
Typisch Schwimmende
Blattrosette mit rhom-
bischen Blättern.

Gewöhnliche Wassernuss

Trapa natans | Wassernussgewächse | geschützt

Merkmale Einjährig. Blüten einzeln in den Blattachseln, unter 1 cm groß, 4-teilig. Holzige Frucht mit
Dornen. Stängel im Boden des Gewässers verankert.
Blätter ledrig, oberseits glänzend, Rand grob buchtig
gezähnt, Blattstiel mit verdickten Abschnitten.
Vorkommen Zwischen anderen Schwimmpflanzen in
nährstoffreichen, sauberen, stehenden, im Sommer
warmen Gewässern der tieferen Lagen. Selten.
Wissenswertes Die nussartig schmeckenden Samen
enthalten reichlich Stärke und wurden von der Jungsteinzeit bis Anfang des 20. Jh. roh, gekocht oder ge-
backen gegessen oder zu Mehl vermahlen. „Trapa" leitet
sich von franz. *trape* = Fußangel ab und bezieht sich
auf die mit Widerhaken versehenen Früchte, die sich an
den Füßen verhaken können.

Höhe 20–70 cm
Blütezeit Juni–Aug.
Typisch Früchte mit
hakigen Borsten.

Gewöhnliches Hexenkraut

Circaea lutetiana | Nachtkerzengewächse

Merkmale Staude. Einfache oder verzweigte, blattlose
Traube überragt die Blätter. Blüten weiß bis hellrosa,
4–7 mm groß, mit nur 2 Kronblättern, diese jedoch tief
2-teilig. Pflanze behaart. Blätter gegenständig, breit-
lanzettlich oder eiförmig.
Vorkommen Wälder, Waldwege, Kahlschläge, Gebüsche,
meist im Halbschatten. Zeigt nährstoffreichen, feuchten Boden an. Verbreitet. Wächst meist in lockeren
Gruppen.
Wissenswertes Die Früchte bleiben mit ihren Häkchen
an Tieren und Menschen hängen. Möglicherweise war
dieses etwas unheimliche, unbemerkte Anhängen
namensgebend: Der wissenschaftliche und der deutsche Name beziehen sich auf Circe, eine Zauberin
(Hexe) in der griechischen Mythologie.

Höhe 10–45 cm
Blütezeit Mai–Sept.
Typisch Blattrosette
dem Boden dicht
anliegend.

Mittlerer Wegerich
Plantago media | Wegerichgewächse

Merkmale Staude. 2–8 cm lange, dichte Ähre auf blattlosem Stängel, dieser viel länger als die Blätter. Blüten
duftend, mit 4 weißen Zipfeln. Lange, violette Staubfäden. Blätter breit-oval, spitz, behaart, mit 5–9 Längs-
nerven, Blattstiel sehr kurz.
Vorkommen Halbtrockenrasen, Weiden, Rasenflächen,
Wege, Straßenränder. An sonnigen, meist betretenen
Standorten. In den Kalkgebieten häufig.
Wissenswertes „Plantago" leitet sich von lat. *planta* =
Fußsohle ab. Die Blätter erinnern an Fußabdrücke,
außerdem erträgt die Pflanze Trittbelastung. Zerreißt
man ein Blatt, bleiben die für Festigkeit sorgenden
Gefäßbündel der Blattadern als dünne Fäden stehen.
Verwechslung Breit-Wegerich (S. 388), mit meist auf-
gerichteten, deutlich gestielten Blättern.

Höhe 1–5 m
Blütezeit Mai–Juni
Typisch Zweige im
Herbst und Winter
dunkelrot.

Blutroter Hartriegel
Cornus sanguinea | Hartriegelgewächse

Merkmale Strauch. Doldenrispen erscheinen nach
den Blättern. Blüten weiß, um 1 cm groß, 4-zählig.
Steinfrüchte blauschwarz. Blätter gegenständig, oval bis
breit-lanzettlich, ganzrandig, mit 3–4 Paar bogigen
Nerven. Schwarzrotes Herbstlaub.
Vorkommen Hecken, lichte Wälder, Waldränder.
Pionierstrauch. Häufig in Kalk- und Lehmgebieten.
Wissenswertes Die rote Rinde enthält Anthocyanfarb-
stoffe. Das Holz ist hart und zäh. Kräftige Äste dienten
früher als Querhölzer zum Verriegeln von Toren.
Hiervon leitet sich der Name „Hartriegel" ab. Das fette
Samenöl lieferte Brennöl.
Verwechslung Tatarischer Hartriegel *(Cornus alba)*,
Blätter mit 4–8 Paar Nerven, Zweige im Winter und
Frühjahr leuchtend rot, Früchte weiß bis bläulich.

Verwechslung Tatarischer Hartriegel

Höhe 1–6 m
Blütezeit Mai–Juni
Typisch Blätter starr, meist stachelig gezähnt und wellig.

Stechpalme Hülse
Ilex aquifolium | Stechpalmengewächse | ☠ | geschützt

Merkmale Strauch männlich oder weiblich. Blüten in Büscheln, um 5 mm groß. Rote Steinfrucht. Blätter eiförmig bis elliptisch, immergrün, oberseits dunkelgrün glänzend, unterseits heller, matt.
Vorkommen Wälder. Auf meist sandigen oder steinigen, etwas feuchten Lehmböden an im Winter milden Standorten. Zerstreut. Erreicht bei uns die Ostgrenze der natürlichen Verbreitung.
Wissenswertes Die Zweige gehören in England zum typischen Weihnachtsschmuck. In manchen Gegenden dienten sie am Palmsonntag als Ersatz für echte Palmwedel. Das harte, sehr gut polierfähige Holz ist für Drechselarbeiten begehrt. Die Früchte benutzte man früher als nicht ungefährliches Abführmittel, aus der Rinde bereitete man Vogelleim.

Höhe 1–5 m
Blütezeit Juni–Juli
Typisch Rispen mit kleinen, 4-zipfeligen Blüten.

Gewöhnlicher Liguster
Ligustrum vulgare | Ölbaumgewächse | ☠

Merkmale Strauch. Dichte aufrechte, bis 7 cm lange Rispen mit stark und etwas unangenehm duftenden Blüten. Schwarze, innen grüne, kugelige bis eiförmige Beeren. Zweige rutenförmig. Blätter gegenständig, ledrig, kahl, 2–6 cm lang.
Vorkommen Sonnige Gebüsche, lichte Wälder, Waldränder. Meist auf Kalk. Häufig.
Wissenswertes Die Früchte werden oft erst im Spätwinter von Vögeln gefressen, die mit den unverdaut ausgeschiedenen Samen für die Verbreitung des Strauches sorgen. Liguster erträgt starkes Beschneiden und ist deshalb für Hecken beliebt. Er ist Futterpflanze der Raupen des Ligusterschwärmers. Diese sind grün mit weiß-violetten Schrägstreifen und tragen ein Horn am Hinterende.

Höhe 15–30 cm
Blütezeit Mai–Juni
Typisch Unverzweigte
Stängel mit Quirlen aus
je 6–9 Blättern.

Waldmeister

Galium odoratum | Rötegewächse | (☠)

Merkmale Staude. Lockere Scheindolde oberhalb des
letzten Blattquirls, Blüten mit 4 spitzen Zipfeln. Stängel
aufrecht, 4-kantig. Blätter 2–4 cm lang, grasgrün,
stachelspitzig, flach, am Rand rau.
Vorkommen Laub- und Mischwälder mit krautreichem
Unterwuchs. Auf lockeren, humusreichen Lehmböden.
Häufig.
Wissenswertes Beim Welken und Trocknen entsteht
Cumarin, das für den typischen Duft sowie für das
Aroma der Maibowle verantwortlich ist. Jedoch führen
zu große Mengen zu Kopfschmerzen, über einen langen
Zeitraum angewandt kann es sogar zu Leberschäden
kommen. Handelsprodukte dürfen daher nur eine
bestimmte Cumarinmenge enthalten.

Höhe 60–200 cm
Blütezeit Juni–Okt.
Typisch Stängel kletten-
artig haftend, Blätter in
Quirlen.

Gewöhnliches Kletten-Labkraut

Galium aparine | Rötegewächse

Merkmale Einjährig. Blütenstände in den oberen Blatt-
winkeln, Blüten nur etwa 2 mm groß. Früchte 2-teilig,
mit hakigen Borsten. Stängel 4-kantig mit rückwärts gekrümmten Borsten, liegend, aufsteigend oder kletternd.
Blätter zu 6–8 in Quirlen.
Vorkommen Unkrautbestände, Heckenränder, Waldränder, Ufer, Äcker, Schuttstellen, auch in Orten.
Auf etwas feuchten, nährstoffreichen, lockeren Böden.
Zeigt Lehm und Stickstoffreichtum an. Verbreitet.
Wissenswertes Dank der Borsten bleibt das Gewöhnliche Kletten-Labkraut an anderen Pflanzen hängen.
So kann es trotz der dünnen Stängel andere Pflanzen
überwuchern, um ans Licht zu gelangen. Außerdem
werden durch die Borsten abgerissene Teile und
Früchte von Tieren und Menschen verschleppt.

Höhe 25–100 cm
Blütezeit Mai–Sept.
Typisch Blütenstand sehr
üppig. Blätter in Quirlen
zu 6–9.

Wiesen–Labkraut
Galium mollugo | Rötegewächse

Merkmale Staude. Blütenstand schmal pyramiden-
förmig. Blüten mit 4 flachen, fein bespitzten Zipfeln.
Pflanze meist kahl. Stängel 4-kantig, liegend bis aufrecht, verzweigt. Blätter länglich-lanzettlich, derb bis
ledrig, stachelspitzig, Rand oft umgerollt.
Vorkommen Wiesen, Wald- und Gebüschränder. Meist
auf nährstoffreichen Böden. Verbreitet.
Wissenswertes Früher nutzte man das Wiesen-Lab-
kraut wie das Echte Labkraut (S. 288) zur Käseherstellung. Ähnlich wie das heute meistens verwendete Käl-
ber-Lab bringt es die Milch zum Gerinnen. „Galium"
leitet sich von griech. *gala* = Milch ab. Die Wurzeln enthalten einen roten Farbstoff. Mit dem Salz Alaun
behandelte Wolle lässt sich damit lichtecht in roten
Farbtönen färben.

Höhe 5–20 cm
Blütezeit Mai–Juni
Typisch Blühende
Stängel mit 2 herz-
förmigen Blättern.

Zweiblättriges Schattenblümchen
Maianthemum bifolium | Maiglöckchengewächse | ☠

Merkmale Staude. Kleine, duftende Blüten in end-
ständiger Traube. Beeren glänzend, einfarbig rot oder
gesprenkelt. Nichtblühende Pflanzen mit nur 1 Blatt,
Blattnerven bogenförmig.
Vorkommen Artenarme Laub- und Nadelwälder,
Moore, Bergwiesen. Auf nährstoff- und kalkarmen
Böden, besonders in etwas feuchtem, modrigem
Humus. Zerstreut.
Wissenswertes Die Blüten locken kleine Fliegen an.
Die süßlich schmeckenden Beeren enthalten Saponine
und sind deshalb schwach giftig. Die Pflanze steht in
tieferen Lagen im Schatten, aber im Gebirge auch auf
sonnigen Wiesen. Früher verwendete man das getrock-
nete Kraut, das etwas wie Waldmeister (S. 130) riecht, in
der Volksheilkunde als harntreibendes Mittel.

Höhe 30–100 cm
Blütezeit Juni–Aug.
Typisch Wasserpflanze
mit pfeilförmigen
Blättern.

Gewöhnliches Pfeilkraut
Sagittaria sagittifolia | Froschlöffelgewächse

Merkmale Staude. Blütenstand aus 3er-Quirlen zusammengesetzt, untere Blüten weiblich, obere männlich. Kronblätter am Grund rot. Bandartige Unterwasserblätter, längliche Schwimmblätter und pfeilförmige Luftblätter. Abschnitte der Luftblätter 1–3 cm breit.
Vorkommen Langsam fließende, nährstoffreiche Flüsse und Gräben, im Röhricht von Seen. Selten, durch Verschmutzung im Rückgang.
Wissenswertes In der Sonne richten sich die Luftblätter in Nord-Südrichtung aus (Kompasspflanze). Chinesen bauen das Pfeilkraut als Nahrungspflanze an. Die walnussgroßen Knollen enthalten Stärke und schmecken gekocht etwas nussartig.
Verwechslung Breitblättriges Pfeilkraut *(Sagittaria latifolia),* mit 5–10 cm breiten Blattabschnitten.

Höhe 15–45 cm
Blütezeit Mai–Aug.
Typisch Halb untergetauchte Rosetten mit steifen Blättern.

Krebsschere Wasseraloe
Stratiotes aloides | Froschbissgewächse | geschützt

Merkmale Staude. Pflanzen entweder männlich oder weiblich. Wenigblütige Blütenstände, mit 2 scherenartigen Blättern unter den Blüten, Blüten mit 3 Kronblättern. Blätter scharf gezähnt, im Querschnitt 3-eckig.
Vorkommen Im meist stehenden, basen- und nährstoffreichen Wasser von Tümpeln und Altwässern. Wächst meist in Gruppen. Zerstreut. Öfters auch angepflanzt und verwildert.
Wissenswertes Die Blätter unter den Blüten ähneln den Scheren eines Krebses. „Wasseraloe" bezieht sich auf die Ähnlichkeit mit den in Trockengebieten Afrikas wachsenden Aloe-Arten. Die Pflanzen sinken im Spätherbst auf den Gewässergrund und überwintern dort. Während dieser Zeit lösen sich die Tochterrosetten und können an neue Standorte gespült werden.

Höhe 15–35 cm
Blütezeit April–Juni
Typisch 3–7 cm große
Blüte oberhalb eines
Blattquirls.

Großes Windröschen

Anemone sylvestris | Hahnenfußgewächse | ☠ | geschützt

Merkmale Staude. Meist 1, selten 2 duftende Blüten mit
5–6 Blütenblättern. Blütenblätter außen behaart.
Auch Stängel und Blätter sind behaart. 3 Stängelblätter
bilden etwa in der Stängelmitte einen Quirl.
Vorkommen Trockene, warme Standorte, lichte Kie-
fern- und Laubwälder, Steppenheidewälder, Böschungen, Halbtrockenrasen. Auf warmem, mäßig trockenem,
kalkhaltigem Boden. Zerstreut.
Wissenswertes Oft überragt das Große Windröschen
die umgebenden Pflanzen. Dadurch können die mit
langen, weißen Haaren versehenen Früchtchen gut
vom Wind fort geblasen werden.
Verwechslung Alpen-Kuhschelle *(Pulsatilla alpina)*,
auf Wiesen und Weiden der Alpen, mit 6–9 weißen oder
auch schwefelgelben Blütenblättern.

Höhe 0,5–6 m
Blütezeit Juni–Aug.
Typisch Flutende
Wasserpflanze mit
schlaffen Blättern.

Flutender Wasserhahnenfuß

Ranunculus fluitans | Hahnenfußgewächse | ☠

Merkmale Staude. Bis 3 cm große Blüten ragen einzeln
auf bis 11 cm langen Stielen aus dem Wasser. Meist
nur untergetauchte Blätter, diese bis 30 cm lang, länger
als die zugehörigen Stängelstücke. Blattzipfel parallel,
fleischig.
Vorkommen Strömende bis schnell fließende Bäche
und Flüsse mit kühlem Wasser. Häufig.
Wissenswertes Die oft ausgedehnten Teppiche des
Flutenden Wasserhahnenfußes erhöhen den Sauerstoff-
gehalt der Gewässer und stellen wichtige Laichplätze
für Fische dar. Die fein zerteilten Blätter setzen der
Strömung nur wenig Widerstand entgegen und können
so selbst durch schnell fließendes Wasser kaum zerstört
werden. Sie können über die gesamte Oberfläche Nährstoffe aufnehmen.

Höhe 5–30 cm
Blütezeit April–Juli
Typisch Pflanze grau-
flaumig behaart.

Acker-Hornkraut
Cerastium arvense | Nelkengewächse

Merkmale Staude. Blütenstand gabelig. Kronblätter
10–15 mm lang, 2-spaltig. Frucht hornförmig. Pflanze
mit nichtblühenden Ausläufern, bildet oft dichte Rasen.
Stängel rund. Blätter gegenständig, 10–30 mm lang,
lineal-lanzettlich.
Vorkommen Wege, Böschungen, lückige Trockenrasen,
an und auf Mauern. Auf eher trockenen, kalkhaltigen
Böden an sonnigen Standorten. Verbreitet.
Wissenswertes Bei Trockenheit spreizen sich die
10 Zähne der Fruchtkapseln auseinander, sodass die
Samen vom Wind ausgestreut werden können.
Die Pflanze wächst oft auf Ameisenhaufen, wo sie
offensichtlich geeignete Bedingungen findet.
Verwechslung Große Sternmiere (S. 140), mit 4-kanti-
gem Stängel und fast kahlen Blättern.

Höhe 3–40 cm
Blütezeit Jan.–Dez.
Typisch Stängel auf
einer Längslinie behaart.

Gewöhnliche Vogelmiere
Hühnerdarm
Stellaria media | Nelkengewächse

Merkmale Einjährig. Blüten in den Blattachseln,
4–7 mm groß, Kronblätter tief 2-spaltig, oft auch fehlend. Pflanze niederliegend oder aufsteigend. Blätter
gegenständig, eiförmig, fiedernervig.
Vorkommen Gärten, Äcker, Ödflächen, Wege, Ufer,
Blumentöpfe. Auf sehr nährstoffreichen Böden. Zeigt
Stickstoffreichtum an. Häufig.
Wissenswertes Eine Pflanze kann bis zu 15 000 Samen
bilden. Pro Jahr wachsen bis zu 4 Generationen. Die Art
gilt als Unkraut, obwohl sie mit ihrem flächigen Wuchs
den Boden feucht hält und ihn das ganze Jahr über vor
Erosion schützt. Das ganze Kraut, besonders die Samen,
werden gerne von Vögeln gefressen.
Verwechslung Dreinervige Nabelmiere *(Moehringia
trinervia)*, Blätter mit 3 oder 5 Längsnerven.

Verwechslung Dreinervige Nabelmiere

Höhe 15–30 cm
Blütezeit April–Mai
Typisch Zerbrechliche
Stängel mit steifen
Blättern.

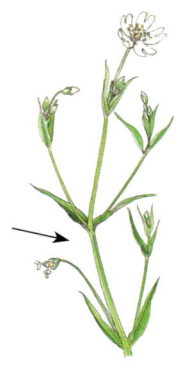

Große Sternmiere
Stellaria holostea | Nelkengewächse

Merkmale Staude. Bis 60 Blüten in gabelig verzweigten
Blütenständen, 1,5–2 cm groß, Kronblätter bis etwa
zur Mitte 2-teilig. Stängel aufsteigend, 4-kantig. Blätter
gegenständig, sitzend, bis über 5 cm lang, steif, lineal
bis schmal-lanzettlich, spitz.
Vorkommen Lichte Wälder, Hecken, Waldränder, Waldwege. Lichtliebend. Auf sandigen oder lehmigen, meist
kalkfreien oder entkalkten Böden. Häufig.
Wissenswertes Die oft nach hinten gebogenen Blätter
finden aneinander oder an anderen Pflanzen Halt.
Die Pflanze kann dadurch trotz der dünnen Stängel in
die Höhe wachsen. Die Blüten locken viele Insekten an,
können sich aber auch selbst bestäuben.
Verwechslung Gras-Sternmiere *(Stellaria graminea)*,
Blätter grasartig, Blüten nur bis 1,2 cm groß.

Höhe 30–120 cm
Blütezeit Mai–Aug.
Typisch Kronblätter
tief 2-spaltig. Kelch
stark behaart.

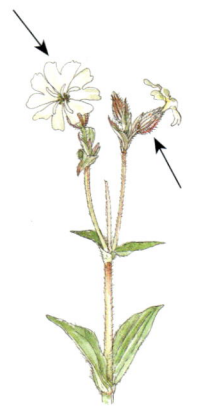

Weiße Lichtnelke
Silene latifolia, Melandrium album, Silene alba
Nelkengewächse | (☠)

Merkmale Staude. Pflanzen männlich oder weiblich.
Blüten in Rispen, 1,5–2 cm groß, männliche mit zylindrischem, weibliche mit bauchigem Kelch. Stängel aufrecht, behaart. Blätter gegenständig.
Vorkommen Wege und Äcker, Schuttplätze, Bahndämme. Auf mäßig trockenen, nährstoff- und kalkreichen
Böden. Verbreitet.
Wissenswertes Die Blüten sind vom späten Nachmit-
tag bis zum Morgen geöffnet, duften dann intensiv und
werden von Nachtfaltern besucht. Tagsüber rollen sich
die Kronblätter etwas ein und wirken deshalb wie verwelkt. Die Wurzeln enthalten Saponine. Wie auch die
Wurzeln des Gewöhnlichen Seifenkrauts (S. 26) verwendete man sie früher zum Waschen.
Verwechslung Rote Lichtnelke (S. 30), Blüten rot.

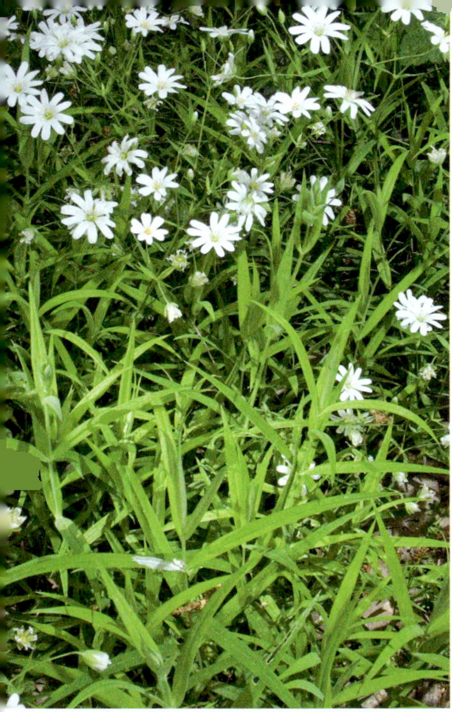

Verwechslung Gras-Sternmiere

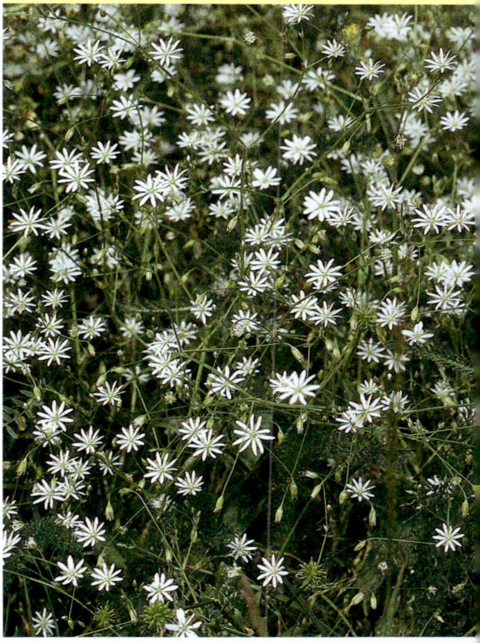

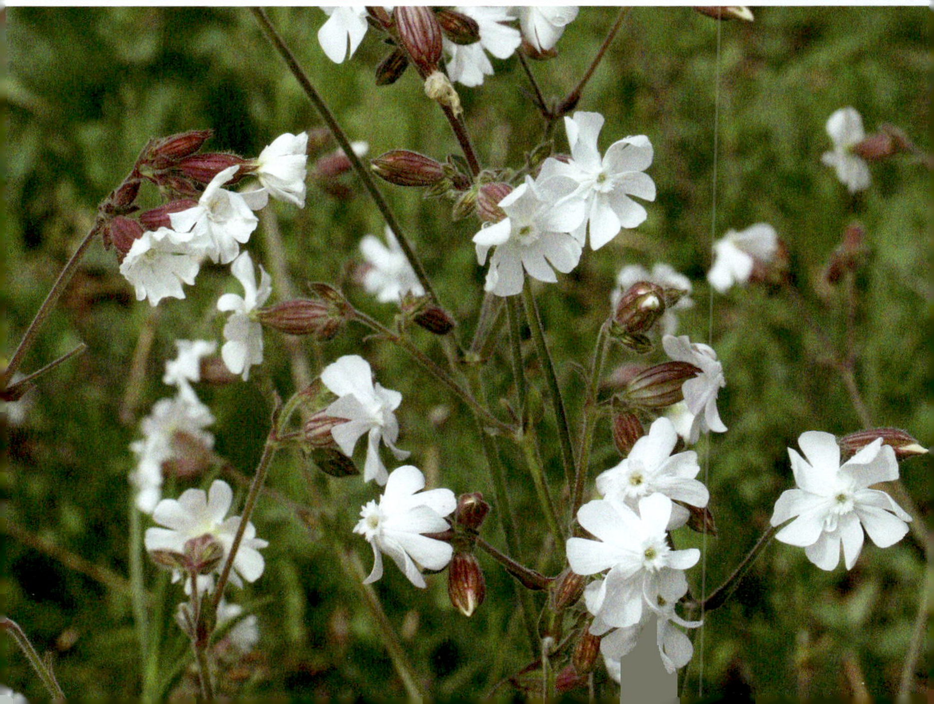

Höhe 15–50 cm
Blütezeit Mai–Sept.
Typisch Kelch stark
aufgeblasen, netznervig,
kahl.

Taubenkropf-Leimkraut
Silene vulgaris | Nelkengewächse | (☠)

Merkmale Staude. Blütenstand locker, gabelig verzweigt. Kronblätter tief 2-spaltig. Pflanze kahl. Zahlreiche nicht klebrige Stängel, Blätter gegenständig,
blaugrün, kahl, elliptisch bis lanzettlich.
Vorkommen Steinschutthalden, Steinbrüche, Wegränder, Böschungen, Bahnschotter, trockene Wiesen.
Besiedelt als Pionierpflanze unverwitterte Böden aller
Art. Häufig.
Wissenswertes Der wissenschaftliche Name „Silene"
geht auf Silen zurück. Dieser war in der griechischen
und römischen Mythologie ein dickbäuchiger, kahlköp-
figer Begleiter des Weingottes Dionysos bzw. Bacchus.
Die bauchigen, an einen Kropf erinnernden Kelche umgeben später auch die reifen Kapselfrüchte und dienen
als Windfang.

Höhe 30–50 cm
Blütezeit Mai–Aug.
Typisch Einseits-
wendiger Blütenstand
mit nickenden Blüten.

Nickendes Leimkraut
Silene nutans | Nelkengewächse | (☠)

Merkmale Staude. Blüten in 4–5 Gruppen. Kronblätter
tief 2-spaltig, tags eingerollt. Kelch 9–12 mm lang,
drüsig behaart. Stängel oben klebrig. Nichtblühende
Stängel vorhanden. Blätter gegenständig, untere
spatelig, obere lanzettlich, weich behaart.
Vorkommen Felsen, Kalkmagerrasen, Waldränder,
lichte Gebüsche, Heiden. Auf steinigen oder sandigen
Böden an etwas wärmeren Standorten. Zerstreut, im
Nordwesten selten.
Wissenswertes Tagsüber sehen die Blüten wie verwelkt
aus. Nachts dagegen sind die Kronblätter ausgebreitet
und die Blüten duften hyazinthenähnlich. Sie werden
dann von kleinen Nachtfaltern besucht. Einige Eulen-
falter holen in den Blüten nicht nur Nektar, sondern
legen auch ihre Eier dort ab.

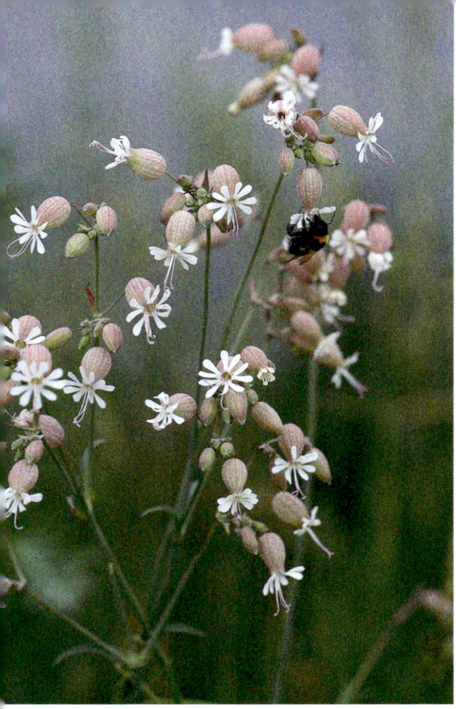
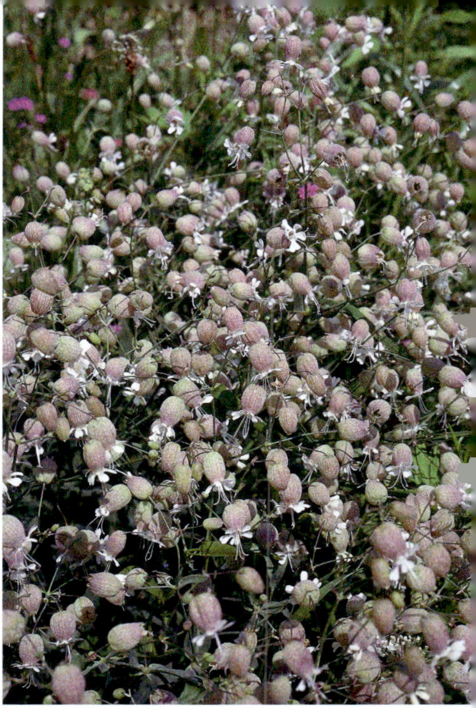
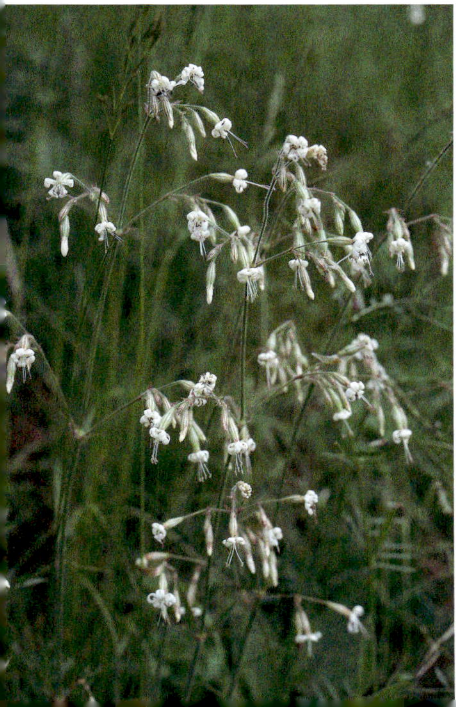
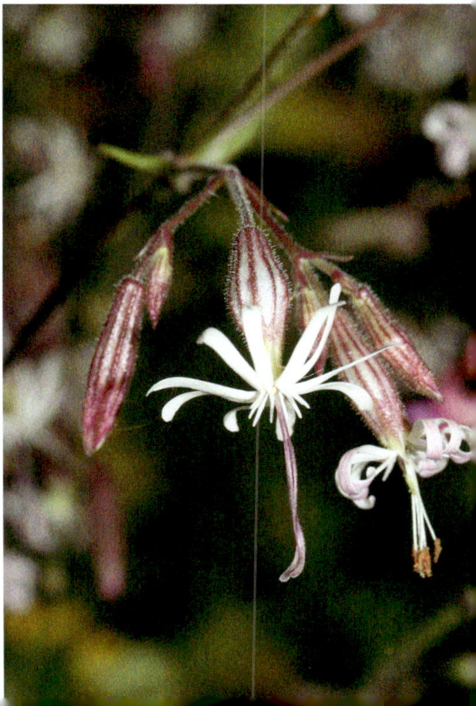

Höhe 100–200 cm
Blütezeit Juli–Sept.
Typisch Stängel hohl,
bis über 2 cm dick,
in Gruppen.

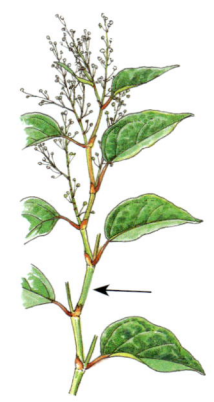

Japanischer Flügelknöterich
Japanischer Staudenknöterich
Fallopia japonica | Knöterichgewächse

Merkmale Staude. Ährenartige Blütenstände. Stängel oft rot überlaufen. Blätter oft 2-zeilig, breit-eiförmig, 5–13 cm lang, ledrig, am Grund gerundet oder gestutzt.
Vorkommen Gepflanzt, verwildert oder eingebürgert an Ufern und Uferwäldern. Auf nassen, grundwassernahen Böden. Häufig. Oft in großen Beständen.
Wissenswertes Der Neubürger kam um 1825 aus Ostasien in europäische Parks, von wo aus er verwilderte. Er wächst sehr rasch und verdrängt heimische Pflanzen von Fluss- und Bachufern. Im Winter sind nur die Wurzelstöcke vorhanden, wodurch die offenen Standorte erosionsgefährdet sind.
Verwechslung Sachalin-Flügelknöterich *(Fallopia sachalinensis)*, Blattunterseite heller, Grund herzförmig.

Höhe 5–20 cm
Blütezeit Juli–Aug.
Typisch Rosetten mit rundlichen, tentakelbesetzten Blättern.

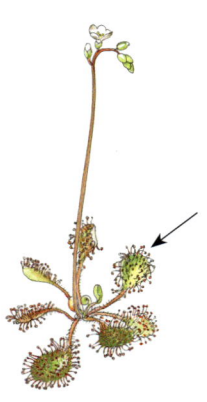

Rundblättriger Sonnentau
Drosera rotundifolia | Sonnentaugewächse | geschützt

Merkmale Staude. Blattloser Stängel mit bis 12 kleinen Blüten. Blattrosetten liegen dem Boden an. Blätter plötzlich in den 1–3 cm langen Stiel verschmälert.
Vorkommen Moore, Quellen, Grabenränder, feuchte Heiden. Auf nassen, nährstoffarmen, kalkfreien, sauren Torfböden, häufig in Torfmoospolstern. Zerstreut.
Wissenswertes An den Tentakeln glitzern klebrige Tröpfchen, die Verdauungsenzyme enthalten. Wenn ein kleines Insekt haften bleibt, biegen sich die Tentakel über das Tier und die Enzyme verdauen die Beute. Die Tentakelköpfchen nehmen dann die verdauten Stoffe auf. Mit dieser Strategie hat sich der Sonnentau eine neue Stickstoffquelle erschlossen.
Verwechslung Mittlerer Sonnentau *(Drosera intermedia)*, Blattspreite 2–3-mal so lang wie breit.

Höhe 200–400 cm
Blütezeit Juni–Sept.
Typisch Stängel mit
borstig behaarten
Blättern und Ranken.

Rotfrüchtige Zaunrübe
Bryonia dioica | Kürbisgewächse | ☠

Merkmale Staude, Kletterpflanze. Männliche und weibliche Blüten auf verschiedenen Pflanzen. Beeren rot, 5–8 mm groß. Stängel rau. Blätter wechselständig, handförmig 5-zipfelig oder stumpf gezähnt.
Vorkommen Hecken, Zäune, Schuttplätze, Wege. Auf nährstoffreichen, lockeren Lehmböden an wärmeren Standorten. Verbreitet.
Wissenswertes Aus den oft seltsam geformten, rübenartigen Wurzeln schnitzte man früher menschenähnliche Figuren und verkaufte sie als Glücksbringer und Zauberfetische. Die Pflanze enthält giftige Cucurbitacine, die Haut und Schleimhäute reizen sowie zu Erbrechen, Nierenschäden und Krämpfen führen.
Verwechslung Schwarzfrüchtige Zaunrübe *(Bryonia alba)*, Beeren schwarz. Ziemlich selten.

Höhe 5–10 cm
Blütezeit Mai–Juli
Typisch 1 nickende
Blüte mit flacher Krone.

Moosauge Einblütiges Wintergrün
Moneses uniflora | Wintergrüngewächse | (☠)
geschützt

Merkmale Staude. Blüte bis 2,5 cm groß, Griffel gerade. Frucht aufrecht. Grundrosette mit bis 2 cm großen, runden, immergrünen Blättern, seltener auch Blätter am Stängel.
Vorkommen Nadelwälder und -forste. Auf moosigen, neutralen bis sauren Böden. Selten, vor allem im Osten und Nordosten, im Süden eher im Gebirge, im Tiefland weitgehend fehlend.
Wissenswertes Das Moosauge konnte außerhalb der Gebirge wahrscheinlich erst nach Ausbreitung der Nadelholzforste Fuß fassen. Der Griffel bietet Insekten einen guten Landeplatz. Bei Erschütterung rieselt der lockere Pollen auf die Bestäuber herab. In Tirol heißt die Pflanze wegen der demütig nach unten geneigten Blüten auch „Gschamigs Maderle".

Verwechslung Schwarzfrüchtige Zaunrübe

Höhe 15–30 cm
Blütezeit Juni–Juli
Typisch Traube mit
8–30 nickenden, leicht
glockigen Blüten.

Rundblättriges Wintergrün

Pyrola rotundifolia | Wintergrüngewächse | (☠)
geschützt

Merkmale Staude. Blüten um 1 cm groß, Griffel ragt
weit aus der Blüte. Blätter in einer Grundrosette, immergrün, Blattspreite fast kreisrund, bis 5 cm groß.
Vorkommen Saure Wälder, Birkenmoore. Auf feuchten,
mäßig sauren, modrigen Lehmböden. Selten.
Wissenswertes Erst 200 000 der staubfeinen Samen
wiegen zusammen 1 Gramm. Ein Windhauch genügt,
um sie fortzutragen. Sie enthalten keine Nährstoffe und
keimen nur mit Hilfe eines Pilzes. Wintergrün enthält
etwas Arbutin und wurde früher als Heilpflanze bei
Blasenentzündung genutzt. Heute sollte es wegen der
Seltenheit nicht mehr gesammelt werden.
Verwechslung Kleines Wintergrün *(Pyrola minor)*,
Krone fast kugelig, Griffel ragt nicht heraus.

Höhe 8–20 cm
Blütezeit Juni–Sept.
Typisch Blätter saftig-
fleischig, lineal bis
walzlich.

Weiße Fetthenne
Weißer Mauerpfeffer
Sedum album | Dickblattgewächse

Merkmale Staude. Blüten 6–9 mm groß, Staubbeutel
rötlich. Bildet lockere Rasen, Blütentriebe locker, nicht
blühende dicht beblättert. Blätter 0,5–1,5 cm lang, oben
etwas abgeflacht, stumpf, oft rot überlaufen.
Vorkommen Pionier auf Felsen, Mauern, Kiesdächern,
Bahnschotter, Trockenrasen, steinigen Ödflächen. Auf
im Sommer warmen, trockenen, nährstoffarmen Standorten. Häufig, im Norden seltener.
Wissenswertes Als Verdunstungsschutz besitzen die
Blätter eine Wachsschicht. Abgebrochene Blätter wachsen zu neuen Pflanzen aus. Die Art ist Futterpflanze
der Raupen des Apollo-Falters. Diese sind schwarz und
tragen seitlich je 1 Reihe orangeroter Flecken.

Höhe 15–30 cm
Blütezeit Mai–Juli
Typisch Zahlreiche
rundliche Brutzwiebeln
am Grund des Stängels.

Knöllchen-Steinbrech

Saxifraga granulata | Steinbrechgewächse | geschützt

Merkmale Staude. Lockere Blütenrispe mit aufwärts gerichteten Ästen. Blüten 1,5–2,5 cm groß, Kronblätter mit gelbgrünen Adern. Pflanze klebrig-drüsig behaart. Grundrosette mit gestielten, nierenförmigen Blättern, Blattrand tief lappig gekerbt.

Vorkommen Wiesen, Magerrasen, grasige Böschungen, Eichen-Hainbuchenwälder. Auf kalkarmen, etwas sauren, lockeren Böden. Zerstreut.

Wissenswertes Die Brutzwiebeln sind hart und steinchenähnlich. Im Mittelalter dachte man deshalb, die Pflanze würde bei Blasen- und Nierensteinen helfen, den „Stein zu brechen". Nach anderer Deutung geht der Name auf den Standort vieler Steinbrech-Arten in Felsspalten zurück. Es wurde vermutet, die Pflanze habe den Felsen auseinandergebrochen.

Höhe 10–25 cm
Blütezeit Juli–Sept.
Typisch Glänzende,
gestielte Köpfchen vor
jedem Kronblatt.

Sumpf-Herzblatt

Parnassia palustris | Herzblattgewächse | geschützt

Merkmale Staude. Blüten einzeln, aufrecht, lang gestielt, 1–3,5 cm groß, Grundrosette mit lang gestielten, herzförmigen Blättern. Blütenstängel kantig, meist mit 1 sitzenden Blatt.

Vorkommen Nieder- und Quellmoore, Moorwiesen, Kalk-Magerrasen. Auf feuchten bis sickernassen, basen- bis kalkreichen Böden. Zerstreut.

Wissenswertes Die glänzenden Köpfchen gehören zu sogenannten Scheinnektarien. Sie sind nur Attrappen. Lediglich am Blütengrund entsteht etwas Nektar. Fliegen suchen die Blüten nicht nur zur Nahrungssuche auf, sondern auch, um sich an kalten Tagen aufzuwärmen. Die Blütenschalen bündeln die Sonnenstrahlen wie ein Parabolspiegel, ihre Mitte kann so fast 3 °C wärmer als die Umgebung sein.

Höhe 80–150 cm
Blütezeit Juni–Juli
Typisch Bis 50 cm lange, pyramidenförmige Blütenrispe.

Geißbart Wald–Geißbart

Aruncus dioicus | Rosengewächse | geschützt

Merkmale Staude. Pflanze männlich oder weiblich. Blüten bis 4 mm groß, männliche weiß, mit 20–30 Staubblättern, weibliche gelblich weiß. Blätter bis 1 m lang, 2–3fach gefiedert, Blättchen eiförmig, doppelt gesägt.
Vorkommen Schluchtwälder, Gebirgsbäche, schattige Steilhänge. Auf meist kalkarmen, steinigen Böden an Standorten mit hoher Luftfeuchtigkeit. Zerstreut.
Wissenswertes Marktstände in Norditalien bieten im Frühjahr gelegentlich die jungen Triebe zum Verkauf an. Diese werden als spargelähnliches Gemüse zubereitet. In Deutschland ist die Pflanze geschützt. Die leichten, an den Enden geflügelten Samen werden bereits vom kleinsten Luftzug verweht. Die Art eignet sich als Zierpflanze für schattige Gärten.

Höhe 50–150 cm
Blütezeit Juni–Aug.
Typisch Seitenzweige im Blütenstand überragen die Hauptachse.

Echtes Mädesüß

Filipendula ulmaria | Rosengewächse | ☠

Merkmale Staude. Endständige Doldentraube mit aufrechten Seitenzweigen. Blüten 6–9 mm groß, öffnen sich gruppenweise im Blütenstand. Stängel oft rotbraun. Blätter wechselständig, gefiedert, kleine Fiederblättchen zwischen den großen.
Vorkommen Grabenränder, Gräben, nasse Wiesen, Bäche, Quellen, Ufergebüsche, Auenwälder. Auf nassen, nährstoffreichen Böden. Häufig.
Wissenswertes Blühendes Mädesüß duftet süßlich. Früher verwendete man die Blüten zum Süßen und Würzen von Met (Honigwein). Die Blüten enthalten Salicylate und Flavonoide. Sie wirken bei Erkältungskrankheiten fiebersenkend. Der Handelsname des Fieber- und Schmerzmittels „Aspirin" leitet sich von dem alten Namen der Pflanze *Spiraea ulmaria* ab.

Höhe 5–10 cm
Blütezeit März–Mai
Typisch Herzförmige
Kronblätter berühren
sich nicht.

Erdbeer–Fingerkraut
Potentilla sterilis | Rosengewächse

Merkmale Staude. Blüten 1–1,5 cm groß. Früchte unscheinbar. Pflanze grau- bis bläulich-grün. Blätter 3-zählig, Blattstiel abstehend behaart, Blättchen 1–3 cm lang, jede Seite mit 4–7 Zähnen, Endzahn der Blättchen kleiner als die Nachbarzähne.
Vorkommen Waldränder, Böschungen, Gebüsche, Waldschläge. Auf kalkarmen oder oberflächlich versauerten Böden. Liebt etwas Wärme und Luftfeuchtigkeit. Häufig.
Wissenswertes Das Erdbeer-Fingerkraut bildet trotz seiner Ähnlichkeit zur Wald-Erdbeere keine essbaren „Erdbeeren" aus. Dennoch ist es nicht steril, was die Artbezeichnung „sterilis" vermuten lassen könnte.
Verwechslung Wald-Erdbeere (s. u.), abgerundete Kronblätter, längerer Endzahn am Blättchen.

Höhe 5–20 cm
Blütezeit Mai–Juni
Typisch Kronblätter
rundlich oder eiförmig.

Wald–Erdbeere
Fragaria vesca | Rosengewächse

Merkmale Staude. 1–1,5 cm große Blüten auf angedrückt behaarten Stielen. Fleischige, rote Scheinbeere. Jungpflanzen an langen Ausläufern. Blatt 3-zählig, Blättchen 2–6 cm lang, grasgrün, grob gesägt, Endzahn lang.
Vorkommen Waldschläge und -ränder, lichte Wälder, Böschungen. Auf eher nährstoffreichen, etwas feuchten Böden. Verbreitet.
Wissenswertes Die Früchte enthalten bis 10 Prozent Zucker und reichlich Mineralstoffe. Erdbeeren sind botanisch keine Beeren, sondern „Sammel-Nussfrüchte". Auf der fleischigen, roten Blütenachse sitzen kleine, hartschalige Nüsschen, die braunen Körnern ähneln. Die Blätter enthalten Gerbstoffe und lindern Entzündungen der Mundschleimhaut sowie Durchfall.

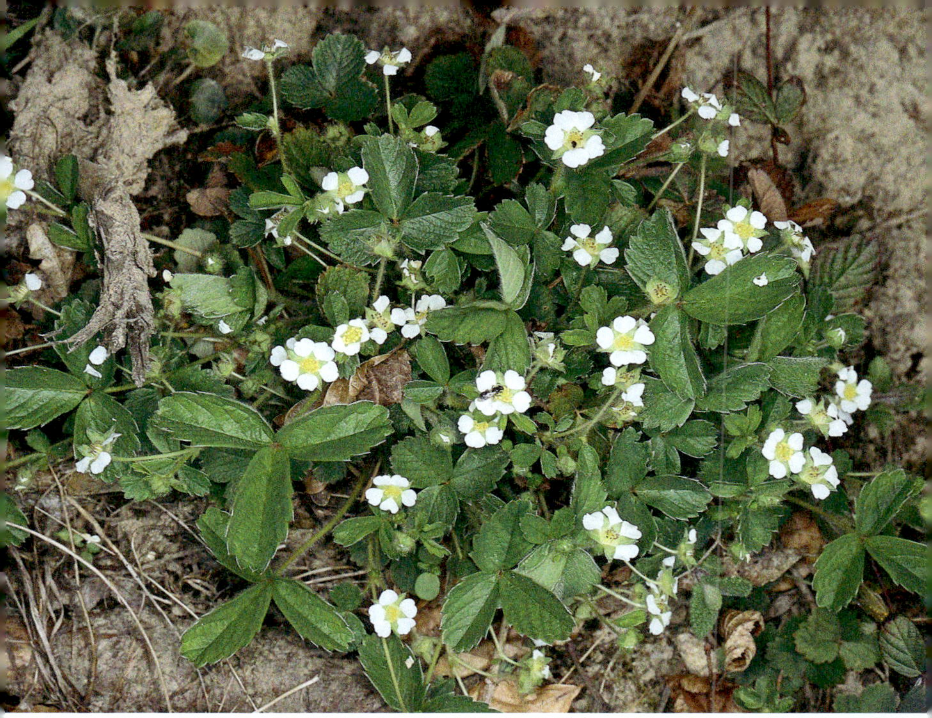

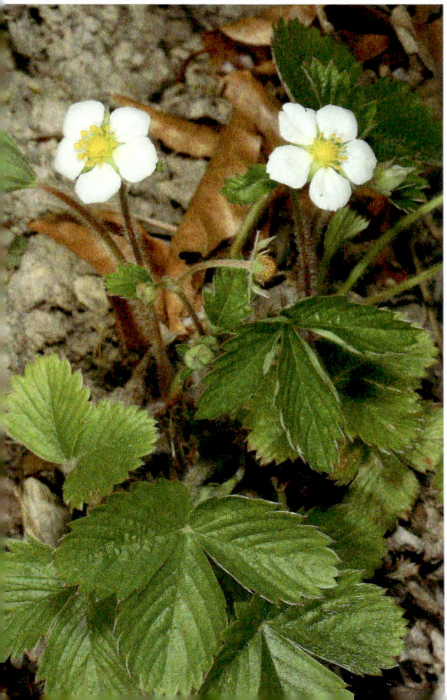

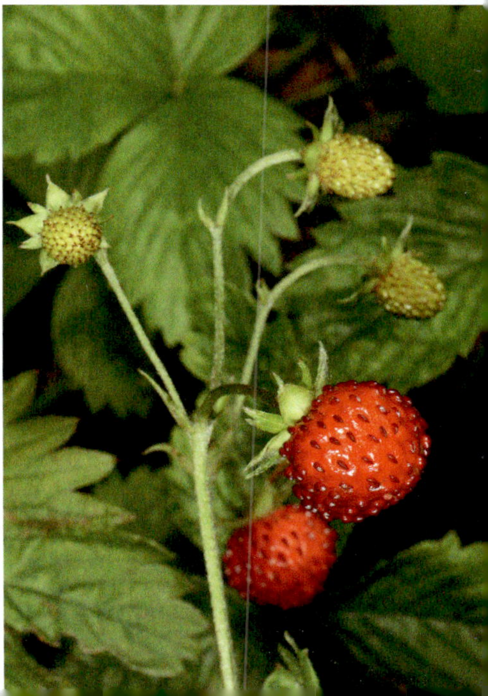

Höhe 0,5–3 m
Blütezeit Juni
Typisch Stängel
kriechend. Griffel bilden
eine kleine Säule.

Kriechende Rose
Rosa arvensis | Rosengewächse

Merkmale Strauch. Blüten 3–5 cm breit, reinweiß, meist
einzeln, Griffelsäule etwa 3 mm hoch, mit kugeligem
Köpfchen. Frucht (Hagebutte) fast kugelig, dunkelrot,
kahl. Zweige schlaff, liegend, kriechend oder kletternd,
Stacheln schwach gebogen. Blätter mit 5 oder 7 Fieder-
blättchen, dünn, mattgrün.
Vorkommen Lichte Wälder, besonders solche mit
Rot-Buchen, Weg- und Waldränder, Waldlichtungen.
Auf kalkreichen Böden. Zeigt Lehm an. Häufig.
Wissenswertes Der Strauch wächst an Waldrändern
oft wie ein Netz über andere Pflanzen. Er trug neben
anderen kriechenden und kletternden Wildrosen zur
Züchtung von Kletterrosen für Gärten bei.
Verwechslung Andere heimische Wildrosen, Griffel bei
diesen jedoch nicht in einer Säule.

Höhe 0,6–2 m
Blütezeit Mai–Juni
Typisch Stängel fein-
stachelig. Blattunter-
seite weißfilzig.

Wald-Himbeere
Rubus idaeus | Rosengewächse

Merkmale Strauch. Nickende Blüten mit unschein-
baren, früh abfallenden Kronblättern (kl. Foto). Rote
Sammel-Steinfrucht mit vielen Früchtchen, nach dem
Ernten innen hohl. Stängel 2-jährig, verholzend, an-
fangs blau bereift. Blätter 3–7-zählig gefiedert.
Vorkommen Lichtungen, Waldschläge, Waldwege,
Felsschutthalden, Holzlagerplätze. Auf feuchten, nähr-
stoffreichen Böden. Waldpionier. Verbreitet.
Wissenswertes Die Früchte standen als Wildobst
bereits auf dem Speisezettel der Steinzeitmenschen.
In Gärten wachsen heute neben Kultursorten der Wald-
Himbeere auch amerikanische Himbeer-Arten.
Die Blätter eignen sich für Hausteemischungen.
Verwechslung Steinbeere *(Rubus saxatilis)*, bis 25 cm
hoch, Sammel-Steinfrucht aus nur 2–6 Früchtchen.

Verwechslung Steinbeere

Höhe 1–4 m
Blütezeit Mai–Aug.
Typisch Schwarze oder schwarzrote, glänzende Sammel-Steinfrucht.

Brombeere
Rubus fruticosus | Rosengewächse

Merkmale Strauch. Vielblütige, oft fast pyramiden-förmige Rispen. Blüten 1,5–3 cm groß, weiß oder rötlich. Stängel stachelig, meist bogig. Blätter 3–7-zählig ge-fingert, wintergrün, oberseits grün, unterseits oft weiß-filzig.
Vorkommen Gebüsche, Waldränder, Waldschläge, Steinbrüche, Trockenrasen. Häufig.
Wissenswertes Brombeeren bilden eine Gruppe aus über 100 oft schwer zu bestimmenden Kleinarten. Außer den Früchten werden auch die Blätter verwendet. Fermentiert dienten sie früher als Ersatz für schwarzen Tee, unfermentiert eignen sie sich für Haustees und helfen bei leichtem Durchfall.
Verwechslung Kratzbeere *(Rubus caesius)*, Sammel-Steinfrucht schwarzblau bereift. Blätter immer 3-zählig.

Höhe 3–15 m
Blütezeit Mai–Juni
Typisch Blatt mit 9–17 Fiederblättchen.

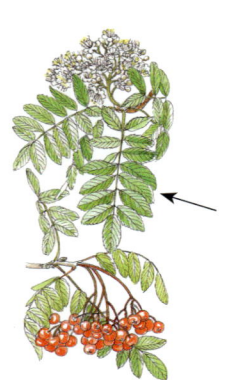

Gewöhnliche Vogelbeere
Eberesche
Sorbus aucuparia | Rosengewächse | (☠)

Merkmale Baum. Doldenrispen mit bis 100 Blüten, diese unangenehm riechend. Früchte bis 1 cm dick, kugelig, orangerot.
Vorkommen Gebüsche und lichte Wälder, vor allem im Gebirge, Moorwälder, Felsen. Auf meist nährstoffarmen lockeren Böden. Verbreitet.
Wissenswertes Vögel fressen im Winter die Früchte. Der Name „Eberesche" geht auf die frühere Verwen-dung zur Schweinemast zurück. Rohe Früchte können durch die enthaltene Parasorbinsäure zu Erbrechen und Durchfall führen. Als Obst für Kompott und Spiri-tuosen verwendet man heute meist die bitterstofffreie, zuckerreiche Mährische Eberesche *(Sorbus aucuparia* ssp. *moravica)*.

Verwechslung Kratzbeere

Höhe 3–10 m
Blütezeit Mai
Typisch Blätter oval, unterseits mit dichtem, weißem Filz.

Gewöhnliche Mehlbeere

Sorbus aria | Rosengewächse

Merkmale Strauch oder Baum. Doldenrispen mit vielen, 4–8 mm breiten Blüten. Frucht orange bis rot, kugelig bis eiförmig, 8–15 mm lang. Blätter 8–14 cm lang, Blattrand unregelmäßig gesägt.
Vorkommen Sonnige Eichen- und Buchenwälder, Waldränder, trockene Gebüsche, Steinhaufen, Felsen. Auf trockenen, im Sommer warmen, kalkreichen Böden. Zerstreut.
Wissenswertes Der Haarfilz auf den Blättern setzt die Verdunstung herab. Das mehlige Fleisch der Früchte schmeckt fad. Getrocknet und zermahlen mischte man sie in Notzeiten unter Mehl und backte daraus süßes Brot. Sie eignen sich auch für Essig.
Verwechslung Vogesen-Mehlbeere *(Sorbus mougeotii),* Blatt schwach gelappt, mit 8–12 Paar Nerven.

Höhe bis 10 m
Blütezeit Mai–Juni
Typisch Blatt mit 3–7 tief eingeschnittenen Lappen.

Eingriffliger Weißdorn

Crataegus monogyna | Rosengewächse

Merkmale Strauch oder Baum. Blüten in Doldenrispen, mit 1 Griffel und roten Staubbeuteln. Früchte rot, bis 1 cm lang, mit 1 Kern. Zweige dornig. Blattadern nach außen gebogen.
Vorkommen Sonnige Gebüsche, lichte Laub- und Mischwälder, Waldränder, Felsen. Erträgt Trockenheit. Häufig, vor allem in Kalkgebieten.
Wissenswertes Der wissenschaftliche Name leitet sich von griech. *krataios* = „hart, mächtig" ab und bezog sich ursprünglich auf die Härte des Holzes. Dieses ist sehr zäh und dauerhaft und eignet sich für Holzschnitte, Drechselarbeiten und Spazierstöcke.
Verwechslung Zweigriffliger Weißdorn *(Crataegus laevigata),* mit 3–5 stumpfen, wenig tiefen Blattlappen. Blüte mit 2–3 Griffeln, Frucht mit 2–3 Kernen.

Verwechslung Vogesen-Mehlbeere

Verwechslung Zweigriffliger Weißdorn

Gewöhnliche Trauben-Kirsche

Prunus padus | Rosengewächse | (☠)

Höhe bis 12 m
Blütezeit April–Mai
Typisch Meist hängende Trauben erscheinen mit den Blättern.

Merkmale Strauch oder Baum. Trauben mit 10–25 duftenden Blüten. Steinfrucht erbsengroß, schwarz, glänzend, ohne Kelchrest. Blätter oberseits matt, Blattstiel mit 2 Drüsen.
Vorkommen Auenwälder, Waldränder. Auf nassen, auch zeitweise überschwemmten Böden. Zeigt hohen Grundwasserstand an. Häufig.
Wissenswertes Das von den Samen getrennte Fruchtfleisch ist essbar, aber etwas bitter. Besonders Rinde und Samen enthalten Amygdalin, ein Glykosid, aus dem sich giftige Blausäure abspaltet. Außerdem ist die Rinde reich an Flavonoiden, mit denen sich Wolle in orangen bis braunen Tönen färben lässt.
Verwechslung Späte Trauben-Kirsche *(Prunus serotina)*, Trauben anfangs aufrecht, Blätter ledrig.

Vogel-Kirsche Süß-Kirsche

Prunus avium | Rosengewächse

Höhe 2–25 m
Blütezeit April–Mai
Typisch Blattstiel vorn mit 1–2 Drüsen. Blüten in Büscheln.

Merkmale Baum. Weiße Blüten in Büscheln zu 2–6, erscheinen vor oder mit den Blättern. Steinfrucht kugelig bis herzförmig, rot bis schwarz, nicht bereift, Fruchtstiele 2–5 cm lang. Borke quer geringelt. Blätter dünn, eiförmig bis elliptisch, Blattrand gesägt.
Vorkommen Wild in Wäldern, an Waldrändern, Hecken. Zeigt Lehm an. Zerstreut.
Wissenswertes Der Nektar in den Drüsen der Blattstiele lockt Ameisen an. Diese halten den Baum von Ungeziefer frei. Die ersten wertvollen Süß-Kirschensorten gelangten im 1. Jh. v. Chr. von Kleinasien nach Rom und verbreiteten sich von dort über das Römische Reich.
Verwechslung Sauer-Kirsche *(Prunus cerasus)*, Blätter derb, glänzend, Früchte sauer.

Verwechslung Späte Trauben-Kirsche

Verwechslung Sauer-Kirsche

Höhe 1–3 m
Blütezeit April–Mai
Typisch Blüht vor Laubaustrieb. Zweige stark dornig.

Gewöhnliche Schlehe Schwarzdorn
Prunus spinosa | Rosengewächse

Merkmale Strauch. Blüten 1–1,5 cm breit, meist einzeln auf kurzen Stielen. Steinfrucht 1–1,5 cm groß, kugelig, blau, bereift. Blätter 2–5 cm lang.
Vorkommen Sonnige Hecken, Waldränder, Steinhaufen. Auf oft kalkhaltigem, steinigem Boden. Häufig.
Wissenswertes In den undurchdringlichen Dickichten finden viele Tiere Schutz und Nistmöglichkeiten.
Auf Trockenrasen kann sich der Pionier jedoch zu einem Problemgehölz entwickeln, das andere Pflanzen verdrängt. Die Früchte bleiben lange an den Zweigen. Vor den ersten Frösten schmecken sie sehr herb und zusammenziehend.
Verwechslung Kirschpflaume *(Prunus cerasifera)*, blüht etwas früher, von März bis April, Strauch höchstens wenig dornig, Früchte bis 3 cm dick, gelb bis rot.

Höhe 5–12 cm
Blütezeit April–Mai
Typisch Grundständige 3-zählige „Kleeblätter".

Wald–Sauerklee
Oxalis acetosella | Sauerkleegewächse | (☠)

Merkmale Staude. Blüten einzeln, lang gestielt, Kronblätter meist violett geadert. Blättchen herzförmig. Wurzelstock kriechend, schuppig.
Vorkommen Wälder. Auf mindestens etwas feuchten, modrigen Böden. Sehr schattenverträglich. Verbreitet. Oft in größeren Gruppen.
Wissenswertes Die Pflanze schmeckt durch Oxalsäure (alter Name Kleesäure) und deren Salze sauer. Kleesalz diente früher als Bleichmittel und Fleckensalz gegen Blut- und Rostflecken. Größere Mengen der Blätter sollten nicht verzehrt werden, da sie sonst den Magen reizen und zu Nierensteinen führen können. Die Blättchen neigen sich nachts und in der Sonne nach unten in eine „Schlafstellung", in diffusem Licht stehen sie waagerecht.

Verwechslung Kirschpflaume

Höhe 30–90 cm
Blütezeit Juni–Aug.
Typisch Kopfige Dolden
von auffälligen Hüll-
blättern umgeben.

Große Sterndolde
Astrantia major | Doldengewächse

Merkmale Staude. Hüllblätter rötlich, weißlich oder
grünlich, länger als die Blüten. Pflanze kahl. Grundblätter lang gestielt, bis fast zur Basis handförmig 5–7-teilig,
Abschnitte breit, gelappt oder gesägt.
Vorkommen Gebüsche, Bergwiesen, Auen- und
Schluchtwälder, Waldsäume. Auf etwas feuchten, nährstoffreichen, meist kalkhaltigen Böden in Gegenden
mit kühlerem, feuchterem Klima. Im Gebirge häufig, in
den Mittelgebirgen zerstreut.
Wissenswertes In den Dolden stehen männliche, weibliche und zwittrige Blüten beieinander. Obwohl die
Hüllblätter die Schauwirkung erhöhen, ist der Insekten-
besuch gering. Für schattige, feuchte Gärten gibt es Sorten mit besonders attraktiven Dolden und auffälligen,
rotbraunen Blättern.

Höhe 60–150 cm
Blütezeit Mai–Aug.
Typisch Hülle der Dolde
fehlend, Hüllchen mit
4–8 spitzen Blättchen.

Wiesen-Kerbel
Anthriscus sylvestris | Doldengewächse

Merkmale Staude. Blüten in Dolden mit 8–16 Döldchen. Schwarze Spaltfrucht. Stängel gefurcht, steifhaarig, nicht gefleckt, hohl, unter den Knoten nicht
verdickt. Blätter glänzend, 2–3fach gefiedert.
Vorkommen Fettwiesen, Wegränder. Auf etwas feuchten Böden, zeigt Nährstoffreichtum an. Häufig.
Wissenswertes Auf Wiesen ist die Pflanze meist das
erste im Jahr erscheinende Doldengewächs. Wurde
stark mit Jauche gedüngt, ist sie besonders häufig und
prägt mit dem Scharfen Hahnenfuß (S. 298) das Bild im
Frühjahr. In Verbindung mit Sonnenlicht kann der Saft
sonnenbrandartige Reaktionen auslösen.
Verwechslung Gold-Kälberkropf *(Chaerophyllum
aureum)*, Stängel unter den Knoten verdickt, oft gefleckt, Früchte gelb.

Höhe 30–80 cm
Blütezeit Mai–Juli
Typisch Schon unreife
Früchte zerrieben mit
typischem Duft.

Wiesen-Kümmel

Carum carvi | Doldengewächse

Merkmale Zweijährig. Dolden mit 8–16 verschieden
lang gestielten Döldchen, meist ohne Hülle und
Hüllchen. Spaltfrucht mit gebogenen, gerippten Teil-
früchten. Pflanze kahl. Stängel kantig, sparrig verzweigt.
Blätter 1–2fach gefiedert, Fiedern ungestielt, unterste
Seitenfiedern der Blätter bilden ein Kreuz.
Vorkommen Fettwiesen, Fettweiden. Auf Lehm- und
Tonböden. Braucht kühleres Klima. Verbreitet im Nord-
osten sowie in den Mittelgebirgen und Gebirgen.
Wissenswertes Die Früchte verbessern als Gewürz die
Verträglichkeit von Kohl und Brot. Nach schwer ver-
daulichen Mahlzeiten sind Likör und Branntwein aus
Kümmel („Kümmel", „Köhm") beliebt. Auch Medika-
mente mit dem ätherischen Öl wirken krampflösend,
lindern Blähungen und Völlegefühl.

Höhe 50–90 cm
Blütezeit Juni–Juli
Typisch Teilblätter
groß, oft auf einer Seite
fiederspaltig.

Gewöhnlicher Giersch

Aegopodium podagraria | Doldengewächse

Merkmale Staude. Blüten in Dolden mit 15–25 Döld-
chen. Hülle und Hüllchen fehlen. Stängel gefurcht, kahl.
Blätter frisch- oder gelbgrün.
Vorkommen Feuchte Wälder, Waldränder, Ufer, Gärten,
Parks. Auf etwas feuchten, nährstoffreichen Böden an
meist halbschattigen Standorten. Häufig. Wächst meist
in ausgedehnten Gruppen.
Wissenswertes Auch kleine Bruchstücke der langen,
tief im Boden wachsenden Ausläufer können zu neuen
Pflanzen heranwachsen. Im Mittelalter galt der wegen
der Blattform auch „Geißfuß" genannte Giersch als
Mittel gegen Podagra, die Gicht im Großzehengelenk.
Volksmedizinisch trinkt man noch heute „Zipperlein-
tee" gegen Rheuma und Gicht. Die Pflanze enthält viel
Kalium, durch das die Harnmenge vermehrt wird.

Höhe 80–150 cm
Blütezeit Juli–Sept.
Typisch Große, stark bauchig aufgetriebene Blattscheide.

Wald-Engelwurz
Angelica sylvestris | Doldengewächse

Merkmale Mehrjährig. Dolden stark gewölbt, mit 20–40 Döldchen. Spaltfrucht geflügelt. Stängel gestreift, aber nicht kantig, hohl. Blätter bis 60 cm lang, dunkelgrün, 2–3fach gefiedert, mit gesägten, bis 10 cm großen Fiederabschnitten, Blattstiel rinnig.
Vorkommen Auenwälder, feuchte Wälder, Ufer, Wiesen, Wegränder. Auf nassen, nährstoffreichen, tiefgründigen Böden, meist im Halbschatten. Verbreitet.
Wissenswertes Die schwach riechende Pflanze enthält ätherische Öle sowie Furanocumarine, die zu Hautreaktionen wie beim Riesen-Bärenklau (S. 172) führen können. Sie war früher eine Heilpflanze gegen Husten und Magenleiden.
Verwechslung Echte Engelwurz *(Angelica archangelica)*, Blüten grünlich, riecht stark würzig, selten wild.

Höhe 50–150 cm
Blütezeit Juni–Sept.
Typisch Äußere Blüten der Döldchen stark vergrößert.

Wiesen-Bärenklau
Heracleum sphondylium | Doldengewächse | (☠)

Merkmale Staude. Dolden mit 15–30 Döldchen. Kronblätter tief eingebuchtet. Spaltfrucht scheibenförmig. Stängel gefurcht, rau borstig behaart. Blätter groß, meist einfach gefiedert oder fiederspaltig, unregelmäßig kerbig gesägt, Blattscheiden groß.
Vorkommen Wiesen, Gräben, Waldränder. Auf etwas feuchten, nährstoffreichen Böden. Wächst auf gut gedüngten Wiesen oft massenhaft. Verbreitet.
Wissenswertes Die Randblüten erhöhen den Schaueffekt, wodurch viele Insekten angelockt werden. Durch den Pflanzensaft können Hautreaktionen wie beim Riesen-Bärenklau auftreten (Wiesen-Dermatitis). Sie sind jedoch meist nicht so heftig.
Verwechslung Riesen-Bärenklau (S. 172), sehr groß, Blätter mit spitzen Zipfeln.

Höhe 200–350 cm
Blütezeit Juli–Sept.
Typisch Dolden bis
50 cm breit, Stängel bis
10 cm dick.

Riesen-Bärenklau
Herkulesstaude
Heracleum mantegazzianum | Doldengewächse | ☠

Merkmale Zweijährig bis Staude. Äußere Blüten der Döldchen stark vergrößert. Blätter bis 1 m lang, tief 3–5-teilig, Rand scharf gezähnt, Blattscheide groß.
Vorkommen Ursprünglich aus dem Kaukasus. Kam um 1900 als Zierpflanze nach Mitteleuropa. Eingebürgert an Ufern, Straßen, Waldschlägen. Verbreitet.
Wissenswertes Das mächtigste unserer Doldengewächse verdrängt vielerorts die heimischen Pflanzen. Bei Sonnenschein verursacht sein Saft auf der Haut Rötung und Blasen wie bei Verbrennungen (fototoxische Reaktion). Diese heilen langsam, zurück bleibt oft eine langanhaltende braune Pigmentierung.
Verwechslung Wiesen-Bärenklau (S. 170), Wuchs kleiner, Blattrand unregelmäßig kerbig gesägt.

Höhe 30–100 cm
Blütezeit Juni–Sept.
Typisch Dunkle „Mohrenblüte" in der Mitte der dichten Dolde.

Wilde Möhre
Daucus carota | Doldengewächse

Merkmale Zweijährig. Dolde flach, dicht, mit 15–50 Döldchen. Hüllblätter 3-teilig oder fiederteilig. Fruchtstand nestartig. Pflanze graugrün, behaart. Blatt mit schmalen Zipfeln. Helle, dünne Pfahlwurzel.
Vorkommen Wiesen, Ödflächen, Wegränder, Steinbrüche, Bahnhofsareale. Auf eher trockenen, meist kalkreichen, steinigen Böden. Verbreitet.
Wissenswertes Die Blüten locken Fliegen an. Diese landen am liebsten dort, wo schon andere Fliegen sitzen. Die dunklen „Mohrenblüten" deutet man deshalb als Fliegenattrappen. Die Garten-Möhre wurde aus der Wilden Möhre gezüchtet. Ihre Wurzel ist dicker, fleischig und durch Carotine orangerot gefärbt.
Aus diesen nach der Karotte benannten Vitaminvorstufen entsteht im Körper Vitamin A.

Höhe 30–120 cm
Blütezeit Mai–Aug.
Typisch Blüten tief
5-zipfelig, Blätter
gegenständig.

Weiße Schwalbenwurz

Vincetoxicum hirundinaria
Schwalbenwurzgewächse | ☠

Merkmale Staude. Blüten gelblich weiß, in Knäueln in den oberen Blattachseln. Früchte 3–5 cm lang, Samen mit glänzenden Haaren. Stängel unverzweigt, rund. Blätter eilanzettlich, lang zugespitzt, fiedernervig.
Vorkommen Waldränder, Steinschutthalden, Felsrasen. Auf mäßig trockenen, meist kalkhaltigen Böden. Bodenfestiger. Zerstreut, im Nordwesten fehlend.
Wissenswertes Die Pflanze sichert ihre Vermehrung durch einen Klemm-Mechanismus. Der zentrale Komplex der Blüte weist 5 Spalten auf, in denen Fliegen hängen bleiben. Wenn sie sich befreien, lösen sie ein Pollenpaket heraus. Die Pflanze enthält Glycoside, die zu Krämpfen und Lähmungen führen können.
Verwechslung Ohne Blüten mit dem Schwalbenwurz-Enzian (S. 222), Blätter meist 5-nervig.

Höhe 10–80 cm
Blütezeit Juni–Okt.
Typisch Meist gleichzeitig Blüten, unreife und reife Beeren.

Schwarzer Nachtschatten

Solanum nigrum | Nachtschattengewächse | ☠

Merkmale Einjährig. Kleine Blütenstände mit bis 15 Blüten, diese mit 5 ausgebreiteten Zipfeln, Staubbeutel zu einer zentralen Röhre verbunden. Pflanze dunkelgrün, oft violett überlaufen, behaart oder kahl. Reife Beeren schwarz. Stängel aufrecht, undeutlich kantig, stark verzweigt. Blatt eiförmig-rhombisch bis 3-eckig.
Vorkommen Lückige Unkrautbestände auf Schuttplätzen, in Gärten und Weinbergen, auf Äckern. Auf mäßig trockenen Böden. Zeigt Stickstoffreichtum an. Verbreitet in den wärmeren Gegenden.
Wissenswertes Der Schwarze Nachtschatten enthält giftige Alkaloide, allerdings schwankt der Gehalt je nach Herkunft der Pflanzen und Reifezustand der Früchte. Bestimmte Sippen dienten besonders in der Bronzezeit sogar als Nahrungspflanzen.

Höhe 100–300 cm
Blütezeit Juni–Sept.
Typisch Weit trichter-
förmige, bis 5 cm lange
Blüten.

Gewöhnliche Zaunwinde
Calystegia sepium | Windengewächse | (☠)

Merkmale Staude. Blüten einzeln auf langen Stielen.
2 eiförmige Blätter umgeben den Kelch. Linkswindende,
dünne Stängel. Blätter wechselständig, herz- oder pfeilförmig, bis über 10 cm lang.
Vorkommen Ufer, Auenwälder, Hecken, Zäune, Wegränder. Auf feuchten Böden. Verbreitet.
Wissenswertes Die Blüten sind auch nachts geöffnet,
bei trübem Wetter jedoch geschlossen. Der Nektar ist
hauptsächlich für Nachtfalter mit langem Rüssel zugänglich. Die Triebspitzen kreisen gegen den Uhrzeiger-
sinn, um ihre Stützen zu umwinden. In etwa 2 Stunden
findet eine Umdrehung statt. Der Wurzelstock enthält
abführend wirkende Harze.
Verwechslung Acker-Winde (S. 52), mit bis 2,5 cm langen, oft rosa oder gestreiften Blüten.

Höhe 15–30 cm
Blütezeit Mai–Juli
Typisch Blätter klee-
ähnlich, Blüten bärtig
behaart.

Fieberklee
Menyanthes trifoliata | Fieberkleegewächse | (☠)
geschützt

Merkmale Staude. Trauben mit 10–20 Blüten auf
blattlosem Stängel, Kronzipfel mit Fransen. Wurzelstock dick, kriechend, verzweigt. Blätter kahl, mit
langen, fleischigen Stielen, Blättchen bis 10 cm lang.
Vorkommen Verlandungssümpfe, kleine Seen, Flachmoore, Torfstiche. Auf nassen, auch überschwemmten,
meist kalkarmen Böden. Zerstreut. Wächst meist in
größeren Gruppen.
Wissenswertes Bitter schmeckende Pflanzen wendete
man früher bei Fieber an, so auch den Fieberklee.
Die Bitterstoffe wirken jedoch nicht fiebersenkend.
Vielmehr regen sie den Appetit an und fördern die
Verdauung, indem sie die Speichel- und Magensaft-
menge erhöhen. Die Blätter werden heute noch
gelegentlich für Tee und Magenbitter verwendet.

Höhe 30–80 cm
Blütezeit Mai–Juli
Typisch Dichte Ähre
mit anfangs gekrümmten
Blüten.

Ährige Teufelskralle Rapunzel

Phyteuma spicatum | Glockenblumengewächse

Merkmale Staude. Blütenähre zuerst länglich spitz,
dann walzlich. Blüten weiß oder gelblich, selten blau,
klaffen zuerst in der Mitte auseinander, mit linealen
Zipfeln. Stängel einfach, aufrecht. Blätter herzförmig,
Grundblätter lang gestielt, oft mit dunklem Fleck.
Vorkommen Wälder, Bergwiesen. Auf etwas feuchten,
nährstoffreichen, lockeren, humusreichen Böden.
Verbreitet, im nordwestlichen Tiefland selten.
Wissenswertes Die deutschen Namen beziehen sich
auf die krallenartig gekrümmten Knospen sowie auf die
dicken Speicherwurzeln (lat. *rapunculus* = kleine Rübe).
Blätter, Wurzeln und junge Blütenstände eignen sich als
Wildgemüse. Die Volksmedizin empfiehlt einen Tee ge-
gen Gallensteine. Die Blüten locken viele Käfer, Bienen
und Falter an.

Höhe 3–7 m
Blütezeit Juni–Juli
Typisch Schirmförmige,
10–25 cm breite Dolden-
rispen.

Schwarzer Holunder

Sambucus nigra | Geißblattgewächse | (☠)

Merkmale Strauch oder Baum. Blüten duftend, mit gelben Staubbeuteln. Fruchtstand mit schwarzvioletten,
rotsaftigen Steinfrüchten, Fruchtstiele rot. Blätter gegenständig, mit 3–9, meist 5 Fiederblättchen.
Vorkommen Feuchte Wälder, Waldränder, Hecken,
Lichtungen, Schuttplätze. Auf feuchten, nährstoffreichen Böden. Zeigt Stickstoffreichtum an. Verbreitet.
Wissenswertes Die Blüten enthalten Flavonoide und
etwas ätherisches Öl. Sie sind für Holundersirup und
„Holderküchlein" beliebt. Ein Tee wirkt schweißtreibend
bei fieberhaften Erkältungen und lindert Reizhusten.
Frische Früchte können besonders bei Kindern Erbre-
chen und Durchfall auslösen.
Verwechslung Zwerg-Holunder *(Sambucus ebulus)*,
Stängel unverholzt, Staubbeutel purpurn, giftig.

Verwechslung Zwerg-Holunder

Höhe 1,5–3 m
Blütezeit Mai–Juni
Typisch Doldenrispen mit stark vergrößerten Randblüten.

Gewöhnlicher Schneeball
Viburnum opulus | Geißblattgewächse | ☠

Merkmale Strauch. Blütenstände bis 10 cm breit. Rote, saftige Steinfrüchte. Blätter gegenständig, 3–5-lappig, Abschnitte nach vorn gerichtet, Blattstiel mit 2 Drüsen. Abgeschnittene Zweige riechen unangenehm, etwas nach Baldrian.

Vorkommen Auenwälder, Waldränder, Schluchtwälder, Bachsäume, Hecken. Auf nährstoffreichen, feuchten, meist lehmigen Böden. Häufig.

Wissenswertes Der deutsche Name bezieht sich auf die üppigen Blütenstände. Bei gefüllten Zuchtformen sind diese kugelig, bestehen nur aus den großen Schaublüten und erinnern an Schneebälle. Die sauer-bitteren Früchte können Durchfall, Erbrechen und Übelkeit auslösen. Auch Vögeln schmecken sie nur in nahrungsarmen Notzeiten.

Höhe 1–3 m
Blütezeit April–Juni
Typisch Blätter runzelig, unterseits dicht filzig, rau.

Wolliger Schneeball
Viburnum lantana | Geißblattgewächse | ☠

Merkmale Strauch. Doldenrispen gewölbt, 5–10 cm breit. Blüten schmutzig weiß, vor dem Aufblühen meist rot überlaufen. Früchte anfangs rot, dann schwarz, eiförmig, abgeflacht. Junge Zweige filzig. Blätter gegenständig, eiförmig, fein gezähnt.

Vorkommen Sonnige Waldränder, lichte Wälder, felsige, trockene Hänge, Hecken. Zerstreut.

Wissenswertes Die Blüten riechen durch Methylamin unangenehm nach Harn oder Fisch. Die Früchte, auch „Schwindelbeeren" genannt, sind weniger giftig als Blätter und Rinde. Die jungen, sehr zähen und biegsamen Zweige dienten früher zum Binden von Heuballen, Getreidegarben und den Bögen an Holzrechen. Im Volksmund hieß der Strauch deshalb auch „Schlinge" oder „Schlingbaum".

Höhe 50–300 cm
Blütezeit Juni–Aug.
Typisch Blüten bis 12 cm
breit. Große, derbe
Schwimmblätter.

Weiße Seerose

Nymphaea alba | Seerosengewächse | ☠ | geschützt

Merkmale Staude. Viele, spiralig angeordnete, nach
innen kleiner werdende Blütenblätter, viele gelbe
Staubblätter. Blattspreite oval bis rundlich, tief herz-
förmig eingeschnitten, Blattnerven treten auf der
Unterseite hervor. Wurzelstock bis armdick.
Vorkommen Teiche, Altwässer, ruhige Seen. In stehen-
dem oder sehr langsam fließendem, 1–3 m tiefem
Wasser. Zerstreut, häufig auch angepflanzt.
Wissenswertes Die Weiße Seerose hat mit bis 3 m
Länge die längsten Blatt- und Blütenstiele der einhei-
mischen Flora. Die Blüten öffnen sich nur tagsüber.
Fliegen und Käfer, die die Blüten bestäuben, übernach-
ten oft in den geschlossenen Blüten. Die Pflanze ist von
Durchlüftungskanälen durchzogen, die für Auftrieb
und Gasaustausch sorgen.

Höhe 10–25 cm
Blütezeit März–Mai
Typisch 1 Blüte oberhalb
eines Quirls aus 3 Blättern.

Busch-Windröschen

Anemone nemorosa | Hahnenfußgewächse | ☠

Merkmale Staude. Blüte bis 4 cm groß, mit 6–8 kahlen,
außen oft rosa Blütenblättern, keine Kelchblätter.
Jeder Stängel nur mit einem Blattquirl. Blätter 3-teilig
mit nochmals geteilten Abschnitten.
Vorkommen Laub- und Nadelwälder, Gebüsche, Berg-
wiesen. Auf eher feuchten, kalkhaltigen, mullreichen
Böden. Häufig, oft in großen Gruppen.
Wissenswertes Die Blüten schließen sich nachts und
bei trüber Witterung. Die Bewegung entsteht durch
Wachstum der Blütenblätter, die deshalb während der
Blütezeit länger werden. „Anemone" leitet sich von
griech. *anemos* = Wind ab und bezieht sich auf die vom
Wind auf den dünnen Stängeln leicht zu bewegenden
Blüten. Der Pflanzensaft enthält Protoanemonin und
kann zu Hautentzündungen führen.

Höhe 5–20 cm
Blütezeit Mai–Juli
Typisch Blütenkrone
fast immer mit 7 spitzen
Zipfeln.

Europäischer Siebenstern
Trientalis europaea | Primelgewächse

Merkmale Staude. Blüten einzeln auf langen, dünnen
Stielen über den Blättern, schmale, grüne Kelchblätter.
Blätter elliptisch, ganzrandig, die meisten Blätter quirl-
artig am Ende der aufrechten, unverzweigten Stängel,
unterhalb des Quirls nur kleine Blätter.
Vorkommen Moosige Fichtenwälder, Birkenmoore.
Auf nassen, nährstoffarmen, sauren Böden im Halb-
schatten. Vor allem im Norden und Osten, jedoch ins-
gesamt selten. Wächst in lockeren Gruppen.
Wissenswertes Der Europäische Siebenstern ist die
Symbolpflanze des Fichtelgebirges. Die Pflanze braucht
für eine optimale Entwicklung niedrige Nachttempera-
turen. In kälteren Klimazeiten war sie weiter verbreitet.
Heute wächst sie in kühleren Gegenden Europas, im
Norden Asiens, in Kanada und Alaska.

Höhe 5–100 cm
Blütezeit April–Mai
Typisch Stängel mit
Schuppenblättern und
eiförmigem Blütenstand.

Weiße Pestwurz
Petasites albus | Korbblütengewächse | ☠

Merkmale Staude. Blütenkörbchen 5–10 mm groß,
nur mit Röhrenblüten. Früchte mit Haarkranz. Junge
Blütenstängel filzig behaart. Grüne, grundständige
Laubblätter erscheinen erst nach oder während der
Blüte, ausgewachsen bis 40 cm breit, mit Stiel bis
100 cm hoch, breiter als lang, unterseits graufilzig.
Vorkommen Feuchte Wälder, Schluchtwälder, Böschungen mit höherer Luftfeuchtigkeit. In den Mittelgebirgen
und in den Alpen zerstreut, sonst selten.
Wissenswertes Bei der Pestwurz gibt es männliche und
weibliche Pflanzen. Die Stängel der männlichen Pflanzen knicken nach der Blüte bald um und sterben ab, die
weiblichen verlängern sich.
Verwechslung Gewöhnliche Pestwurz (S. 58), Blüten
rötlich, Blatt bis 60 cm breit.

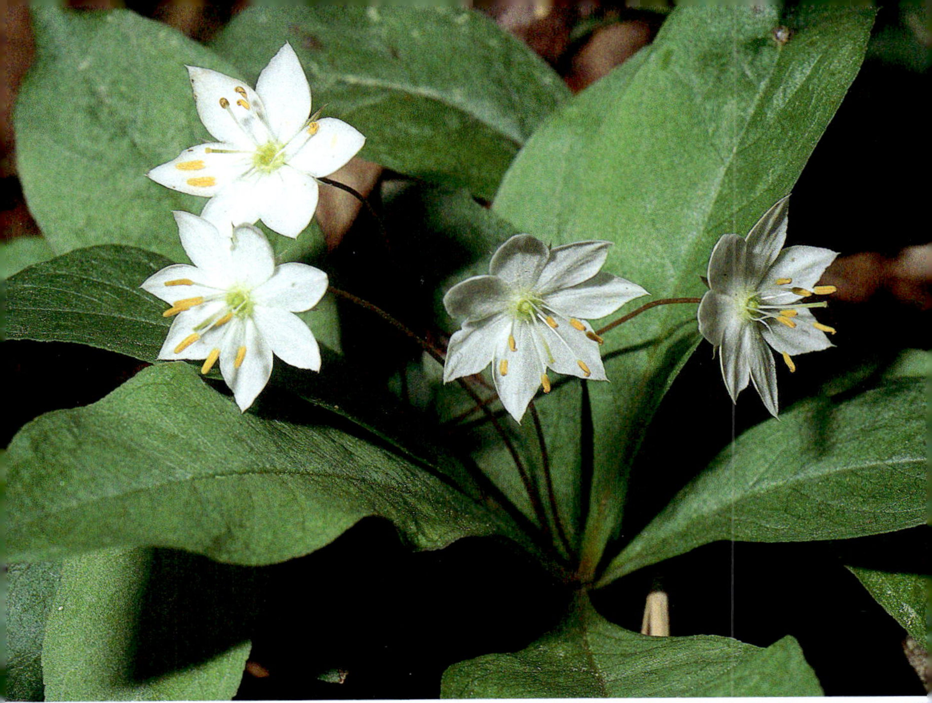
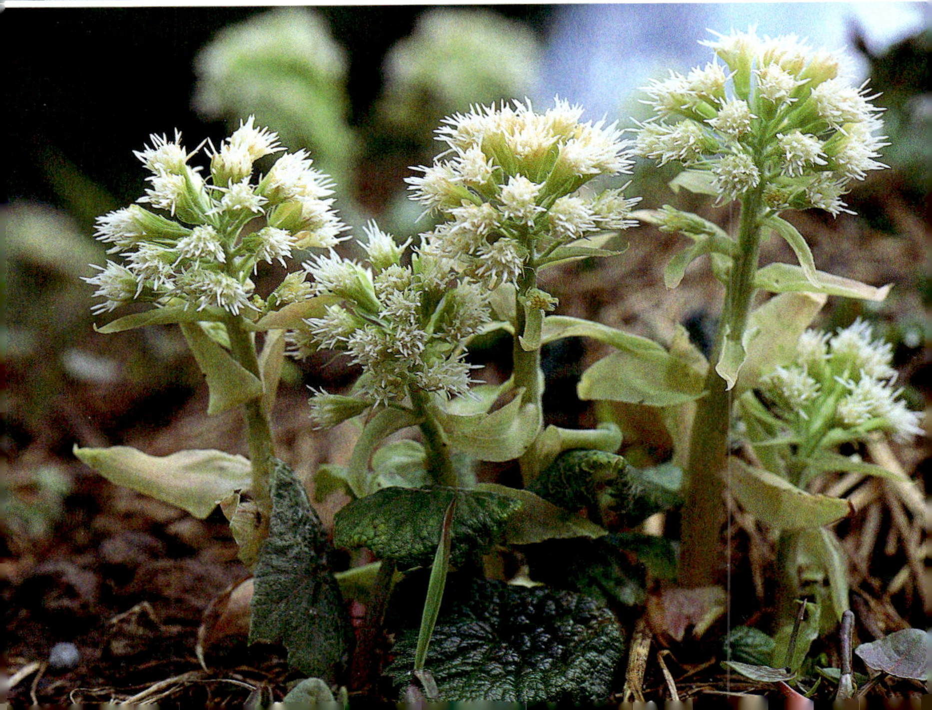

Höhe 10–80 cm
Blütezeit Mai–Okt.
Typisch Große Lücken zwischen den 3-zipfeligen Zungenblüten.

Behaartes Knopfkraut
Behaartes Franzosenkraut
Galinsoga ciliata | Korbblütengewächse

Merkmale Einjährig. Unter 1 cm große Körbchen einzeln oder zu wenigen beieinander. Meist nur 5 weiße Zungenblüten um die zahlreichen gelben Röhrenblüten. Stängel abstehend behaart, stark verzweigt. Blätter gegenständig, auf beiden Seiten behaart.
Vorkommen Äcker, Gärten, Weinberge, Wegränder. Auf nährstoffreichen Böden. Häufig.
Wissenswertes Das Behaarte Knopfkraut kam als Neubürger aus Mittel- und Südamerika zu uns. Seine Ausbreitung fand etwa ab 1850 statt, etwas später als die des Kleinblütigen Knopfkrauts. Es breitet sich auch heute immer noch weiter aus.
Verwechslung Kleinblütiges Knopfkraut *(Galinsoga parviflora)*, Stängel und Blätter kahl oder fast kahl.

Höhe 5–15 cm
Blütezeit Jan.–Nov.
Typisch Blattlose Stängel mit je 1 Blütenkörbchen.

Gänseblümchen
Bellis perennis | Korbblütengewächse

Merkmale Staude. Blütenkörbchen 1,5–3 cm breit, Körbchenboden kegelig gewölbt, hohl. Außen weiße oder rötliche Zungenblüten, innen gelbe Röhrenblüten. Blätter alle in einer Grundrosette, gestielt, spatelig bis länglich-eiförmig, bleiben auch im Winter grün.
Vorkommen Rasen in Hausgärten und Parks, Wiesen, Weiden. Zeigt Nährstoffreichtum an. Verbreitet.
Wissenswertes Die Körbchen schließen sich nachts und bei kühlem Wetter, indem die Hüllblätter wachsen und die Zungenblüten zusammendrücken. Bei trockener Luft können die Blüten noch −15 °C ertragen. Nach kalten Nächten färben sich die Zungen rötlich.
Verwechslung Alpenmaßliebchen *(Aster bellidiastrum)*, bis 30 cm hoch, Boden der 2–4 cm breiten Körbchen nicht hohl. Zerstreut in und im Umkreis der Alpen.

Höhe 20–100 cm
Blütezeit Juli–Okt.
Typisch Lange Rispe
mit bis mehreren
100 kleinen Körbchen.

Kanadisches Berufkraut
Conyza canadensis | Korbblütengewächse

Merkmale Einjährig. Körbchen 3–5 mm breit,
unscheinbar, Zungenblüten ragen nur wenig aus der
zylindrischen Hülle. Frucht mit gelblichem Haarkranz.
Pflanze gelbgrün. Blätter wechselständig, lanzettlich.
Vorkommen Ödflächen, Gärten, Äcker, Schutt, Gehweg-
ritzen, Mauern, Autobahnen, Dämme, Brandflächen.
Pionierpflanze. Verbreitet.
Wissenswertes Die Pflanze kam als Neubürger aus den
USA und Kanada ab dem 17. Jh. nach Europa. Ihre haupt-
sächliche Ausbreitung bei uns fand im 18. und 19. Jh.
statt. Jedoch auch heute noch kann sie besonders durch
die Zunahme von Ödflächen neue Areale erobern.
Fruchtende Pflanzen wirken durch die Fruchthaare oft
wie mit Tierhaaren besetzt, weshalb die Pflanze auch
„Katzenschweif" heißt.

Höhe 50–100 cm
Blütezeit Juni–Sept.
Typisch Körbchen mit
sehr schmalen Zungen-
blüten.

Einjähriger Feinstrahl
Erigeron annuus | Korbblütengewächse

Merkmale Ein- bis mehrjährig. Lockere, doldige Blüten-
rispe. Im 1–2 cm breiten Körbchen außen 50–125 weiße
oder blasslila Zungenblüten, innen gelbe Röhrenblüten.
Früchte mit Haarkranz. Blätter hellgrün, untere rund-
lich bis lanzettlich, obere lanzettlich.
Vorkommen Ufer, Wegböschungen, auf Bahnschotter,
Schuttplätzen. Häufig.
Wissenswertes Die Pflanze stammt aus den USA und
dem südlichen Kanada. Anfang des 17. Jh. kam sie als
Zierpflanze nach Europa. Sie verließ jedoch die Gärten
und breitet sich seit dem 18. Jh. als Neubürger aus.
„Erigeron" leitet sich von griech. *eri* = früh und *geron* =
Greis ab und bezieht sich darauf, dass die Pflanzen sehr
früh im Jahr Früchte ausbilden, die weiße Haarkränze
tragen.

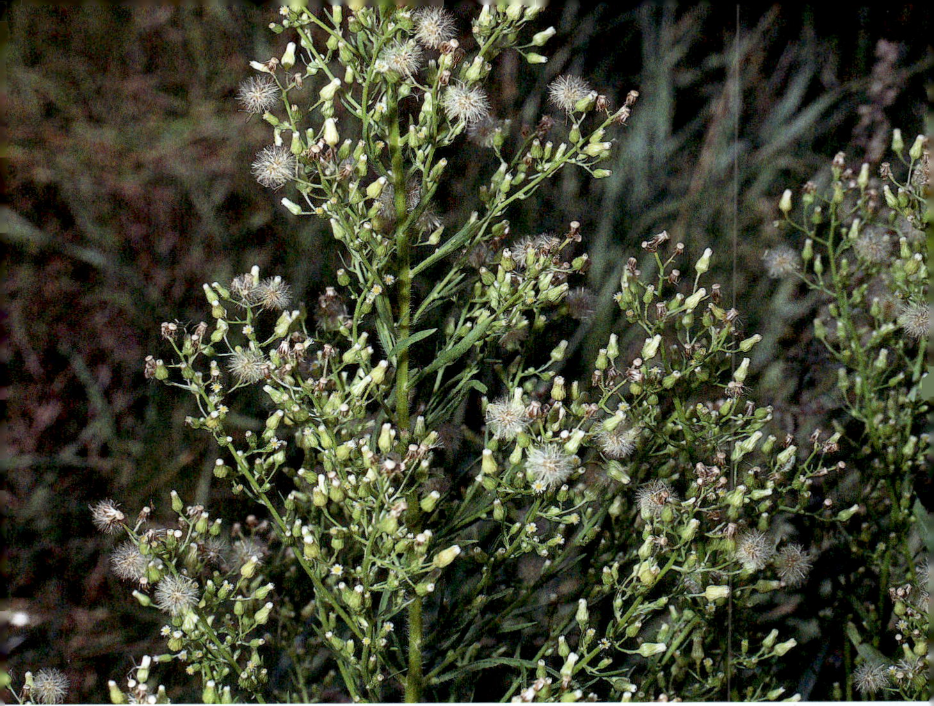

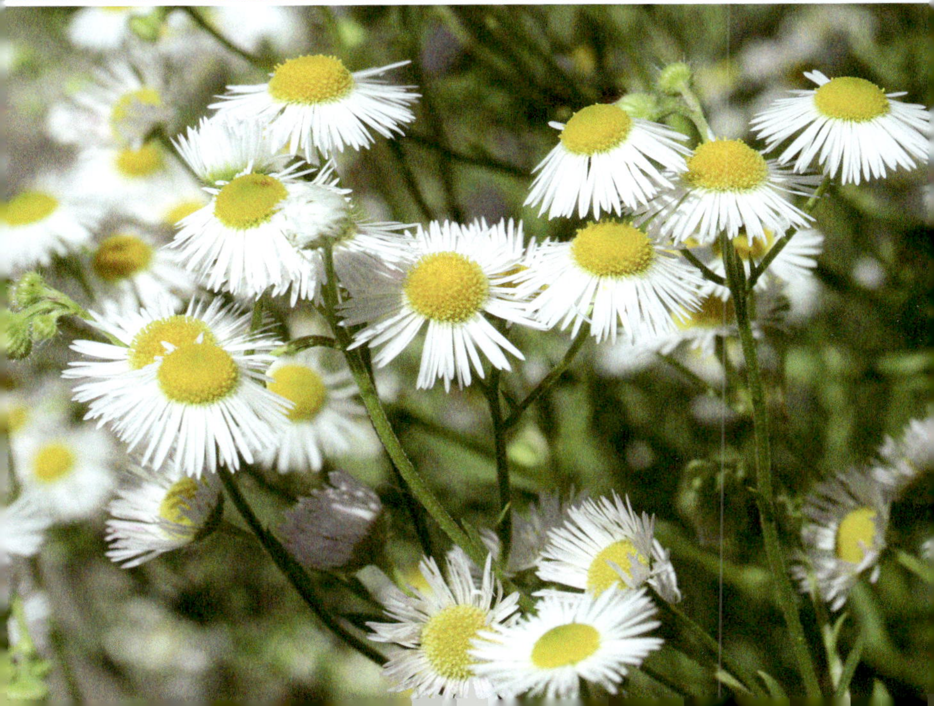

Höhe 20–120 cm
Blütezeit Juni–Okt.
Typisch Dichte Scheindolde mit zahlreichen
kleinen Körbchen.

Schaf-Garbe
Achillea millefolium | Korbblütengewächse

Merkmale Staude. Körbchen 4–10 mm breit, mit 4–6
weißen, manchmal rosa Zungenblüten, innen gelblich
weiße Röhrenblüten. Meist zahlreiche, aufrechte, sehr
zähe Stängel. Blätter 2–3fach fiederspaltig, mit sehr
vielen feinen Zipfeln. Pflanze riecht aromatisch.
Vorkommen Wiesen, Weiden, Halbtrockenrasen, Äcker.
Auf nährstoffreichen Böden. Pionierpflanze. Verbreitet
bis ins Gebirge.
Wissenswertes Achilles, der Held von Troja, soll Wunden mit dem Kraut geheilt haben. Die Pflanze enthält
ähnliche ätherische Öle wie die Echte Kamille (S. 192)
und wird als krampflösende und appetitanregende
Heilpflanze geschätzt. Schafe fressen die Blätter, ver-
schmähen aber Stängel und Blütenstände, die so auf
den Weiden als Büschel stehen bleiben.

Höhe 20–70 cm
Blütezeit Juni–Okt.
Typisch Einzelne,
2–7 cm breite Körbchen
am Ende der Stängel.

Wiesen-Margerite
Gewöhnliche Wucherblume
Leucanthemum vulgare | Korbblütengewächse

Merkmale Staude. Körbchen mit weißen Zungen- und
gelben Röhrenblüten. Körbchenboden flach. Blätter in
Grundrosette und locker wechselständig am aufrechten
Stängel. Untere Blätter gestielt, grob gezähnt oder fie-
derspaltig, obere Blätter sitzend.
Vorkommen Wiesen, Weiden, Halbtrockenrasen. Auf
Böden aller Art, jedoch nicht an kühl-nassen oder sehr
fetten Standorten. Verbreitet.
Wissenswertes Auf gemähten Rasen neigt die Pflanze
dazu, sich großflächig auszubreiten und zu wuchern.
Viele Personen reagieren allergisch, wenn sie mit der
Pflanze in Kontakt kommen. Von der „Orakelblume"
zupfte man die Zungenblüten, um Verschiedenes über
die Zukunft zu erfahren.

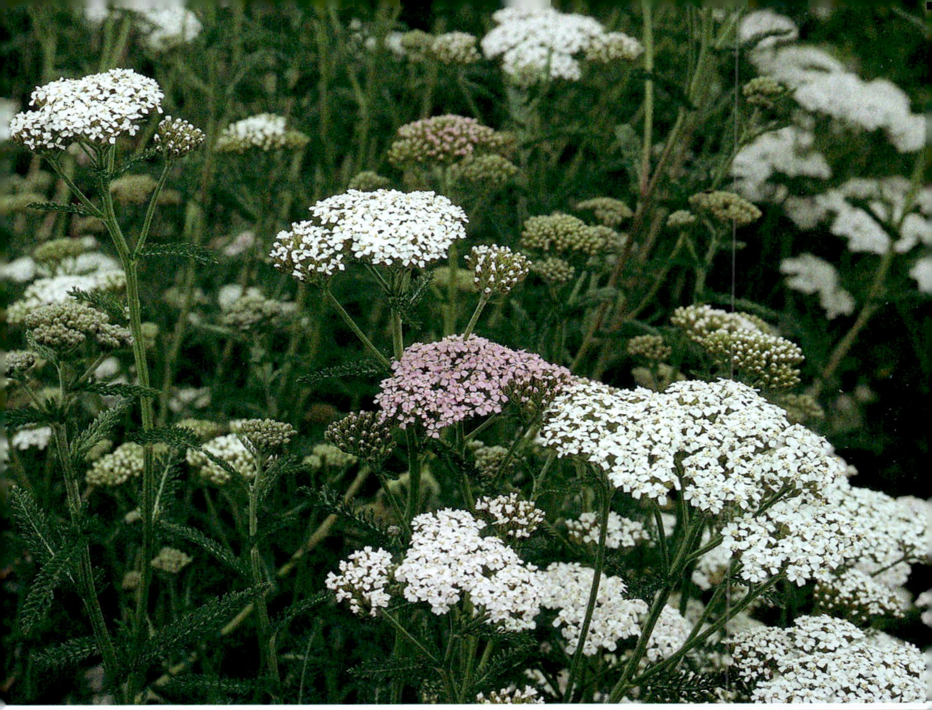

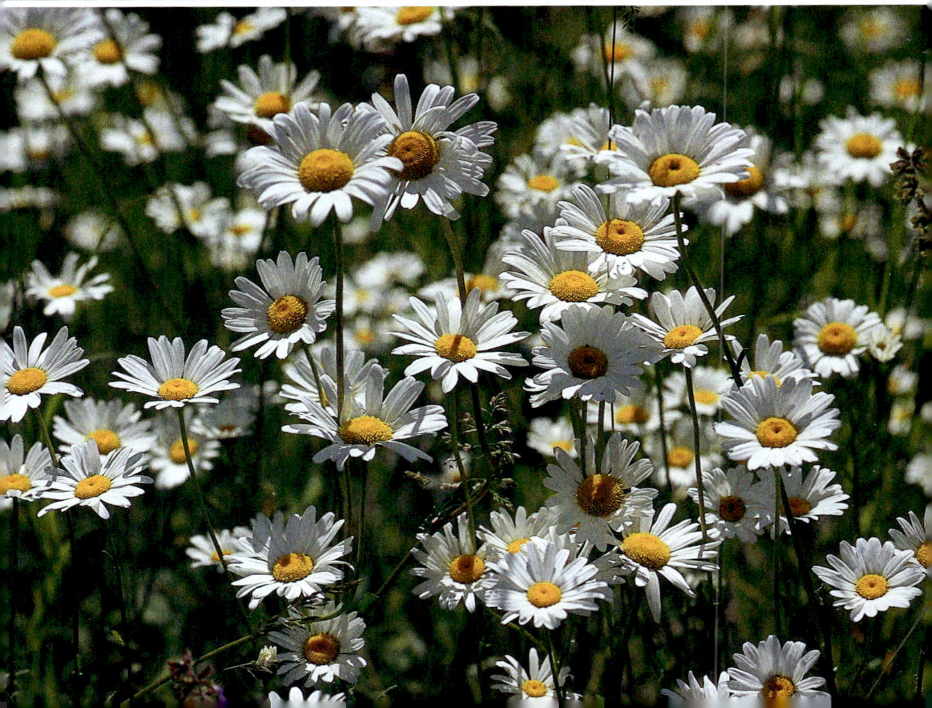

Höhe 15–40 cm
Blütezeit Mai–Aug.
Typisch Boden der Blütenkörbchen kegelförmig, hohl.

Echte Kamille

Matricaria recutita, Matricaria chamomilla
Korbblütengewächse

Merkmale Einjährig. 1,5–2 cm große Körbchen am Ende der Zweige. Zungenblüten bald zurückgeschlagen. Blätter 2–3fach fiederspaltig, mit schmalen Abschnitten. Pflanze duftet stark aromatisch.

Vorkommen Äcker, Wege, Schuttplätze, Straßenränder. Auf etwas feuchten, nährstoffreichen, meist kalkarmen Böden. Zeigt Lehm an. Häufig.

Wissenswertes Im 16. Jh. galt die Echte Kamille als eines der wichtigsten Heilkräuter, besonders gegen Frauenkrankheiten (lat. *matrix* = Gebärmutter). Noch heute gehört sie zu den bekanntesten Heilpflanzen. Sie kann Entzündungen und Krämpfe lindern.

Verwechslung Acker-Hundskamille *(Anthemis arvensis)*, mit markigem Körbchenboden, kaum duftend.

Höhe 10–45 cm
Blütezeit Juni–Okt.
Typisch Boden der 2,5–5 cm breiten Körbchen mit Mark gefüllt.

Geruchlose Kamille

Falsche Kamille
Tripleurospermum perforatum | Korbblütengewächse

Merkmale Ein- bis zweijährig. Blütenkörbchen an den Enden der vielen Verzweigungen. Zungenblüten 1–2 cm lang. Blätter 2–3fach fiederspaltig mit fast fadenförmigen Abschnitten. Stängel oft braunrot. Pflanze auch zerrieben nicht duftend.

Vorkommen Schuttplätze, Äcker, Weg- und Straßenränder, Mittelstreifen von Autobahnen. Auf nährstoffreichen, meist kalkarmen Böden. Häufig.

Wissenswertes Die Vorkommen nehmen besonders an Straßen und auf stark gedüngten Äckern noch zu. Die Pflanze entwickelt sich auch auf Stoppelfeldern und blüht oft bis zum ersten Frost.

Verwechslung Acker-Hundskamille (s. o.), Blattzipfel breiter, stachelig zugespitzt.

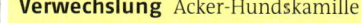

Höhe 2–60 cm
Blütezeit Juli–Sept.
Typisch Innere Hüll-
blätter schmal, trocken-
häutig, silberweiß.

Silberdistel

Wetterdistel, Große Eberwurz
Carlina acaulis | Korbblütengewächse | geschützt

Merkmale Staude. Blütenkörbchen 5–12 cm breit, ohne
Zungenblüten, jedoch mit sehr zahlreichen Röhrenblüten. Stängel meist kurz. Blattrosette aus fiederspaltigen, stachelig gezähnten Blättern.
Vorkommen Magere Wiesen und Weiden, steinige,
sonnige Hänge, Trockenrasen. Auf mäßig trockenen,
kalkhaltigen Böden. Zerstreut, fehlt im Tiefland.
Wissenswertes Die Körbchen sind nur bei trockener
Witterung geöffnet. Bei Feuchtigkeit neigen sich die
trockenhäutigen Hüllblätter zusammen und schließen
so die Körbchen. Die Pflanze ist jedoch kein Wetter-
prophet, sondern zeigt nur die aktuelle Luftfeuchtigkeit
an. Bereits nach mehrmaligem Anhauchen bewegen
sich die Hüllblätter.

Höhe 30–70 cm
Blütezeit Mai–Juni
Typisch Bis 15 cm lange
Blätter stehen zu 3–7 in
Quirlen.

Quirlblättrige Weißwurz

Polygonatum verticillatum | Maiglöckchengewächse |

Merkmale Staude. Blüten in den Blattachseln, etwa
1 cm lang, hängend. Beeren zuerst rot, z. T. mit dunklen
Punkten, reif schwarzblau. Stängel unverzweigt. Blätter
schmal lanzettlich.
Vorkommen Kühle, feuchte Wälder, Auen, alpine Stau-
denbestände. Auf mäßig sauren, oft modrigen Böden.
Im Süden vor allem im Gebirge, im Norden im Hügel-
land. Zerstreut.
Wissenswertes Weißwurz-Arten enthalten Saponine.
Vergiftungen führen zu Übelkeit, Erbrechen und Durchfall. Die relativ kurzen Blüten werden von Hummeln,
langrüsseligen Bienen und kleinen Schmetterlingen
besucht. Bei den anderen Weißwurz-Arten (S. 196) erreichen nur langrüsselige Hummeln den Nektar.

Höhe 30–80 cm
Blütezeit Mai–Juni
Typisch Stängel überhängend, rund, 2-zeilig beblättert.

Vielblütige Weißwurz

Polygonatum multiflorum | Maiglöckchengewächse | ☠

Merkmale Staude. Büschel mit 2–5 hängenden Blüten in den Blattachseln, Röhre 1–2 cm lang, in der Mitte etwas zusammengezogen. Beeren dunkelblau, bereift. Blätter meist aufwärts gerichtet, oval oder breit-lanzettlich, oben dunkelgrün, unten graugrün.
Vorkommen Wälder mit Unterwuchs, Auenwälder. Auf etwas feuchten, nährstoffreichen, kalkhaltigen, lockeren Böden an schattigen Standorten. Verbreitet.
Wissenswertes Nach dem Abwelken hinterlassen die Sprosse auf der Oberseite der Wurzelstöcke scheibenförmige, siegelartige Narben. Deshalb heißen die Weißwurz-Arten auch Salomonsiegel.
Verwechslung Wohlriechende Weißwurz *(Polygonatum odoratum)*, Stängel kantig, Blüten zu 1–2.

Höhe 10–20 cm
Blütezeit Mai–Juni
Typisch Traube mit wenigen glockigen, stark duftenden Blüten.

Gewöhnliches Maiglöckchen

Convallaria majalis | Maiglöckchengewächse | ☠

Merkmale Staude. Traube einseitswendig mit nickenden Blüten. Leuchtend rote Beeren. 2 lanzettliche, lang gestielte Blätter, jung längs eingerollt. Kriechender Wurzelstock.
Vorkommen Laubwälder. Auf tiefgründigen, lockeren Böden. Häufig. Bildet oft größere Gruppen.
Wissenswertes Die Pflanze enthält herzwirksame Glykoside, die genau dosiert bei altersbedingter Herzschwäche helfen. Eine Zeitlang wurde die Pflanze deshalb „salus mundi" = Heil der Welt genannt und war Berufsemblem der Ärzte. Überdosierungen führen zu Vergiftungen mit Kopfschmerz, Benommenheit, unregelmäßigem Herzschlag, Herzstillstand.
Verwechslung Blätter mit Bär-Lauch (S. 198), aber junge Blätter nicht gerollt, mit Lauchgeruch.

Verwechslung Wohlriechende Weißwurz

Höhe 30–80 cm
Blütezeit Juni–Aug.
Typisch Blüten
in lockerer Rispe,
Blätter grasartig.

Ästige Graslilie
Anthericum ramosum | Grasliliengewächse | geschützt

Merkmale Staude. Rispe mit bis über 30 Blüten, diese
weit trichterförmig, 2–3 cm breit, mit 6 Blütenblättern,
die 3 inneren viel breiter als die äußeren. Blätter bis
50 cm lang aber nur 2–6 mm breit.
Vorkommen Waldränder, lichte Wälder, Gebüschränder,
Halbtrockenrasen. Auf trockenen, meist kalkreichen
Böden an warmen Standorten. Selten. Bildet oft größere
Gruppen.
Wissenswertes Die offenen Blüten locken verschiedene
Insekten an, die leicht an den Nektar gelangen können.
Er wird an der Spitze des Fruchtknotens abgegeben.
Wegen der Blütenform heißt die Pflanze auch „Stern-
blume" oder „Himmelsstern".
Verwechslung Astlose Graslilie *(Anthericum liliago)*,
3–5 cm breite Blüten in einer Traube.

Höhe 20–50 cm
Blütezeit Mai–Juni
Typisch Zwiebel mit je
meist 2 deutlich gestielten
Blättern mit starkem
Lauchgeruch.

Bär-Lauch
Allium ursinum | Lauchgewächse

Merkmale Staude. Dolde mit zahlreichen, bis 2 cm breiten, sternförmigen Blüten. Stängel ohne Blätter. Blätter
bis 20 cm lang, breit-lanzettlich bis elliptisch, dünn, mit
parallelen Nerven. Schmale Zwiebel.
Vorkommen Feuchte Laubwälder, Auenwälder. Auf
humusreichen Böden an meist schattigen Standorten.
Häufig. Bildet oft ausgedehnte Bestände.
Wissenswertes Bär-Lauch wirkt ähnlich wie Knoblauch
gegen Appetitlosigkeit, Bluthochdruck und Arterienverkalkung. Seine schwefelhaltigen Alliine gehen beim
Zerkleinern in stark riechende Lauchöle über.
Verwechslung Blätter: mit Maiglöckchen (S. 196),
kriechender Wurzelstock, junge Blätter gerollt, und mit
Herbst-Zeitlose (S. 72), mit meist 3–4 Blättern pro
Pflanze, bei beiden kein Lauchgeruch.

Herbst-Zeitlose (links) Maiglöckchen (rechts)

Höhe 8–20 cm
Blütezeit Febr.–März
Typisch Einzelne, nickende Blüte mit ungleichen Blütenblättern.

Kleines Schneeglöckchen

Galanthus nivalis | Narzissengewächse | ☠ | geschützt

Merkmale Staude. 3 innere Blütenblätter viel kleiner als die 3 äußeren, mit grünem Fleck, 2 grundständige Blätter, schmal, fleischig, blaugrün bereift.
Vorkommen Auenwälder, Schluchtwälder, feuchte Wälder. Auf sickerfeuchten Böden. Im Süden selten ursprünglich wild, sonst meist als Zierpflanze aus Gärten verwildert.
Wissenswertes Die Blüten ertragen Frost und schieben sich oft durch die Schneedecke ans Licht. Insekten können sie auch im Schnee gut erkennen, da sie das UV-Licht stark reflektieren. Das aus der Pflanze isolierte Alkaloid Galanthamin wird in Arzneimitteln zur Behandlung der Alzheimerschen Krankheit eingesetzt. Vergiftungen führen zu Magen-Darmbeschwerden.

Höhe 10–30 cm
Blütezeit Febr.–März
Typisch Glockige Blüte mit 6 gleichen Blütenblättern.

Frühlings-Knotenblume
Märzenbecher

Leucojum vernum | Narzissengewächse | ☠ | geschützt

Merkmale Staude. Blüten einzeln, nickend. Grüner oder gelber Fleck auf jedem Blütenblatt. Blätter fleischig, schmal, grasgrün.
Vorkommen Auenwälder, Schluchtwälder, feuchte Wälder, waldnahe Feuchtwiesen. Auf sickerfeuchten, nährstoffreichen, tiefgründigen Böden. Selten, im Norden nicht ursprünglich, sondern nur verwildert aus Gärten. Wächst meist in großen Gruppen.
Wissenswertes Der Name bezieht sich auf den Fruchtknoten, der wie ein Knoten unterhalb der Blütenblätter sitzt. Die Blüten locken Bienen und Tagfalter als Bestäuber an. Die Pflanze enthält herzwirksame Alkaloide. Bei Vergiftungen kommt es zu Übelkeit und Herzrhythmusstörungen.

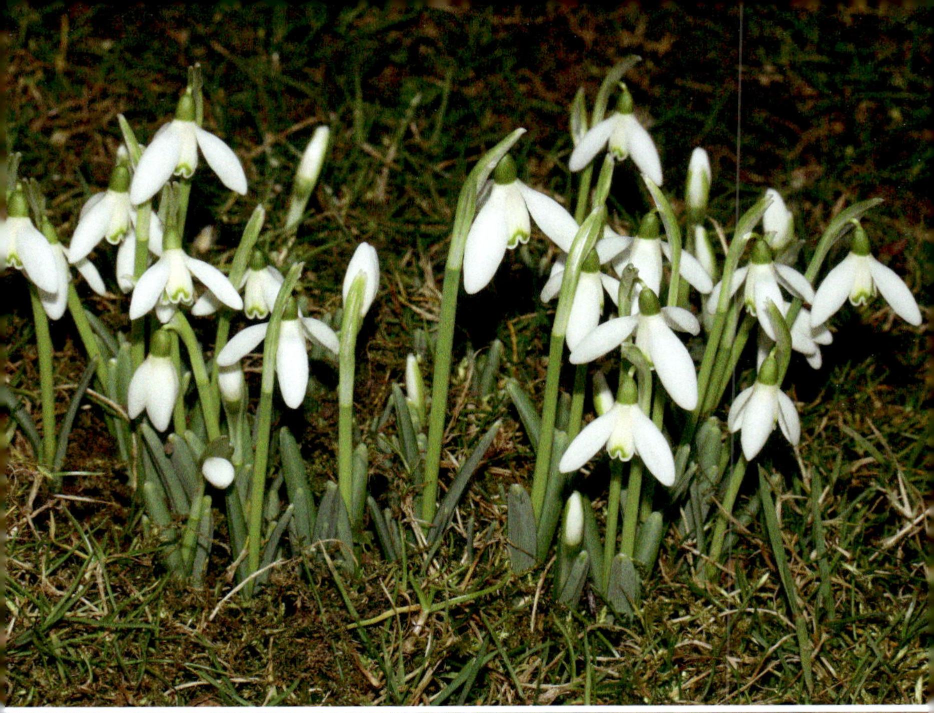

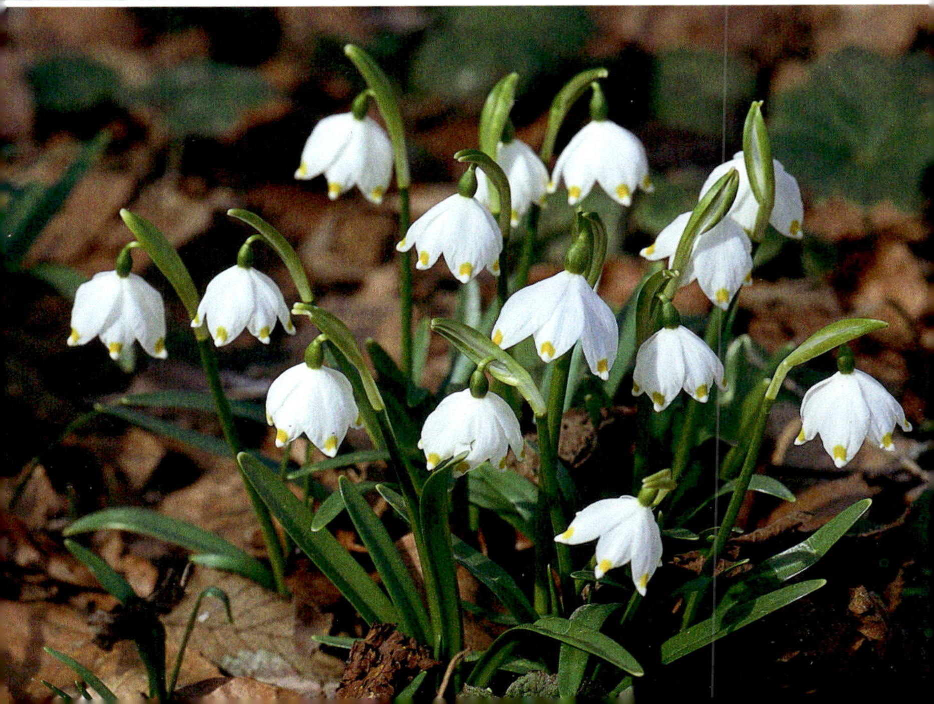

Höhe 30–120 cm
Blütezeit Juni–Sept.
Typisch Lange, sehr schmale Blütentrauben.

Weißer Steinklee

Melilotus albus | Schmetterlingsblütengewächse | (☠)

Merkmale Zweijährig. Hängende, 4–5 mm lange Schmetterlingsblüten. Stängel aufrecht, verzweigt. Blätter 3-zählig, Blättchen gezähnt, mittleres Blättchen länger gestielt.

Vorkommen Sonnige Unkrautgesellschaften, Wege, Dämme, Bahngelände, Steinbrüche, Schuttplätze, Ödflächen. Auf im Sommer warmen, mäßig trockenen Böden. Verbreitet, vor allem in den Kalkgebieten.

Wissenswertes Während trockenes Steinkleekraut das nach Waldmeister (S. 130) duftende Cumarin enthält, entsteht in verschimmeltem Kraut Dicumarol. Dieses setzt die Blutgerinnung herab und kann beim Vieh zu inneren Blutungen führen. Die Substanz findet Verwendung in Rattengiften und war Modell für Arzneimittel zur Verflüssigung des Blutes.

Höhe 15–45 cm
Blütezeit Mai–Sept.
Typisch Kriechende, wurzelnde Stängel.

Weiß-Klee

Trifolium repens | Schmetterlingsblütengewächse

Merkmale Staude. Weiße Schmetterlingsblüten in kugeligen, 1,5–2,5 cm großen, lang gestielten Köpfchen. Blättchen bis 2,5 cm lang, meist mit heller Zeichnung, fein gezähnt, auch im Winter grün.

Vorkommen Weiden, Parks, Wege, Gärten, Äcker, Ödflächen. Auf etwas feuchten, meist dichten Böden. Zeigt Stickstoffreichtum an, erträgt Salz und Trittbelastung und wird durch Mähen gefördert. Verbreitet.

Wissenswertes Die Blätter zieren Wappen und sind das Nationalsymbol Irlands. Nach einer Legende soll St. Patrick den Iren anhand eines Kleeblatts die Dreieinigkeit erklärt haben. Davor war es Symbol der 3 keltischen Priestergrade (Druiden, Barden, Ovaten).

Verwechslung Schweden-Klee *(Trifolium hybridum)*, Blüten erst weiß, dann rosa, Stängel nie wurzelnd.

Verwechslung Schweden-Klee

Höhe 15–25 m
Blütezeit Mai–Juni
Typisch Oft 2 Dornen
an der Basis der Blätter.

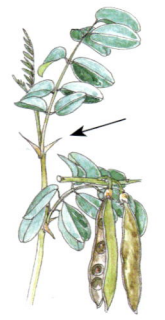

Gewöhnliche Scheinakazie

Robinie | *Robinia pseudoacacia*
Schmetterlingsblütengewächse | ☠

Merkmale Baum. 10–20 cm lange, hängende Trauben
mit duftenden Schmetterlingsblüten. Hülsenfrucht
bis 10 cm lang, flach. Blätter unpaarig gefiedert mit bis
23 eiförmig länglichen Blättchen.
Vorkommen An Straßen, Hängen und in Parks
gepflanzt, von dort verwildert.
Wissenswertes Der Pionierbaum aus Nordamerika
festigt den Boden, reichert ihn mit Stickstoff an und
sondert Substanzen ab, die andere Pflanzen unterdrücken. Dies führt dazu, dass sich der natürliche Bewuchs
verändert. Der Baum enthält giftige Lektine, die die
Blutkörperchen verklumpen und Gewebe zerstören.
Vergiftungen können tödlich enden. Die Blüten locken
besonders Bienen an, die den Nektar für ungiftigen
„Akazienhonig" sammeln.

Höhe 1–2 m
Blütezeit Mai–Juni
Typisch Blüten paar-
weise auf einem
gemeinsamen Stiel.

Rote Heckenkirsche

Lonicera xylosteum | Geißblattgewächse | ☠

Merkmale Strauch. Blüten 1–1,5 cm lang, erst weißlich,
später hellgelb, manchmal rötlich überlaufen. Rote,
etwa 5 mm dicke Beeren paarweise beieinander, jedoch
nicht verwachsen. Blätter gegenständig, breit-lanzettlich oder breit-oval, ganzrandig, auf beiden Seiten
weich behaart.
Vorkommen Gebüsche, Waldränder, lichte Laubwälder.
Auf kalkhaltigen Böden. An Autobahnen gepflanzt, da
unempfindlich gegen Streusalz. Häufig, im Nordwesten
selten.
Wissenswertes Die für Vögel ungiftigen Beeren können
beim Menschen zu Übelkeit, Schwindel und Herz-
klopfen führen. Der Artname *xylosteum* bedeutet
„Beinholz" oder „Knochenholz". Die Zweige sind hart
wie Knochen und knacken beim Zerbrechen laut.

Höhe 20–50 cm
Blütezeit April–Okt.
Typisch Brennnessel-
artige Pflanze ohne
Brennhaare.

Weiße Taubnessel

Lamium album | Lippenblütengewächse

Merkmale Staude. 2–3 cm lange Lippenblüten zu 6–16 in quirlartigen Blütenständen in den oberen Blatt-achseln. Stängel 4-kantig. Blätter gekreuzt gegenstän-dig, gestielt, ei- bis herzförmig, gesägt.
Vorkommen Wege, Hecken, Waldränder, Zäune, Gräben, Misthaufen, Jauchegruben. Auf nährstoffreichen Böden. Zeigt Stickstoff an. Verbreitet.
Wissenswertes Die Blüten bilden sehr zuckerreichen Nektar. Langrüsselige Hummeln erreichen ihn von vorn, kleinere Hummeln beißen die Blüten unten an. Blütentee enthält Saponine und Schleime und lindert Atemwegskatarrhe.
Verwechslung Gefleckte Taubnessel (S. 94), mit purpur-nen Blüten, Gewöhnliche Bennnessel (S. 380), mit win-zigen grünlichen Blüten und Brennhaaren.

Höhe 2–45 cm
Blütezeit Mai–Okt.
Typisch Unterlippe
mit gelbem Fleck und
violetten Adern.

Großer Augentrost

Euphrasia officinalis, *Euphrasia rostkoviana*
Braunwurzgewächse

Merkmale Einjährig. Blüte 7–14 mm lang, Unterlippe flach, 3-zipfelig. Stängel stark verzweigt, drüsenhaarig. Blätter gegenständig, jederseits mit 3–6 spitzen, aber nicht grannenartigen Zähnen.
Vorkommen Magere Weiden, Moorwiesen, Mager- und Bergwiesen. Auf meist kalkarmen Böden. Verbreitet, im Nordwesten selten. Wächst oft in Gruppen. Halb-schmarotzer auf verschiedenen Wiesenpflanzen.
Wissenswertes Die Blüten erinnern an bewimperte Augen. Bereits die Kräuterbücher des 16. Jh. empfahlen deshalb die Pflanze gegen Augenkrankheiten. Sie wirkt durch Aucubin etwas entzündungshemmend.
Verwechslung Steifer Augentrost *(Euphrasia stricta)*, obere Blätter an jeder Seite mit 3–7 Grannenspitzen.

Höhe 30–60 cm
Blütezeit Mai–Juni
Typisch Ungespornte, meist wenig geöffnete Orchideenblüten.

Weißes Waldvögelein

Cephalanthera damasonium | Orchideengewächse | geschützt

Merkmale Staude. Langer, lockerer Blütenstand. Blüte elfenbeinfarbig, voll geöffnet 2,5–3,5 cm breit, Fruchtknoten gedreht. Stängel mit 3–6 dunkelgrünen, Blättern, diese etwa 3-mal so lang wie breit.
Vorkommen Nicht zu dichte Wälder. Auf lockeren, meist kalkreichen Böden an etwas wärmeren Standorten. Zerstreut, im nördlichen Tiefland selten.
Wissenswertes Die Blüten öffnen sich erst bei über 25 °C vollständig. Nach der Keimung wächst die Pflanze jahrelang nur unterirdisch und ernährt sich über einen Pilz (Mykorrhiza). Erst nach etwa 9 Jahren bildet sie das erste Laubblatt, nach etwa 10 Jahren kann sie blühen.
Verwechslung Schwertblättriges Waldvögelein *(Cephalanthera longifolia)*, Blüten weiß, Blätter schmäler.

Höhe 15–45 cm
Blütezeit Mai–Juli
Typisch Sporn sehr lang und dünn, allmählich verjüngt.

Weiße Waldhyazinthe

Zweiblättrige Waldhyazinthe
Platanthera bifolia | Orchideengewächse | geschützt

Merkmale Staude. Bis 50 weißliche, selten schwach grünliche, duftende Orchideenblüten, Lippe bandförmig. Sporn bis 30 mm lang. 2 hellgrüne, ovale Blätter.
Vorkommen Lichte Wälder, Heiden, Magerrasen, Flachmoore. Auf Lehm- und Tonböden an halbschattigen bis hellen Standorten. Zerstreut.
Wissenswertes Die Blüten duften besonders nachts ähnlich wie Maiglöckchen (S. 196) und locken Nachtfalter an. Diese führen ihren Rüssel in den langen, sehr engen Sporn ein, um den Nektar an dessen Ende zu erreichen. Dabei bestäuben sie die Blüten.
Verwechslung Grünliche Waldhyazinthe *(Platanthera chlorantha)*, Blüten grünlich, kaum duftend, Sporn am Ende etwas verdickt.

Verwechslung Schwertblättriges Waldvögelein

Verwechslung Grünliche Waldhyazinthe

Höhe 40–100 cm
Blütezeit Mai–Juli
Typisch Viele 1,5–2,5 cm
große Blüten, Früchte
lang und dünn.

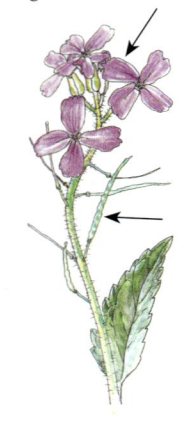

Gewöhnliche Nachtviole

Hesperis matronalis | Kreuzblütengewächse | (☠)

Merkmale Zweijährig. Blattlose Blütentraube, Blüten
violett, rosa oder weiß. Blätter eiförmig bis lanzettlich,
gezähnt oder fast ganzrandig, untere bis 15 cm lang.
Vorkommen Auenwälder, Auengebüsche, auch an
Straßenrändern, Bahndämmen, Zäunen und Wegen,
verschleppt oder aus Gärten verwildert. Auf eher
nassen Böden. Zerstreut.
Wissenswertes Die Blüten duften besonders in den
Abendstunden (griech. *hesperos* = Abend) veilchen-
ähnlich und locken dann Nachtschwärmer an. Tagsüber
besuchen unter anderem Schwebfliegen und Tag-
schmetterlinge die Blüten. An der Pflanze fressen die
Raupen des Aurorafalters.
Verwechslung Ausdauerndes Silberblatt (s. u.), Blätter
herzförmig, Frucht scheibenförmig.

Höhe 30–140 cm
Blütezeit Mai–Juli
Typisch Früchte 3–7 cm
lang und halb so breit.

Ausdauerndes Silberblatt
Mondviole

Lunaria rediviva | Kreuzblütengewächse | geschützt

Merkmale Staude. Trauben mit 1–2 cm großen, nach
Veilchen duftenden Blüten. Frucht an beiden Enden
zugespitzt. Blätter herzförmig, alle gestielt.
Vorkommen Schlucht- und Bergwälder, Lichtungen.
Auf feuchtem, nährstoffreichem, mit Erde durchsetz-
tem Steinschutt. Selten, vor allem im Süden.
Wissenswertes Bei der reifen Frucht fallen die beiden
grünen Klappen ab. Der Rahmen mit den Samen und
der hellen Scheidewand bleibt zurück. In der Scheidewand, deren Aussehen an einen „Silbermond" erinnert,
fängt sich der Wind. Durch die dabei erzeugte Bewegung streuen die Samen.
Verwechslung Einjähriges Silberblatt *(Lunaria annua)*,
Frucht rund bis oval, obere Blätter sitzend.

Verwechslung Einjähriges Silberblatt

Höhe 10–60 cm
Blütezeit April–Juni
Typisch Traube mit
violetten oder lila Blüten.

Wiesen–Schaumkraut

Cardamine pratensis | Kreuzblütengewächse

Merkmale Staude. Blüten 1–2 cm breit. Früchte stabförmig. Stängel hohl. Blätter gefiedert, Endblättchen vergrößert. Blättchen der Grundblätter rundlich, die der Stängelblätter schmal.

Vorkommen Feuchte Mähwiesen, Moor- und Nasswiesen, Auenwälder, Ufer. Auf nährstoffreichen Böden. Verbreitet, bestimmt den Blütenaspekt feuchter Wiesen im Frühjahr.

Wissenswertes Der Name leitet sich entweder vom schaumartigen Aussehen blühender Wiesen oder von den recht häufigen Schaumballen an den Stängeln ab. Diese stammen von Schaumzikaden-Larven, die an der Pflanze saugen. Sie scheiden eine eiweißhaltige Flüssigkeit aus und blasen diese mit Atemluft zu Schaum, der ihnen als Schutz dient.

Höhe 7–30 cm
Blütezeit Aug.–Okt.
Typisch 2,5–5 cm lange
Blüten mit 4 lang
gefransten Zipfeln.

Gewöhnlicher Fransenenzian

Gentianella ciliata | Enziangewächse | geschützt

Merkmale Zweijährig. Endständige, etwas nach Veilchen duftende, hellblaue bis violettblaue Blüten mit eng trichterförmiger Röhre. Stängel meist unverzweigt. Stängelblätter gegenständig, schmal-lanzettlich. Keine grundständige Blattrosette.

Vorkommen Magere Rasen, Raine, Waldränder. Auf eher trockenen, kalkreichen, steinigen Böden. Zerstreut in den Kalk- und Lößgebieten der Mittelgebirge im Süden und in den Kalkalpen.

Wissenswertes Wie bei allen Enzian-Arten öffnen und schließen sich die Blüten über Wachstumsbewegungen der Blütenblätter. Junge Blüten haben deshalb einen Durchmesser von 2–3 cm, ältere bis 5 cm. Die Blüten werden von langrüsseligen Hummeln und Tagfaltern bestäubt.

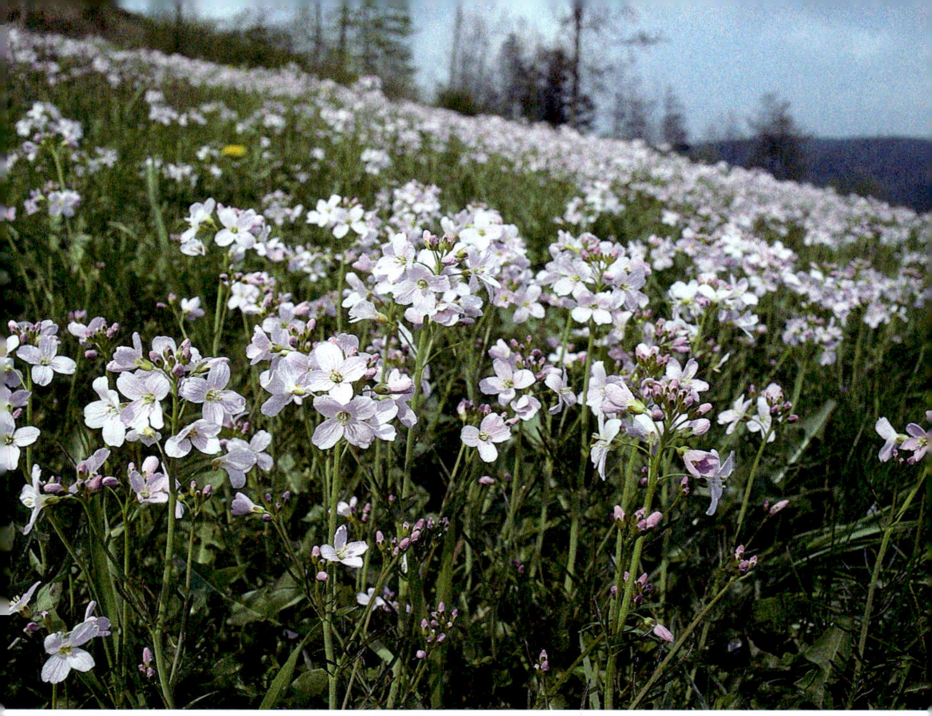
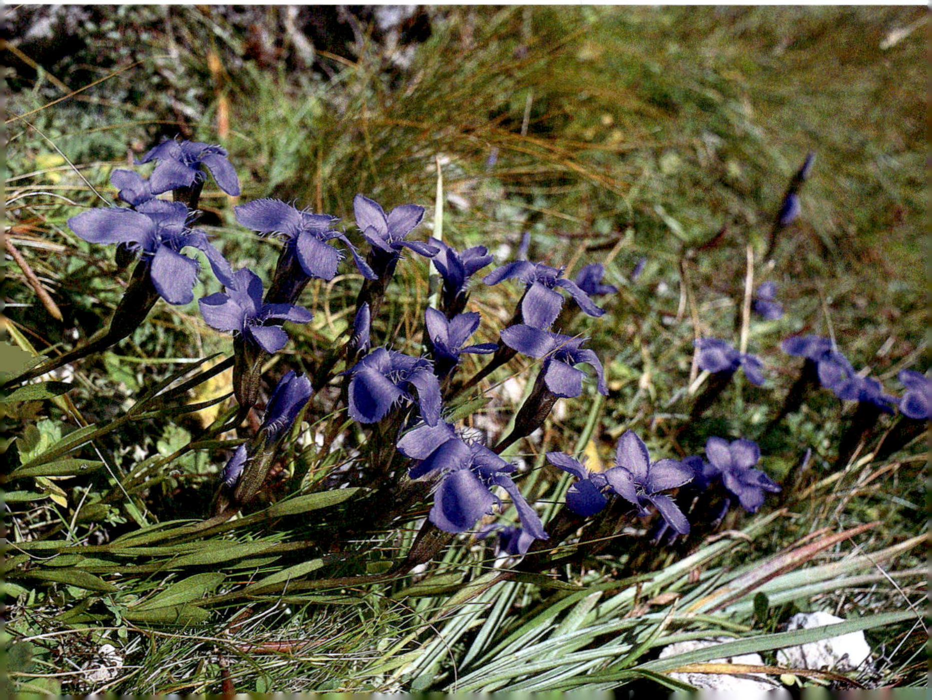

Höhe 1–2 m
Blütezeit Juli–Aug.
Typisch Dichte Blüten-
rispe, Blätter lanzettlich.

Sommerflieder
Schmetterlingsstrauch
Buddleja davidii | Sommerfliedergewächse | (☠)

Merkmale Strauch. Rispen bis über 30 cm lang. Blüten
violett, purpurn oder weiß, duften nach Honig. Krone
mit dünner Röhre und 4-zipfeligem, flachem Saum.
Blätter gegenständig, unterseits graufilzig.
Vorkommen Zierstrauch aus China. Neubürger auf Ödflächen in Städten, an Bahndämmen, Straßen, Flussschotter. Benötigt zur Keimung offenen Boden. Häufig.
Wissenswertes Die nektarreichen Blüten locken viele
Schmetterlinge an. Deren Artenreichtum wird jedoch
nicht gefördert, da dieser in erster Linie von den Futterpflanzen der Raupen abhängt. Ein Strauch kann pro
Jahr mehrere Millionen Samen bilden.
Verwechslung Gewöhnlicher Flieder *(Syringa vulgaris)*,
blüht früher, Blätter ei- bis herzförmig.

Höhe 10–40 cm
Blütezeit Jan.–Dez.
Typisch Blüten einzeln,
Blätter bis über 2 cm lang.

Persischer Ehrenpreis
Veronica persica | Braunwurzgewächse

Merkmale Einjährig. Dunkel geaderte, im Schlund
weiße, ausgebreitete Blüten auf 0,5–3 cm langen Stielen
in den Blattachseln. Pflanze liegend oder aufsteigend.
Stängel kraus behaart. Blätter grob gesägt.
Vorkommen Unkrautbestände auf Äckern, in Weinbergen, Gärten, an Wegen. Auf offenen, nährstoffreichen Böden. Zeigt Lehm an. Häufig.
Wissenswertes Die aus Westasien stammende Pflanze
verwilderte um 1805 aus dem Botanischen Garten
in Karlsruhe und breitete sich als Neubürger rasch aus.
Die Pflanzen sind auch im Winter grün und können
selbst dann zum Blühen kommen.
Verwechslung Faden-Ehrenpreis *(Veronica filiformis)*,
Blüten auf bis 4 cm langen, dünnen Stielen, Blätter
0,5–1 cm lang, wirken sehr klein.

Verwechslung Gewöhnlicher Flieder

Verwechslung Faden-Ehrenpreis

Höhe 20–80 cm
Blütezeit Mai–Juli
Typisch Gestielte, dichte Trauben mit 4-zipfeligen Blüten.

Großer Ehrenpreis
Veronica teucrium | Braunwurzgewächse

Merkmale Staude. Blüten schüsselförmig, 10–17 mm groß, mindestens der obere Kronzipfel mit dunkleren Adern. Pflanze kraus behaart. Stängel ringsum behaart. Blätter eiförmig, grob gesägt, sitzend.
Vorkommen Gebüsch- und Wegränder, Halbtrocken-rasen, lichte Wälder. Auf eher trockenen Böden an sonnigen Standorten. Zerstreut in Kalkgebieten.
Wissenswertes Der Große Ehrenpreis ist eine prächtige, von vielen Insekten besuchte Pflanze für sonnige Wildpflanzengärten. Die Samen werden von Ameisen verschleppt. Im Volksglauben gehörte die Pflanze zu den Arten, die gegen das „Beschreien" (verhext werden) helfen sollten.
Verwechslung Gamander-Ehrenpreis (s. u.), Trauben locker, Stängel mit 2 Haarreihen.

Höhe 15–40 cm
Blütezeit Mai–Juli
Typisch Stängel mit 2 Haarreihen.

Gamander–Ehrenpreis
Veronica chamaedrys | Braunwurzgewächse

Merkmale Staude. Vielblütige, lockere Trauben in den Blattachseln. Blüten 10–14 mm groß, Krone mit 4 Zipfeln, flach ausgebreitet, azurblau, mit weißem Schlund und dunkleren Adern. Blätter sitzend oder sehr kurz gestielt, eiförmig, gekerbt.
Vorkommen Hecken, Gebüsch- und Wegränder, Wiesen, lichte, trockene Wälder. Auf meist nährstoffreichen Böden. Verbreitet.
Wissenswertes Der für den Ehrenpreis auch bekannte Name „Männertreu" bezieht sich ironisch auf die unbeständigen Blüten: Nach dem Abpflücken blühender Stängel fallen meist bereits nach wenigen Minuten eine größere Zahl von Blütenkronen ab. Sie lösen sich an einer vorgegebenen Trennungsschicht und werden vom Kelch nach außen gedrückt.

Höhe 5–20 cm
Blütezeit Juni–Aug.
Typisch Kriechende, wurzelnde, behaarte Stängel.

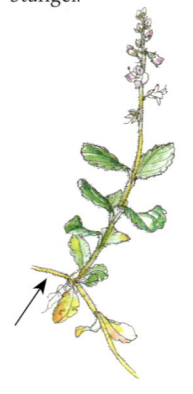

Wald-Ehrenpreis Echter Ehrenpreis
Veronica officinalis | Braunwurzgewächse

Merkmale Staude. Dichte, aufrechte Blütentrauben. Blüten 6–7 mm groß, blasslila. Stängel abstehend behaart, an der Spitze aufsteigend. Blätter eiförmig, kurz gestielt, behaart.
Vorkommen Magerrasen, Heiden, Wälder, Wald- und Wegränder. Auf mäßig trockenen, nährstoffarmen Böden. Zeigt sauren Boden an. Verbreitet. Bildet meist lockere Teppiche.
Wissenswertes Der Name „Veronica" geht wohl auf die Heilige Veronika zurück. Er soll ebenso wie „Ehrenpreis" auf die Heilkraft der Pflanze hinweisen. Früher war die Pflanze hoch geschätzt. Sie hieß auch „Heil aller Welt" und sollte gegen Wunden, Hautleiden, Nieren- und Leberkrankheiten und andere Beschwerden helfen. Heute wird sie kaum noch verwendet.

Höhe 20–60 cm
Blütezeit Mai–Aug.
Typisch Blätter kahl, oval bis rundlich, Stängel rund.

Bachbungen-Ehrenpreis
Veronica beccabunga | Braunwurzgewächse

Merkmale Staude. Gegenständige Trauben. Blüten 6–8 mm groß, blassblau bis dunkelviolett. Stängel liegend oder aufsteigend, saftig-fleischig, oft rot überlaufen. Blätter glänzend, etwas fleischig, kurz, aber deutlich gestielt, Blattrand gekerbt.
Vorkommen Bäche, Gräben, Schilfbestände. Auf meist etwas überschwemmten oder sehr nassen Böden. Häufig. Wächst meist in lockeren Gruppen.
Wissenswertes Die Früchte öffnen sich bei Regen, sodass dieser die Samen herausschwemmen kann. Die leicht bitter schmeckenden Sprossspitzen erntete man früher für Salat, den Pflanzensaft presste man für Frühjahrskuren und als Abführmittel.
Verwechslung Blauer Wasser-Ehrenpreis *(Veronica anagallis-aquatica)*, Blätter lanzettlich, Stängel kantig.

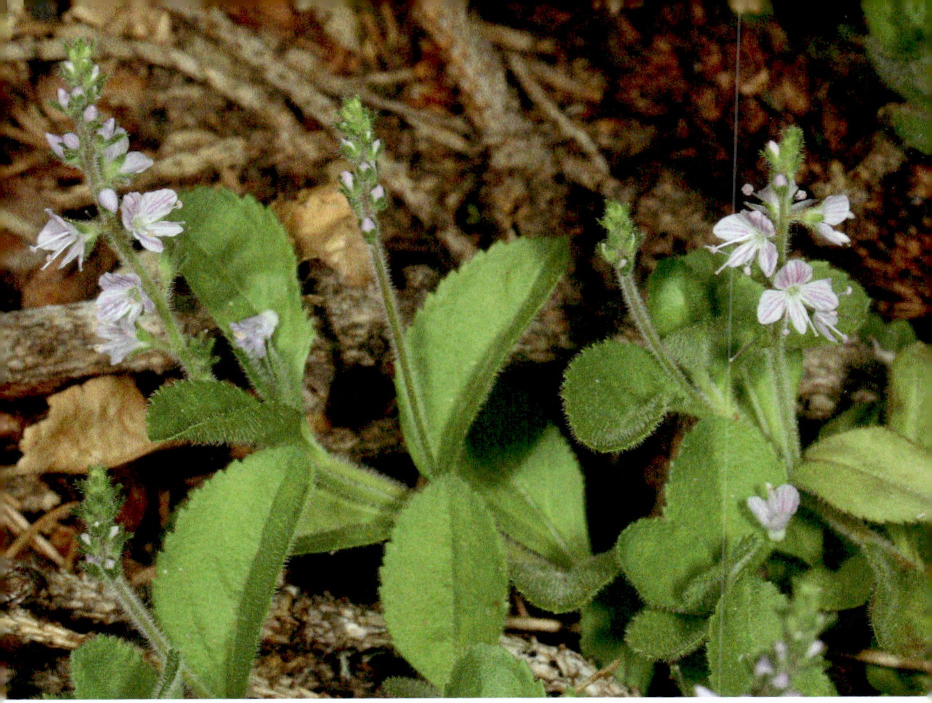

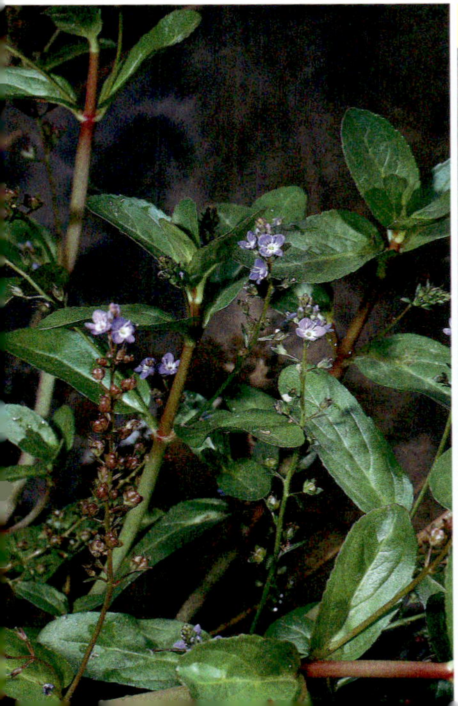

Verwechslung Blauer Wasser-Ehrenpreis

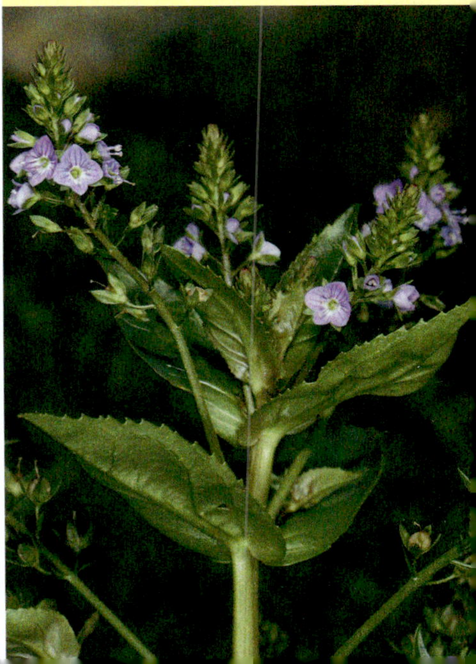

Höhe 70–200 cm
Blütezeit Juli–Aug.
Typisch Pflanze stachelig, Blattpaare tütenartig verwachsen.

Wilde Karde

Dipsacus fullonum | Kardengewächse

Merkmale Zweijährig. 3–8 cm lange, eiförmige bis zylindrische Köpfchen mit lilafarbenen, 4-zipfeligen Blüten und stechenden Tragblättern. Blüten öffnen sich in Ringen um das Köpfchen, mittlere Blüten zuerst. Blätter gegenständig, bis 30 cm lang.
Vorkommen Unkrautbestände an Wegen, Dämmen, Ufern, auf Ödflächen. Häufig.
Wissenswertes Der Name „Dipsacus" leitet sich von griech. *dipsa* = Durst ab und bezieht sich auf die Regenwasser-Ansammlungen in den Blatttüten. Sie halten hinaufkletternde Insekten zurück. Der Artname „fullonum" kommt von der mittelalterlichen Berufsbezeichnung „Fuller" für Tuchmacher. Diese verwendeten die Fruchtstände der Art sowie der verwandten Weber-Karde zum Aufrauen von Wollgewebe.

Höhe 15–80 cm
Blütezeit Juli–Sept.
Typisch Halbkugelige bis kugelige, 1,5–2,5 cm große Köpfchen.

Gewöhnlicher Teufelsabbiss

Succisa pratensis | Kardengewächse

Merkmale Staude. Blütenkrone 4–7 mm lang, 4-zipfelig, lila bis blauviolett, Kelch mit 4–5 schwarzen Borsten. Stängel anliegend behaart. Grundblätter oval bis lanzettlich, meist ganzrandig. Wenige gegenständige Stängelblätter.
Vorkommen Moorwiesen, magere Gebirgs- und Feuchtwiesen, Flachmoore. Auf mäßig sauren Böden. Zerstreut, durch Entwässerung im Rückgang.
Wissenswertes Der kurze, schwärzliche, am unteren Ende absterbende Wurzelstock sieht wie abgeschnitten aus. Daher glaubten die Menschen früher, der Teufel habe ihn abgebissen. Heilkundige verwendeten die Pflanze gegen Geschwüre und zur Blutreinigung.
Verwechslung Witwenblumen und Skabiose (S. 270), Randblüten vergrößert.

Höhe 20–60 cm
Blütezeit Juni–Aug.
Typisch 2,5–4 cm
breite, hellblaue Blüten.

Wiesen–Storchschnabel

Geranium pratense | Storchschnabelgewächse

Merkmale Staude. Meist je 2 Blüten auf 1 Stiel. Kronblätter vorn abgerundet. Blätter bis 20 cm breit, handförmig, bis fast zum Grund 7-teilig, Blattzähne 2–3-mal so lang wie breit.

Vorkommen Fettwiesen, Grabenränder, Straßenböschungen. Meist auf kalkhaltigen Böden. Zeigt Nährstoffreichtum an. Zerstreut.

Wissenswertes Nach der Mahd treibt die Pflanze meist nochmals aus und blüht erneut. Jede Blüte ist 2 Tage geöffnet und lockt Bienen und Schwebfliegen an. Sie steht anfangs aufrecht, dann waagerecht. Nach der Blüte biegt sich der Stiel abwärts und zur Fruchtzeit wieder aufwärts.

Verwechslung Wald-Storchschnabel (S. 46), Blüten rotviolett bis blauviolett, Blatt weniger tief geteilt.

Höhe 30–80 cm
Blütezeit Juli–Sept.
Typisch Eng glockenförmige Blüten zu
1–3 in den Blattachseln.

Schwalbenwurz–Enzian

Gentiana asclepiadea | Enziangewächse | geschützt

Merkmale Staude. Blüten 3–5 cm lang, dunkelblau, innen mit hellen Längsstreifen. Blätter gegenständig, eilanzettlich, lang zugespitzt, meist mit 5 Nerven.

Vorkommen Moorwiesen, Waldränder, Mischwälder. Alpenvorland und Alpen. Auf eher feuchten, meist kalkreichen, modrig-torfigen Böden. Selten.

Wissenswertes An hellen Standorten wachsen die Pflanzen aufrecht und die Blüten orientieren sich nach allen Seiten (siehe Foto). Im Schatten dagegen hängen die Stängel meist über oder liegen am Boden, dann sind die Blätter zweizeilig und die Blüten einseitswendig angeordnet (siehe Zeichnung). Der Name deutet auf die Ähnlichkeit der Blätter mit denen der Weißen Schwalbenwurz (S. 174) hin.

Verwechslung Kreuz-Enzian *(Gentiana cruciata)*, Blüte mit 4 Zipfeln, Blätter meist mit 3 Nerven.

Höhe 5–20 cm
Blütezeit März–Aug.
Typisch Blüten mit
enger Röhre und aus-
gebreiteten Zipfeln.

Frühlings–Enzian

Gentiana verna | Enziangewächse | geschützt

Merkmale Staude. Blüten 2–3 cm lang, einzeln. Lockere
Rasen aus blühenden und nichtblühenden Rosetten.
Blätter spitz, steif, bis 3 cm lang, Stängelblätter kleiner
als Grundblätter.
Vorkommen Magerrasen, Steinrasen, Schafweiden.
Auf meist kalkreichen Böden. Zerstreut, in den Alpen
und alpennahen Gebieten. Blüht gelegentlich im
Spätherbst ein zweites Mal.
Wissenswertes Die weiße Narbe dichtet den Blüten-
eingang so ab, dass nur Tagfalter mit ihrem dünnen
Rüssel an den Nektar gelangen können. Bei schlechtem
Wetter oder Temperaturen unter 10 °C bleiben die
Blüten geschlossen.
Verwechslung Bayrischer Enzian *(Gentiana bavarica)*,
Blätter nur bis 1 cm lang, abgerundet, weich.

Höhe 15–20 cm
Blütezeit April–Mai
Typisch Kronzipfel
schief, erinnern an
Propeller.

Kleines Immergrün

Vinca minor | Hundsgiftgewächse | ☠

Merkmale Staude. Blüten einzeln, 2–3 cm breit.
Nichtblühende Sprosse kriechend, blühende
aufsteigend. Blätter gegenständig, immergrün.
Vorkommen Laubwälder. Auf nährstoffreichen Böden.
Oft gepflanzt, zerstreut verwildert oder wild. Meist in
lockeren, ausgedehnten Gruppen.
Wissenswertes Die Pflanze kam im Mittelalter in
unsere Region und verwilderte. Standorte im Wald
zeigen meist noch heute die Lage ehemaliger
Siedlungen an, da sich die Pflanze fast nur über
Ausläufer vermehrt, die im Jahr bis 2 Meter wachsen.
Vergiftungen führen durch das Alkaloid Vincamin
zu Blutdruckabfall und Herz-Kreislauf-Beschwerden.
Verwechslung Großes Immergrün *(Vinca major)*,
Blüten 4–5 cm breit, selten verwildert.

Höhe bis 2 m
Blütezeit Juni–Aug.
Typisch Um 1 cm große Blüten mit auffallenden Staubblättern.

Bittersüßer Nachtschatten
Solanum dulcamara | Nachtschattengewächse | ☠

Merkmale Strauch, Kletterpflanze. Blütenstände überhängend, kantig verzweigt. Eiförmige, rote, hängende Beeren. Zweige hängend oder kletternd, schwach windend. Blätter sehr variabel, eiförmig, spießförmig, geöhrt oder unterschiedlich gelappt.
Vorkommen Feuchte Gebüsche, Grabenränder, Flussufer, Waldschläge. Häufig.
Wissenswertes Die Früchte sollen zuerst bitter, dann süß schmecken. Dies darf man jedoch nicht testen, da die Pflanze Saponine und giftige Alkaloide enthält, die zu Krämpfen und Atemlähmung führen können. Der Begriff „Nachtschatten" bezieht sich wohl auf die albtraumähnlichen Wahnvorstellungen, die nach Genuss verschiedener Nachtschattengewächse ausgelöst werden können.

Höhe 30–70 cm
Blütezeit Juni–Okt.
Typisch Blütenstände anfangs eingerollt.

Rainfarnblättriges Büschelschön
Borstiger Bienenfreund
Phacelia tanacetifolia | Wasserblattgewächse

Merkmale Einjährig. Blütenstand dicht. Blüten glockig, mit lang herausragenden, lilafarbenen Staubblättern. Pflanze rauhaarig. Blätter unpaarig gefiedert.
Vorkommen Häufig gepflanzt. Unbeständig verwildert. Ödflächen, Wegränder, Weinberge.
Wissenswertes Felder mit Büschelschön bieten Bienen viel Nektar, eignen sich als schnell wachsende, schädlingsfreie Gründüngung oder liefern Silagefutter. Seit mehreren Jahren säen Landwirte deshalb oft Brachäcker mit der kalifornischen Pflanze ein. Aus den USA weiß man, dass die Pflanze starke Hautallergien auslösen kann. In bei uns kultivierten Pflanzen scheinen die dafür verantwortlichen Inhaltsstoffe jedoch weitgehend zu fehlen.

Höhe 30–60 cm
Blütezeit April–Juni
Typisch Blüte erst rot-violett, dann tiefblau.

Blauroter Steinsame

Lithospermum purpurocaeruleum, Buglossoides purpureocaerulea | Raublattgewächse | ☠

Merkmale Staude. Vor dem Aufblühen eingerollte Blütenstände, Krone um 1,3 cm breit, weit trichterförmig, mit 1,4–2 cm langer Röhre, Kelch fast bis zum Grund geteilt. Pflanze kurz rauhaarig. Blätter lanzettlich.
Vorkommen Sonnige, lichte Wälder, trockene, warme Wald- und Gebüschränder. Meist auf flachgründigen Kalkböden. Selten.
Wissenswertes Die Blüten werden von langrüsseligen Bienen besucht. Außer über die steinharten Früchtchen vermehrt sich die Pflanze mit Kriechsprossen. An schattigen Standorten können so ausgedehnte Flächen nichtblühender Pflanzen entstehen.
Verwechslung Lungenkraut-Arten (S. 230), Kelch glockig verwachsen, Blätter meist breiter.

Höhe 15–45 cm
Blütezeit Mai–Juli
Typisch 6–10 mm große Blüten mit gelbem Ring.

Wald-Vergissmeinnicht

Myosotis sylvatica | Raublattgewächse

Merkmale Zweijährig. Blütenstände anfangs eingerollt, Krone erst rötlich, dann himmelblau, Kelch mit abstehenden, hakigen Haaren. Stängel abstehend behaart. Blätter mehr oder weniger dicht behaart.
Vorkommen Wald- und Wegränder, Waldschläge, Gebüsche. Auf etwas feuchten, oft kalkarmen Böden. Zeigt Nährstoffreichtum an. Zerstreut, auch verwildert.
Wissenswertes Die Blütenfarbe ändert sich von Rötlich nach Blau, wenn der Säuregehalt in den Zellen abnimmt. In vielen Sprachen trägt die Pflanze einen Namen, der auf einen Vergleich der Blüten mit Augen zurückgeht. In der Poesie und in den Volkssagen gilt sie als Blume der Liebenden.
Verwechslung Sumpf-Vergissmeinnicht (*Myosotis scorpioides*), Kelch und Stängel anliegend behaart.

Höhe 10–40 cm
Blütezeit April–Sept.
Typisch 2–3 mm breite,
hellblaue Blüten mit
gelbem Ring.

Acker-Vergissmeinnicht
Myosotis arvensis | Raublattgewächse

Merkmale Ein- bis zweijährig. Anfangs eingerollte,
einseitswendige Blütenstände ohne Blätter, Kelch mit
abstehenden, hakigen Haaren. Pflanze grau behaart.
Blätter bilden eine Grundrosette und stehen wechselständig am aufrechten, verzweigten Stängel.
Vorkommen Äcker, Waldschläge, Schuttplätze, Ödflächen. Auf nährstoffreichen Lehmböden. Häufig.
Wissenswertes Die winzigen Blüten bestäuben sich
meist selbst. Nach der Blüte vergrößert sich der Kelch
und umschließt die Früchte. Seine abstehenden Haare
dienen der Verbreitung der Früchte: Dank der Widerhaken bleiben sie an vorbeistreifenden Tieren hängen.
Kelche mit reifen Früchten lösen sich dann an einer
Sollbruchstelle ab und werden verschleppt.

Höhe 10–40 cm
Blütezeit März–Mai
Typisch Röhrig trichterförmige Blüten erst rosa,
dann blau.

Dunkles Lungenkraut
Pulmonaria obscura | Raublattgewächse

Merkmale Staude. Blüten 8–16 mm lang, Kelch schmal
glockig verwachsen. Pflanze abstehend behaart. Grundblätter am Grund herzförmig oder gerundet, gestielt,
Stängelblätter sitzend, ungefleckt.
Vorkommen Krautreiche Wälder. Auf nährstoffreichen,
oft kalkreichen, humosen Böden im Schatten oder
Halbschatten. Zerstreut, im Nordwesten selten.
Wissenswertes Die Pflanze enthält viel Kieselsäure.
Mit verschiedenen Pflanzen, die Kieselsäure enthalten,
behandelte man früher Lungenkrankheiten wie Tuber-
kulose. Diese Wirkung ist jedoch nicht wissenschaftlich
nachgewiesen. Die Volksmedizin verwendet das
schleimhaltige Kraut wegen seiner reizmildernden
Wirkung gegen Husten und Katarrhe.
Verwechslung Echtes Lungenkraut (*Pulmonaria
officinalis*), Blätter hell gefleckt.

Höhe 20–50 cm
Blütezeit Mai–Juli
Typisch Längliche Ähre
mit in der Knospe
gekrümmten Blüten.

Schwarze Teufelskralle

Phyteuma nigrum | Glockenblumengewächse

Merkmale Staude. Blüten schwarzblau oder dunkelblau, Krone 1–1,5 cm lang, mit bandförmigen Zipfeln.
Stängel unverzweigt, aufrecht. Grundblätter 1,5–3-mal
so lang wie breit, obere Blätter kleiner und schmäler,
Blattrand gekerbt.
Vorkommen Laubmischwälder, Bergwiesen. Auf kalkarmen Lehmböden. Zerstreut, vor allem in Mittelgebirgen und Gebirgen mit Silikatgestein.
Wissenswertes Wenn sich die Blüte öffnet, klafft sie
zuerst unten in 5 Längsrissen auseinander. Sie befindet
sich dann im männlichen Stadium und gibt ihren
dunkelroten Blütenstaub ab. Erst wenn die Kronzipfel
sich vollständig getrennt haben, tritt das weibliche
Stadium ein. Die Blüten locken Bienen und Schwebfliegen als Bestäuber an.

Höhe 15–60 cm
Blütezeit Juni–Sept.
Typisch Köpfchen
kugelig, Blüten in der
Knospe gekrümmt.

Kugelige Teufelskralle

Phyteuma orbiculare | Glockenblumengewächse
geschützt

Merkmale Staude. Köpfchen mit 15–30 Blüten. Stängel
unverzweigt. Grundblätter gestielt, oval bis lanzettlich,
gezähnt. Stängelblätter schmäler, kurz gestielt bis halb
stängelumfassend.
Vorkommen Magerrasen, Felsen, Moorwiesen.
Auf meist kalkhaltigen, oft etwas steinigen Böden. Zerstreut, vor allem im Bergland im Süden und Südwesten.
Wissenswertes Der Name „Teufelskralle" bezieht sich
auf die krallenartig eingekrümmten Knospen.
Auch viele Dialektnamen wie „Katzenkralle" oder „Kuh-
hörner" nehmen darauf Bezug.
Verwechslung Halbkugelige Teufelskralle *(Phyteuma
hemisphaericum)*, Blätter grasartig, Stängel höchstens
mit wenigen Blättern. Verbreitet in den Alpen.

Höhe 30–60 cm
Blütezeit Juni–Sept.
Typisch Trichterförmige
bis eng glockige Blüten
sitzen in Knäueln.

Knäuel-Glockenblume

Campanula glomerata | Glockenblumengewächse

Merkmale Staude. Blüten 1,5–2,5 cm lang, mehr oder
weniger aufrecht. Oft außer den endständigen noch
weitere Blüten in den Blattachseln. Blätter oval bis lanzettlich, untere gestielt, obere sitzend.
Vorkommen Magere Rasen, Wiesen, Weiden, Wald- und
Wegränder. Verbreitet in den Kalk- und Lehmgebieten,
im Nordwesten fehlend.
Wissenswertes Das Blau der Glockenblumen entsteht
durch Anthocyanfarbstoffe. Deren Farbton hängt vom
Säuregehalt im Zellsaft ab. Dieser ist bei den heimischen Arten gering. Bringt man Tropfen einer säurehal-
tigen Flüssigkeit (Essig oder Zitronensaft) auf die Blüten, färben sie sich rot. Gelegentlich findet man auch
weiß blühende Pflanzen, bei denen der Farbstoff fehlt.

Höhe 30–80 cm
Blütezeit Juni–Sept.
Typisch Blüten weit
glockig, Stängelblätter
lineal.

Pfirsichblättrige Glockenblume

Campanula persicifolia | Glockenblumengewächse

Merkmale Staude. Traube mit meist 3–8 mehr oder
weniger aufrechten, 2,5–4 cm langen Blüten. Krone nur
im vordersten Drittel in 5 Zipfel gespalten. Pflanze
meist kahl. Stängelblätter höchstens 1 cm breit.
Vorkommen Lichte Wälder, Wald- und Gebüschränder,
Hecken, Raine. Auf mäßig trockenen Böden an im
Sommer warmen Standorten. Verbreitet in den Kalk-
und Lehmgebieten.
Wissenswertes Die Kapselfrüchte stehen aufrecht und
öffnen sich zur Reife im oberen Drittel mit 3 Porenklap-
pen. Bei Nässe schließen sie sich wieder. Wird der elasti-
sche Stängel durch Wind oder Tiere gebogen, schnellt
er zurück. Dabei streut ein Teil der leichten Samen aus
den Früchten und wird durch den Wind noch etwas
weiter getragen.

Höhe 15–30 cm
Blütezeit Juni–Okt.
Typisch Wenige 1–2 cm
lange, glockige Blüten.

Rundblättrige Glockenblume

Campanula rotundifolia | Glockenblumengewächse

Merkmale Staude. Blütenknospen aufrecht. Pflanze
mit blühenden Stängeln und nichtblühenden Rosetten.
Grundblätter rundlich, gestielt, Stängelblätter lineal.
Vorkommen Magere Rasen und Wiesen, Heiden, lichte
Wälder, Wald- und Wegränder, Felsspalten, Mauerritzen.
Zeigt magere Böden an. Verbreitet.
Wissenswertes Meist sind an blühenden Pflanzen die
Grundblätter abgestorben. Im Schatten blüht die Pflan-
ze nicht. Stattdessen bleiben die Grundblätter erhalten
und es bilden sich kurze Stängel mit wenigen Blättern.
Die Pflanze dringt mit bis zu 1,2 m langen Wurzeln tief
in den Boden und in Felsspalten ein.
Verwechslung Scheuchzers Glockenblume *(Campanula
scheuchzeri)*, Blütenknospen nickend, Blüten bis 2,5 cm
lang. Besonders in den Alpen.

Höhe 30–60 cm
Blütezeit Mai–Juli
Typisch Lockere Rispe
mit weit trichter-
förmigen Blüten.

Wiesen-Glockenblume

Campanula patula | Glockenblumengewächse

Merkmale Zweijährig. 2–3 cm lange Blüten auf langen
Stielen, Krone bis gut zur Hälfte in 5 schmale, meist
weit spreizende Zipfel gespalten. Grundblätter verkehrt
eiförmig, Stängelblätter lanzettlich, spitz.
Vorkommen Fettwiesen, Weiden, Wegränder, Brachflächen. Auf feuchten, nährstoffreichen, meist kalkarmen Böden an sonnigen Standorten. Häufig, im nordwestlichen Tiefland fehlend.
Wissenswertes Die Blüten drehen sich am Stängel zur
Sonne. Wie bei allen Glockenblumen entleeren die
Staubblätter den Blütenstaub bereits in der geschlossenen Knospe. In der offenen Blüte liegen sie dann leer
am Blütenboden.
Verwechslung Rapunzel-Glockenblume *(Campanula
rapunculus)*, Blütenstand schlank, steif aufrecht.

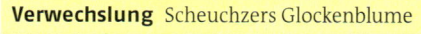

Höhe 30–80 cm
Blütezeit Juni–Sept.
Typisch Nickende
Blüten in langer, ein-
seitswendiger Traube.

Acker-Glockenblume
Campanula rapunculoides | Glockenblumengewächse

Merkmale Staude. Blüten 2–3 cm lang, kurz gestielt,
trichterförmig, bis etwa zur Hälfte in 5 oft weit glockig
spreizende Zipfel gespalten, Kelchzipfel schmal,
abstehend oder zurückgekrümmt. Pflanze kahl oder
kurz behaart. Blätter gestielt, 3-eckig bis oval, spitz.
Vorkommen Gebüsch-, Hecken- und Wegränder, lichte
Eichen- und Kiefernwälder, Äcker, trockene Wiesen. Auf
eher trockenen, meist kalkhaltigen Böden. Zerstreut.
Wissenswertes Die Kapselfrüchte neigen sich wie die
Blüten abwärts. Damit die Samen nicht einfach nur auf
die Erde fallen, wenn sie sich öffnen, befinden sich die
Poren zur Öffnung im Bodenbereich der Früchte. Bei
Glockenblumen mit aufrechten Früchten liegen sie da-
gegen oben.

Höhe 60–100 cm
Blütezeit Juli–Aug.
Typisch Traube allseits-
wendig. Pflanze steif borstig behaart.

Nesselblättrige Glockenblume
Campanula trachelium | Glockenblumengewächse

Merkmale Staude. Traube beblättert. Blüten 2,5–4 cm,
trichterförmig bis glockig, Kelchzipfel über 2 mm breit,
mehr oder weniger der Krone anliegend. Stängel kantig,
hohl. Blätter herzförmig bis länglich, erinnern etwas an
Nesselblätter.
Vorkommen Laubwälder, Lichtungen, Waldränder,
Hecken. Auf nährstoffreichen, meist etwas feuchten, oft
auch steinigen Lehmböden. Verbreitet.
Wissenswertes Der Artname „trachelium" leitet sich
von griech. *trachia* = Luftröhre ab. Früher nutzten Heilkundige den Sud der Pflanze zum Gurgeln bei Hals-
krankheiten. Die Wurzeln junger Pflanzen dieser sowie
der Acker- und der Rapunzel-Glockenblume (S. 236)
kochte man als Gemüse.
Verwechslung Acker-Glockenblume (s. o.), Blüten einseitswendig, Behaarung nicht borstig.

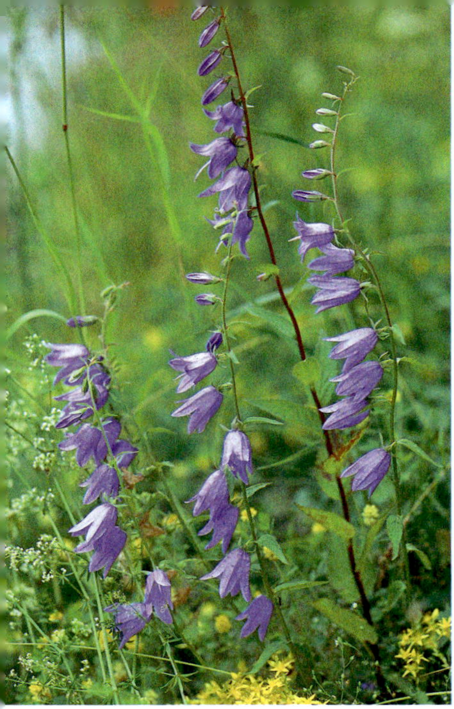
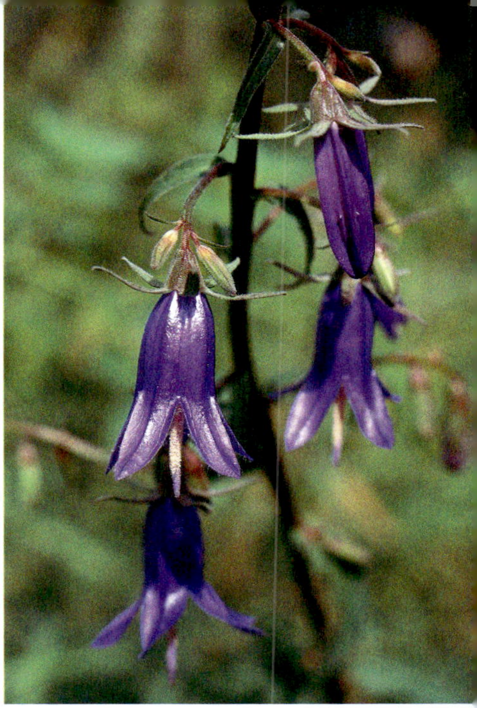
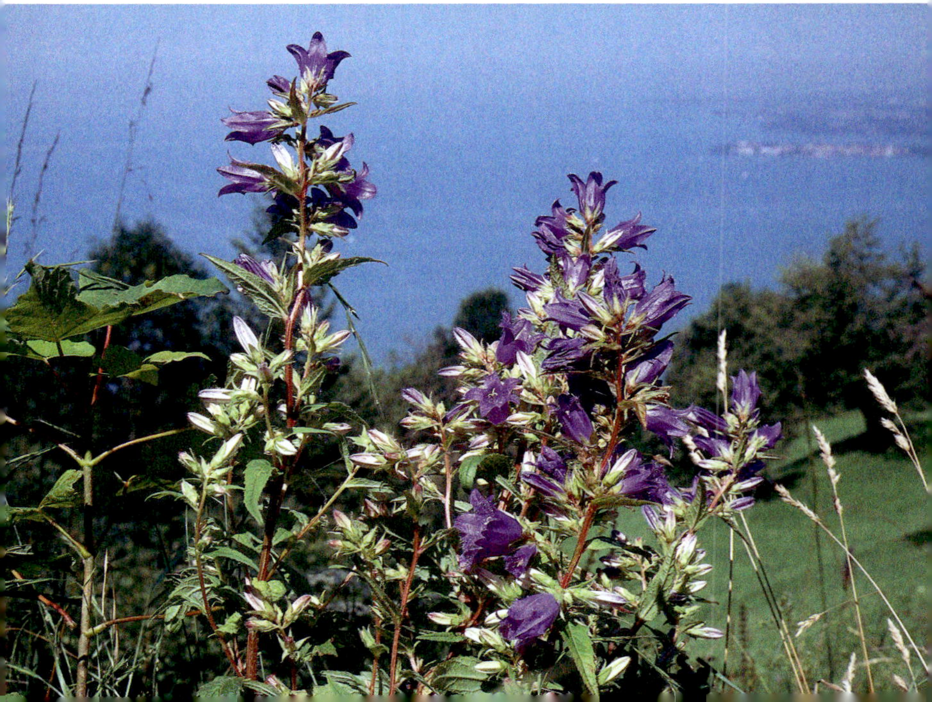

Höhe 40–80 cm
Blütezeit Mai–Juli
Typisch 5 der Blüten-
blätter tütenförmig,
lang gespornt.

Gewöhnliche Akelei

Aquilegia vulgaris | Hahnenfußgewächse | ☠ | geschützt

Merkmale Staude. Blüten nickend, blauviolett, selten
rosa oder weiß, mit 10 Blütenblättern, Staubblätter
ragen nur wenig heraus. Blätter doppelt 3-zählig.
Vorkommen Lichte Laubwälder, Gebüsche, Hecken-
säume, Wiesen. Zerstreut, vor allem in den Kalkgebieten. Auch als Zierpflanze verwildert.
Wissenswertes Hummeln mit langem Rüssel erreichen
den Nektar von den Tüteneingängen her. Hummeln
mit kurzem Rüssel beißen den Sporn von außen an.
Die Pflanze enthält Spuren eines Blausäure abspalten-
den Glykosides. Auf mittelalterlichen Gemälden sym-
bolisiert die Akelei wegen der 3-zähligen Blätter die
Dreieinigkeit.
Verwechslung Schwarzviolette Akelei *(Aquilegia
atrata)*, Blüte braunviolett, Staubblätter länger.

Höhe 5–15 cm
Blütezeit März–April
Typisch Blätter ledrig,
3-lappig.

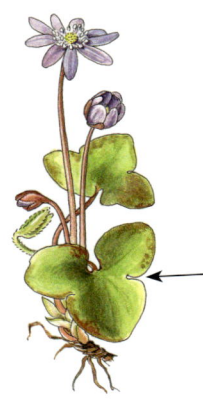

Leberblümchen

Hepatica nobilis, *Hepatica triloba*
Hahnenfußgewächse | ☠ | geschützt

Merkmale Staude. Einzelne 1,5–3,5 cm breite Blüten mit
5–10 blauen Blütenblättern und vielen Staubblättern.
Blätter grundständig, bleiben meist über den Winter
grün. Neue Blätter entwickeln sich nach der Blüte.
Vorkommen Buchen- und Eichenwälder auf im Sommer warmen, humosen, lockeren Böden. Gehört zu den
besten Anzeigern von kalkhaltigem Boden. Zerstreut,
bildet oft größere Gruppen.
Wissenswertes Die Blüten schließen sich nachts und
bei trübem Wetter durch Wachstumsbewegungen.
Während der etwa 1-wöchigen Blütezeit kann sich so die
Blütenblattlänge verdoppeln. Im Mittelalter galt die
Pflanze wegen der leberähnlichen Blattform als heilsam
bei Leberleiden.

Höhe 5–50 cm
Blütezeit April–Mai
Typisch 6 violette,
außen zottig behaarte
Blütenblätter.

Gewöhnliche Kuhschelle
Gewöhnliche Küchenschelle
Pulsatilla vulgaris | Hahnenfußgewächse | ☠ | geschützt

Merkmale Staude. Blüten einzeln, aufrecht, bei schlechtem Wetter nickend. Stängel verlängert sich zur Fruchtzeit und trägt einen „Wuschelkopf".
Vorkommen Magerrasen, seltener Kiefernwälder.
Auf warmen, trockenen, meist kalkhaltigen, nährstoffarmen Böden. Zerstreut.
Wissenswertes Die reifen Früchtchen lösen sich bei
Wind und können dank ihres fedrigen Schweifs bis
80 Meter weit fliegen. Die Volksmedizin empfahl das
Kraut früher gegen Migräne, Keuchhusten und Kreis-
laufstörungen. Der Pflanzensaft reizt durch Protoanemonin Haut und Schleimhäute.
Verwechslung Wiesen-Kuhschelle *(Pulsatilla pratensis)*,
Blüten glockig, nickend, Blütenblätter außen braun-
violett. Sehr selten.

Höhe 20–40 cm
Blütezeit Juli–Sept.
Typisch 2–4 cm breite
Körbchen mit blaulila
Zungenblüten.

Kalk-Aster Berg-Aster
Aster amellus | Korbblütengewächse | geschützt

Merkmale Staude. Mehrere Körbchen bilden eine
lockere, doldige Traube oder Rispe, Röhrenblüten gelb.
Stängel kurz behaart, meist rötlich. Blätter breit-lanzettlich, rau behaart.
Vorkommen Gebüschränder, Wegraine, Trockenrasen,
lichte Kiefernwälder. Auf trockenen, kalkreichen Böden
an im Sommer warmen Standorten. Zerstreut, in Sili-
katgebirgen fehlend.
Wissenswertes Die Blätter sind meist aufrecht gerichtet. Dadurch sind sie der Sonne weniger ausgesetzt.
Die Verdunstung ist geringer. Auch die Behaarung dient
als Verdunstungsschutz.
Verwechslung Strand-Aster *(Aster tripolium)*, Blätter
dicklich-fleischig, kahl oder fast kahl, wächst auf Salz-
wiesen der Nord- und Ostsee.

Verwechslung Wiesen-Kuhschelle

Verwechslung Strand-Aster

Höhe 60–180 cm
Blütezeit Juni–Aug.
Typisch Kugelige,
3–6 cm große Blüten-
stände.

Drüsige Kugeldistel
Echinops sphaerocephalus | Korbblütengewächse

Merkmale Zweijährig oder Staude. Blütenstände wirken beim Aufblühen bläulich, später grau oder weißlich. Stängel filzig behaart, meist sparrig verzweigt. Blätter bis 40 cm lang, 1–2fach fiederspaltig, am Rand stachelig, unterseits weißfilzig.

Vorkommen Stammt aus Südeuropa. Bei uns seit Mitte des 16. Jh. als Zierpflanze. Gelegentlich an Wegrändern, Bahndämmen, Autobahnen, Ödflächen verwildert und als Neubürger eingebürgert.

Wissenswertes Blühende Kugeldisteln locken Honig- und Wildbienen an und sind eine ertragreiche Bienen-weide. Der Blütenstaub ist blau gefärbt, sodass die pollensammelnden Insekten blaue Höschen bekommen. Der wissenschaftliche Name „*Echinops*" bedeutet „wie ein Igel aussehend".

Höhe 30–60 cm
Blütezeit Juni–Okt.
Typisch Äußere Röhrenblüten im Körbchen
stark vergrößert.

Kornblume
Centaurea cyanus | Korbblütengewächse

Merkmale Einjährig. Einzelne, 2,5–3,5 cm breite Körbchen an den Stängelenden. Stängel weißfilzig. Blätter unterseits wollig, obere ungeteilt, schmal-lanzettlich, höchstens 5 mm breit.

Vorkommen Getreideäcker, Brachflächen, Schuttplätze, Ödland. Auf oft kalkarmen, meist schwach sauren Böden. Zerstreut. Wurde mit dem Getreideanbau weltweit verbreitet.

Wissenswertes Unkrautvernichtungsmittel, Dünger sowie die rasche Bearbeitung von Stoppelfeldern führten zu starkem Rückgang der Pflanze seit den 50er-Jahren des 20. Jh. Die Pflanzenfarbstoffgruppe der Anthocyane wurden nach der Kornblume benannt (griech. *anthos* = Blüte, lat. *cyaneus* = dunkelblau). Viele Anthocyane sind jedoch nicht blau, sondern rot.

Höhe 30–60 cm
Blütezeit Mai–Okt.
Typisch Blätter oval bis lanzettlich, am Stängel herablaufend.

Berg-Flockenblume
Centaurea montana | Korbblütengewächse

Merkmale Staude. Blütenkörbchen 3,5–5 cm breit. Nur Röhrenblüten, die äußeren, stark vergrößerten blau, die inneren rotviolett. Hüllblätter mit schwarzen Fransen. Pflanze mehr oder weniger graufilzig.

Vorkommen Steile felsige Hänge, lichte Stellen in Berg- und Schluchtwäldern, Bergwiesen. Auf feuchten, nährstoffreichen Böden. Gelegentlich auch aus Gärten verwildert.

Wissenswertes Bei Berührung der inneren Röhrenblüten zieht sich die Staubbeutelröhre nach unten. Ein gelbes Paket mit Blütenstaub wird herausgeschoben. Innerhalb weniger Sekunden wird so ein blütenbesuchendes Insekt mit Pollen beladen. Nach wenigen Minuten kehrt die Staubbeutelröhre in die Ausgangsstellung zurück.

Höhe 30–150 cm
Blütezeit Juli–Okt.
Typisch Sparrige, steife Pflanze mit 3–5 cm großen Körbchen.

Gewöhnliche Wegwarte
Cichorium intybus | Korbblütengewächse

Merkmale Staude. Blütenkörbchen nur mit 5-zipfeligen Zungenblüten. Pflanze mit weißem Milchsaft und kräftiger Wurzel. Untere Blätter fiederspaltig mit großem Endabschnitt, obere lanzettlich.

Vorkommen Weg- und Straßenränder, Schutt- und Ödflächen, Bahndämme. Auf meist trockenen, offenen, nährstoffreichen Böden. Erträgt auch Salz. Verbreitet, weltweit verschleppt.

Wissenswertes Die Blütenkörbchen öffnen sich etwa um 6 Uhr und schließen sich um die Mittagszeit, bei trübem Wetter auch später. Die geröstete Wurzel dient seit dem 18. Jh. als Kaffeeersatz. Heute kultiviert man verschiedene Varietäten: Wurzelzichorie liefert Inulin als Stärkeersatz in Diabetikernahrung, Chicoree und Radicchio ergeben schmackhaften Salat.

Höhe 15–30 cm
Blütezeit April–Mai
Typisch Dichte Blütentraube, Blätter 2–5 mm
breit, schlaff.

Weinbergs-Traubenhyazinthe

Muscari neglectum, Muscari racemosum
Hyazinthengewächse | geschützt

Merkmale Staude, Zwiebelpflanze. Blüten krugförmig,
4–7 mm lang, duftend, dunkelblau, bereift. Unterirdi-
sche Zwiebel. Die meist 3–6 Blätter erscheinen gewöhnlich bereits im Herbst.
Vorkommen Weinberge, sonnige Böschungen. Auf eher
trockenen, meist kalkhaltigen Böden an wärmeren
Standorten. Wächst meist in Gruppen.
Wissenswertes Die Pflanze kam als Kulturfolger des
Weinbaus aus dem Mittelmeerraum und trat bis Anfang des 20. Jh. oft in Massen auf. Heutige Vorkommen
weisen oft auf ehemalige Weinberge hin. Die Rückgänge
lassen sich hauptsächlich auf tiefere Bodenbearbeitung
zurückführen, die die Zwiebeln zerstört.
Verwechslung Kleine Traubenhyazinthe *(Muscari
botryoides)*, Blätter 3–8 mm breit, meist aufrecht.

Höhe 10–20 cm
Blütezeit März–April
Typisch 2–8 aufrecht
abstehende, stern-
förmige Blüten.

Zweiblättriger Blaustern

Scilla bifolia | Hyazinthengewächse | ☠ | geschützt

Merkmale Staude, Zwiebelpflanze. 6 Blütenblätter,
5–10 mm lang, Staubbeutel dunkelviolett. Die meist
nur 2 lineal-lanzettlichen Blätter erscheinen mit den
Blüten und sind etwa so hoch wie der Blütenstand.
Vorkommen Auenwälder, Auenwiesen, Laubwälder,
Obstbaumwiesen in Waldnähe. Auf feuchten, humus-
und nährstoffreichen Böden. Selten, wächst meist in
Gruppen.
Wissenswertes Die Stängel erschlaffen, sobald die
Früchte reifen. Diese liegen dann auf dem Boden.
Die dunkelbraunen Samen tragen einen nahrhaften
weißen Ölkörper, der Ameisen anlockt.
Verwechslung Sibirischer Blaustern *(Scilla siberica)*,
1–5 nickende, meist etwas glockenförmige Blüten,
2–4 grundständige Blätter.

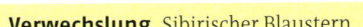

Höhe 50–150 cm
Blütezeit Juni–Aug.
Typisch Blüten mit „Helm", dieser nicht höher als breit.

Blauer Eisenhut

Aconitum napellus | Hahnenfußgewächse | ☠ | geschützt

Merkmale Staude. Dunkel blauviolette oder tiefblaue Blüten in mäßig bis stark verzweigter Traube. Stängel steif aufrecht. Untere Blätter handförmig 3–7-teilig.
Vorkommen Auenwälder, an Bächen und Quellen. Zeigt Feuchtigkeit und Nährstoffreichtum an. Zerstreut in höheren Lagen der Mittelgebirge, in den Alpen und im Alpenvorland, sonst fehlend.
Wissenswertes Eisenhut gehört zu den giftigsten Pflanzen. Bereits 1–2 Gramm wirken durch die darin enthaltenen Alkaloide tödlich. Das Gift kann intakte Haut durchdringen, sodass man beim Umgang mit der Pflanze Gummihandschuhe tragen sollte. In der Antike spielte Eisenhut bei Giftmorden eine Rolle.
Verwechslung Bunter Eisenhut *(Aconitum variegatum)*, Blüten oft gescheckt, Helm höher als breit.

Höhe 20–40 cm
Blütezeit Mai–Aug.
Typisch Blüten mit langem, geradem oder gebogenem Sporn.

Acker–Rittersporn

Consolida regalis, Delphinium consolida
Hahnenfußgewächse | ☠ | geschützt

Merkmale Einjährig. Blüten lang gestielt, Sporn 15–30 mm lang. Pflanze zart, Stängel ästig. Blätter mit nur um 1 mm breiten, spitzen Zipfeln.
Vorkommen Getreidefelder, Wegränder, Ödland. Auf nährstoff- und kalkreichen Böden. Zerstreut. Durch Unkrautbekämpfung, Saatgutreinigung und Bodenbearbeitung im Rückgang.
Wissenswertes Heilkundige des 16. und 17. Jh. verwendeten die Pflanze als Wundmittel (lat. *consolidare* = festmachen, zusammenheilen) und zur Förderung der Geburt. Heute mischt man höchstens noch die Blütenblätter wegen ihrer Farbe in Tees. Sie enthalten zwar Alkaloide, sind aber im Gegensatz zu den anderen Pflanzenteilen unbedenklich.

Höhe 10–25 cm
Blütezeit März–Mai
Typisch Deutlicher Stängel. Sporn gleich gefärbt wie die Blüte.

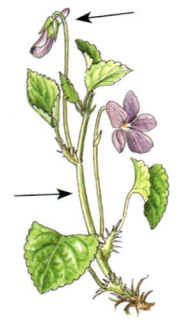

Wald-Veilchen

Viola reichenbachiana | Veilchengewächse

Merkmale Staude. Blüten hellviolett, 1,5–2,2 cm groß, geruchlos, einzeln auf 3–8 cm langen Stielen. Stängel liegend oder aufsteigend. Außer Grundblättern auch Blätter am Stängel, alle spitz, am Grund herzförmig, Stängelblätter meist länger als breit.

Vorkommen Laub- und Nadelmischwälder. Erträgt von unseren Veilchen am meisten Schatten. Auf etwas feuchten, nährstoffreichen Lehmböden. Verbreitet.

Wissenswertes Im Frühjahr, wenn viel Licht auf den Waldboden fällt, entwickeln sich normale Blüten, die bei schönem Wetter Insekten anlocken. Im Sommer entstehen geschlossen bleibende Blüten, die sich selbst bestäuben und ebenfalls Samen ausbilden.

Verwechslung Hain-Veilchen *(Viola riviniana)*, Sporn weißlich, heller als die Kronblätter.

Höhe 5–10 cm
Blütezeit April–Mai
Typisch Blüten duftlos. Blätter unterseits stark behaart.

Rauhaariges Veilchen

Viola hirta | Veilchengewächse

Merkmale Staude. Blüten meist hell blauviolett, am Grund weiß, selten dunkelviolett, 1,2–2,2 cm groß, Sporn dünn, dunkel gefärbt. Kein Stängel, keine Ausläufer. Alle Blätter grundständig, herzförmig, meist länger als breit, Blattstiel kurz abstehend behaart.

Vorkommen Wald- und Gebüschränder, lichte trockene Kiefernwälder, Böschungen. Auf mäßig trockenen Böden. Zerstreut in den Kalkgebieten.

Wissenswertes Erst Anfang des 18. Jh. legten die Wissenschaftler Tournefourt und Linné fest, dass der Name „Viola" nur für Veilchen gilt. Zuvor hießen verschiedene duftende Blumen „Viola", besonders auch Kreuzblütengewächse wie die Nachtviole (S. 210).

Verwechslung Wohlriechendes Veilchen (S. 254), Blüten duftend, Blätter unterseits glänzend.

Höhe 5–10 cm
Blütezeit März–April
Typisch Blüten duftend, Blätter unterseits glänzend.

Wohlriechendes Veilchen
Viola odorata | Veilchengewächse

Merkmale Staude. Blüten 1–2 cm groß, manchmal auch weiß, Sporn meist gerade. Blattstiel rückwärts anliegend behaart. Kein oberirdischer Stängel, aber Ausläufer mit Tochterrosetten. Blätter rundlich bis herzeiförmig, etwa so lang wie breit.

Vorkommen Waldränder, Hecken, Gebüsche, Bachauen, Parks. Meist in Siedlungsnähe. Stammt ursprünglich aus dem Mittelmeerraum, bei uns vermutlich nur verwildert und eingebürgert.

Wissenswertes Die Blüten enthalten wohlriechendes ätherisches Öl. Dieser Veilchenduft kann seit Ende des 19. Jh. auch synthetisch hergestellt werden. Die Kapselfrüchte öffnen sich mit 3 Klappen und geben Samen frei, an denen je ein nährstoffreicher Ölkörper sitzt. Diese locken Ameisen an, die die Samen verschleppen.

Höhe 100–150 cm
Blütezeit Juni–Aug.
Typisch Blätter gefingert, Blütentrauben bis 60 cm lang.

Vielblättrige Lupine
Lupinus polyphyllus
Schmetterlingsblütengewächse | ☠

Merkmale Staude. Meist blaue oder blau-weiße, seltener purpurne, rosa oder weiße, 12–16 mm lange Blüten in dichten Trauben. Hülsenfrüchte behaart. Blätter mit 9–17 Teilblättchen, diese 4–15 cm lang.

Vorkommen Häufig an Böschungen und Waldwegen als Wildfutter, zur Bodenverbesserung und Festigung ausgesät, zum Teil verwildert und eingebürgert. Stammt aus Nordamerika.

Wissenswertes Lupinen besitzen die für Schmetterlingsblütengewächse typischen Wurzelknöllchen. Die in ihnen lebenden Bakterien binden Stickstoff aus der Luft und machen das Nährelement so den Pflanzen verfügbar. Als Wildfutter eignen sich nur Zuchtformen mit geringem Gehalt an bitteren, giftigen Alkaloiden (Süßlupinen).

Höhe 30–80 cm
Blütezeit Juni–Sept.
Typisch Blütenstände kopfig, Früchte schneckenförmig gewunden.

Saat-Luzerne Alfalfa
Medicago sativa | Schmetterlingsblütengewächse

Merkmale Staude. Blüten um 1 cm lang, blau bis violett. Hülsenfrüchte mit 1,5–3 Windungen. Blätter 3-zählig, mittleres Blättchen länger gestielt als die seitlichen.
Vorkommen Stammt ursprünglich aus Westasien. Seit der frühen Antike in Kultur. Verwildert und eingebürgert in warmen, kalkreichen, mageren Wiesen, an Wegen und Böschungen.
Wissenswertes Die Saat-Luzerne gehört zu unseren wichtigsten Grünfutterpflanzen und verbessert als Stickstoffsammler den Boden. Meist säen Landwirte Bastardsorten. In den letzten Jahren gibt es gekeimte Luzerne-Samen als Gemüse („Alfalfa-Sprossen") zu kaufen.
Verwechslung Bastard-Luzerne *(Medicago × varia)*, Blütenfarbe mit Gelb- oder Grünanteil und schmutzigem Violett.

Höhe 30–120 cm
Blütezeit Juni–Aug.
Typisch 8–40 Blüten in schmalen, lang gestielten Trauben.

Gewöhnliche Vogel-Wicke
Vicia cracca | Schmetterlingsblütengewächse

Merkmale Staude. Blüten um 1 cm lang, blauviolett oder rotviolett und während der Blüte nach Blau wechselnd. Pflanze meist kurz anliegend behaart. Blätter mit 6–10 Fiederpaaren und verzweigter Ranke.
Vorkommen Wiesen, Weiden, Äcker, Ödflächen, Waldränder, Gebüsche, Flussufer. Verbreitet.
Wissenswertes Diese Wicke kam als Kulturbegleiter in der jüngeren Steinzeit zu uns und war früher ein gefürchtetes Acker-Unkraut. So besagt ein alter Bauernspruch: „Raden, Trespen und Vogel-Wicken bringen den Bauern auf den Rücken." Die eiweißreichen, kugeligen Samen werden gerne von Vögeln gefressen.
Verwechslung Zottige Wicke *(Vicia villosa)*, Pflanze abstehend flaumig oder zottig behaart.

Verwechslung Bastard-Luzerne

Verwechslung Zottige Wicke

Höhe 5–15 cm
Blütezeit Mai–Juni
Typisch Blätter
schmecken beim
Kauen bitter.

Bitteres Kreuzblümchen
Polygala amara | Kreuzblumengewächse

Merkmale Staude. Anfangs dichte, später verlängerte
Trauben mit kurzen Tragblättern und 10–40 blauen,
selten weißen Blüten. Blüten mit gefranstem Anhängsel. Blätter verkehrt eiförmig bis spatelig, die grund-
ständigen größer als die Stängelblätter.
Vorkommen Magerrasen, Moorwiesen, Quellbereiche,
Steinrasen. Auf kalkreichen Böden. Zerstreut, im nördlichen Tiefland selten.
Wissenswertes „Polygala" bedeutet „viel Milch". Früher
glaubte man, dass die Pflanzen die Milchleistung
steigern könnten und verfütterte sie deshalb an Kühe.
Diese Wirkung konnte jedoch nicht bestätigt werden.
Die Volksmedizin empfiehlt das Kraut gegen Husten
sowie, ähnlich wie andere bitterstoffhaltige Pflanzen,
gegen Appetitlosigkeit.

Höhe 25–100 cm
Blütezeit Mai–Sept.
Typisch Trichterförmige
Blüten in anfangs ein-
gerollten Gruppen.

Gewöhnlicher Natternkopf
Echium vulgare | Raublattgewächse | 🕱

Merkmale Zweijährig. Kegeliger, bis 50 cm langer
Blütenstand mit einseitswendigen Blütengruppen,
Blüten in der Knospe rot, dann rosa, ganz geöffnet blau,
Staubblätter ragen aus der Blüte. Pflanze borstig
behaart. Stängel aufrecht. Blätter lanzettlich, sehr rau,
bilden im ersten Jahr eine Rosette.
Vorkommen Wege, Bahngelände, Häfen, Schuttflächen,
Ödland, Felsen. Verbreitet.
Wissenswertes Die Blüten erinnern etwas an einen
Schlangenkopf. Ihre Farbänderung hängt mit dem
Säuregehalt zusammen (s. auch Wald-Vergissmeinnicht
S. 228). An den Borstenhaaren kann Wasser konden-
sieren. Außerdem bilden sie einen mechanischen Fraß-
schutz. Die Pflanze enthält Pyrrolizidinalkaloide, die
Krebs auslösen können.

Höhe 30–100 cm
Blütezeit Juli–Sept.
Typisch Sehr lange, schlanke Ähren mit kleinen Blüten.

Gewöhnliches Eisenkraut
Verbena officinalis | Eisenkrautgewächse

Merkmale Einjährig oder Staude. Blütenstände verlängern sich während der Blütezeit sehr stark. Blüten 3–5 mm lang, blasslila, mit enger Röhre und 5 ungleichen Kronzipfeln. Stängel 4-kantig, steif aufrecht, sparrig verzweigt. Blätter gegenständig, gezähnt bis fiederspaltig.

Vorkommen Schuttplätze, Wegränder, Mauern, gestörte Weiden. Auf mäßig trockenen bis feuchten Böden. Zeigt stickstoffreichen Boden an. Verbreitet.

Wissenswertes Bei der Eisenverhüttung gab man früher mancherorts dieses Kraut in die Schmelze. Der in ihr – wie in jeder anderen Pflanze enthaltene Kohlenstoff – härtete das Metall. Im 16. und 17. Jh. galt die Pflanze als „Kopf- und Wundkraut", heute findet man sie nur noch selten in Hustenmitteln.

Höhe 7–30 cm
Blütezeit Mai–Aug.
Typisch Blüten fast ohne Oberlippe, Pflanze mit Ausläufern.

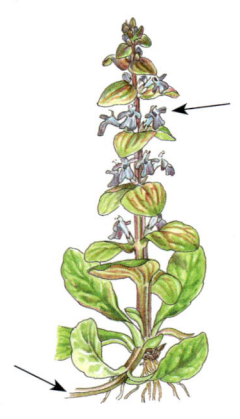

Kriechender Günsel
Ajuga reptans | Lippenblütengewächse

Merkmale Staude. Ährenartiger Blütenstand mit 1–1,5 cm langen Lippenblüten. Stängel 4-kantig. Blätter in grundständiger Rosette und am Stängel, gekreuzt gegenständig, ganzrandig oder undeutlich gezähnt, zerstreut behaart, die oberen etwa so lang wie die Blüten, oft rotviolett überlaufen.

Vorkommen Wiesen, Rasenflächen, Gebüsche, Wälder, Raine. Verbreitet. Oft in Gruppen.

Wissenswertes Im Mittelalter diente die Pflanze zur Wundheilung. Der Name „Günsel" soll sich von ihrem alten Namen „Consolida media" ableiten (lat. *consolidare* = festmachen, zusammenheilen).

Verwechslung Pyramiden-Günsel *(Ajuga pyramidalis)*, Blätter im Blütenstand etwa doppelt so lang wie die Blüten, keine Ausläufer. Selten.

Höhe 7–30 cm
Blütezeit April–Juni
Typisch Blüten fast
ohne Oberlippe, obere
Blätter 3-lappig.

Genfer Günsel

Ajuga genevensis | Lippenblütengewächse

Merkmale Staude. Ährenartiger Blütenstand mit
1–1,8 cm langen Lippenblüten. Unterlippe 3-lappig.
Keine Ausläufer. Pflanze zottig behaart. Blätter gegenständig, mit 3–8 Kerben, oft blau überlaufen.
Vorkommen Magere Rasen, Böschungen, Wegraine,
Sandflächen. Auf warmen, trockenen, nährstoffarmen,
meist kalkhaltigen Böden. Zerstreut im Süden, im Nordwesten selten.
Wissenswertes Oft stehen die Pflanzen dicht beieinander, da aus ihren Wurzeln neue Sprosse treiben.
Die Früchtchen tragen einen Ölkörper und werden
von Ameisen verschleppt. Die Art wurde erstmalig aus
dem Raum Genf beschrieben.
Verwechslung Kriechender Günsel (S. 260), mit Ausläufern, Blätter höchstens undeutlich gezähnt.

Höhe 10–40 cm
Blütezeit Juni–Sept.
Typisch Blüten in
Paaren, Kelch oberseits
mit Schuppe.

Sumpf-Helmkraut

Scutellaria galericulata | Lippenblütengewächse

Merkmale Staude. Wenige einseitswendige Blütenpaare
in den Blattachseln. Blüten 10–15 mm lang, violettblau,
Unterlippe mit weißer Zeichnung. Stängel 4-kantig.
Blätter gekreuzt gegenständig, kurz gestielt, breit-lan-
zettlich, mit wenigen Zähnen.
Vorkommen Nasse Wiesen, Gräben, Ufer, Flachmoore.
Zerstreut.
Wissenswertes Die Früchtchen werden vom helmarti-
gen Kelch umschlossen. Die Querschuppe auf dessen
Oberseite dient als Tropfenfänger. Wenn ein Tropfen
darauf fällt, wird der Kelch nach unten gedrückt und
schnellt anschließend wie ein Katapult zurück. Diese
Bewegung schleudert die Früchtchen heraus.
Verwechslung Hohes Helmkraut *(Scutellaria altissima)*,
vielblütige Ähren, Blätter lang gestielt.

Höhe 10–40 cm
Blütezeit April–Juni
Typisch Kriechende Pflanze, je 2–3 Blüten in den Blattachseln.

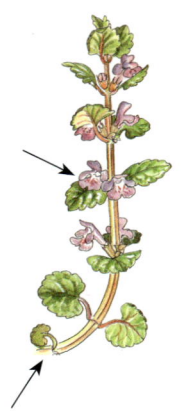

Gewöhnlicher Gundermann
Gundelrebe
Glechoma hederacea | Lippenblütengewächse

Merkmale Staude. Blüte mit flacher Oberlippe. Liegende Stängel an den Knoten wurzelnd, blühende aufsteigend. Blätter gegenständig, nieren- bis herzförmig, Blattrand gekerbt. Auch im Winter grün.

Vorkommen Wiesen, Weiden, Rasenflächen, Auenwälder, Waldränder, Hecken, Böschungen. Auf etwas feuchten bis nassen, nährstoffreichen, lockeren Lehmböden. Pionierpflanze. Verbreitet.

Wissenswertes Die aromatische Pflanze enthält ätherisches Öl, Gerb- und Bitterstoffe. Die Volksmedizin verwendet sie gegen Durchfall und Husten. Bis zum Reinheitsgebot von 1516 diente sie beim Bierbrauen an Stelle von Hopfen als Bittermittel. Das Kraut schmeckt in Salaten und als spinatartiges Gemüse.

Höhe 5–30 cm
Blütezeit Juni–Sept.
Typisch Kopfiger Blütenstand sitzt auf dem obersten Blattpaar.

Kleine Braunelle
Kleinblütige Braunelle
Prunella vulgaris | Lippenblütengewächse

Merkmale Staude. Lippenblüten 0,7–1,6 cm lang, Kronröhre gerade, Oberlippe helmförmig. Blätter gegenständig, ganzrandig oder kurz gezähnt.

Vorkommen Wiesen, Weiden, Parks, Gartenrasen, Ufer, Waldwege. Auf etwas feuchten Böden an hellen Standorten. Zeigt Nährstoffreichtum an. Verbreitet.

Wissenswertes Der Kelch um die Früchtchen öffnet sich nur bei Feuchtigkeit. Wird er von Tropfen getroffen, biegt er sich nach unten und schleudert beim Zurückschnellen die Früchtchen aus. Feucht sind diese klebrig und bleiben z. B. an Schuhsohlen haften.

Verwechslung Großblütige Braunelle (*Prunella grandiflora*), Blüten 2–2,5 cm lang, oberes Blattpaar abgerückt.

Höhe 30–60 cm
Blütezeit Mai–Aug.
Typisch Oberlippe
breit sichelförmig.

Wiesen-Salbei

Salvia pratensis | Lippenblütengewächse

Merkmale Staude. Bis 20 Quirle mit je 4–8 Blüten. Grundständige Blattrosette mit lang gestielten Blättern. Am aufrechten, 4-kantigen Stängel nur 1–3 Blattpaare. Blatt runzelig, Rand stumpf gesägt. Riecht zerrieben etwas aromatisch.

Vorkommen Magerrasen, Halbtrockenrasen, Fettwiesen, Wege, Böschungen, Dämme. Auf eher trockenen, meist kalkhaltigen Böden. Häufig.

Wissenswertes Beim Besuch der Blüte lösen die Insekten einen besonderen Mechanismus aus: Die beiden Staubblätter klappen dabei an einem Gelenk auf den Rücken des Insekts herab und pudern es mit Blütenstaub ein. Auf der nächsten Blüte streift das Insekt den Pollen an der Narbe ab. Besonders Hummeln lösen diesen Klappmechanismus aus.

Höhe 30–60 cm
Blütezeit Juni–Sept.
Typisch Quirle mit
8–24 Blüten, Oberlippe
fast gerade.

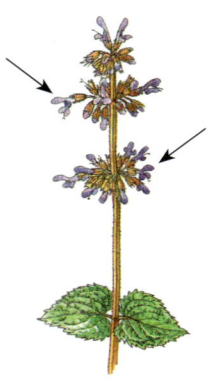

Quirlblütiger Salbei

Salvia verticillata | Lippenblütengewächse

Merkmale Staude. Blüten 10–15 mm lang. Stängel aufrecht, meist verzweigt. Blätter gekreuzt gegenständig, etwas runzelig, breit-herzförmig, mit 2 Zipfeln, untere Blätter zur Blütezeit meist abgestorben.

Vorkommen Warme Halbtrockenrasen, Wege, Dämme, Böschungen. Zerstreut, vor allem im Osten, im Süden seltener. Stammt aus dem östlichen Mittelmeerraum, bei uns eingebürgert.

Wissenswertes Die beim Wiesen-Salbei (s. o.) beschriebene Bestäubung funktioniert hier nicht optimal. Beim Quirlblütigen Salbei liegt der Griffel nicht in der Oberlippe, sondern ist auf die Unterlippe herabgebogen. So streift die Narbe am Bauch des Insekts vorbei. Der Blütenstaub von vorherigen Blütenbesuchen befindet sich jedoch vor allem auf dem Insektenrücken.

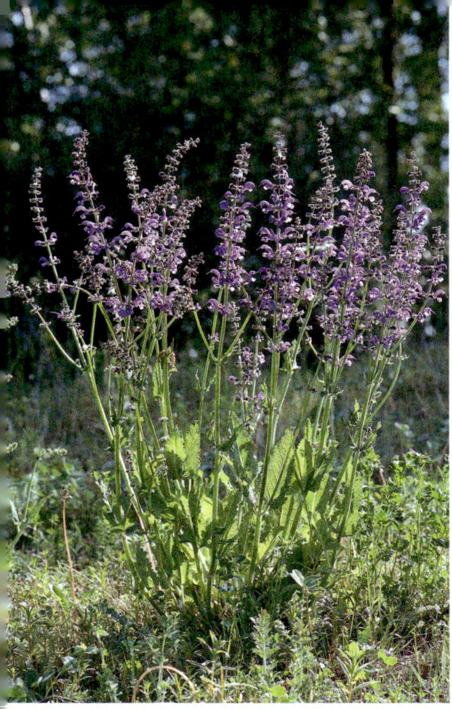
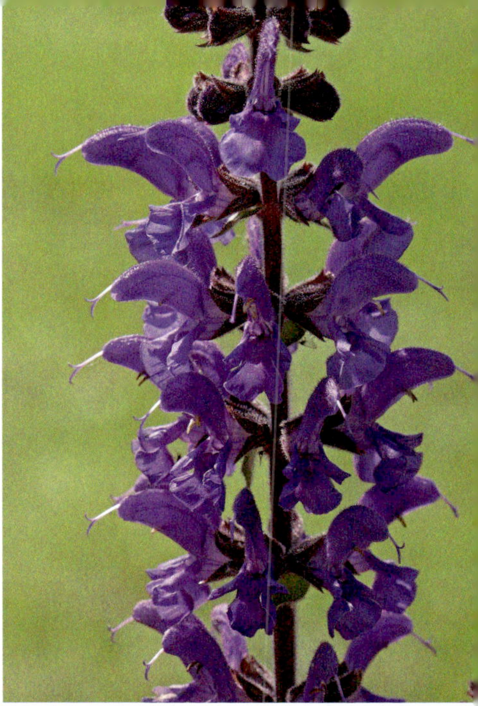
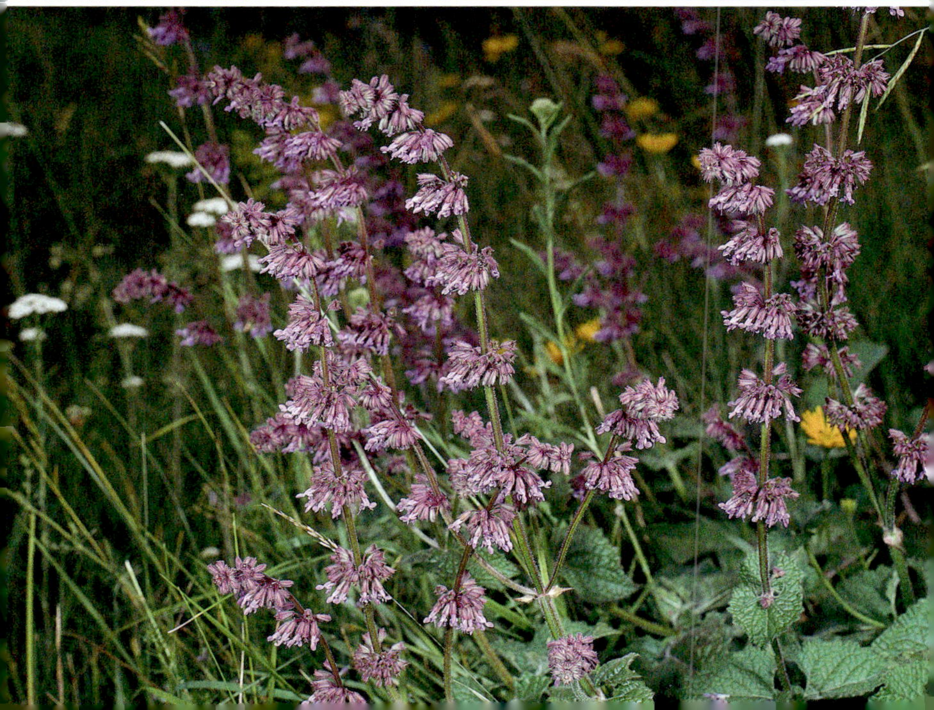

Höhe 10–40 cm
Blütezeit Juni–Sept.
Typisch Pflanze an meist senkrechten Felsen oder Mauern.

Mauer–Zymbelkraut

Cymbalaria muralis | Braunwurzgewächse

Merkmale Staude. Blüten einzeln auf langen Stielen, Krone 6–8 mm lang, hellviolett, durch einen gelben Gaumen verschlossen, mit stumpfem Sporn. Blätter rundlich, 5–7-lappig, Unterseite oft rotviolett.
Vorkommen Meist kalkhaltige Mauern, Felsen. In etwas feuchten Spalten. Häufig, besonders in Siedlungsnähe. Kam als Zierpflanze aus dem Mittelmeerraum zu uns.
Wissenswertes Während die Früchte reifen, wachsen ihre Stiele in eine lichtabgewandte Richtung. Dabei schieben sie die Früchte in Spalten von Mauern oder Felsen. Hier finden die Samen einen geeigneten Keimplatz. Der Name leitet sich von griech. *kymbalon* = Zymbel, Schallbecken ab und bezieht sich auf die Form der Blätter.

Höhe 8–25 cm
Blütezeit April–Juni
Typisch Köpfchen 1–2,5 cm groß, kugelig. Blätter ledrig.

Gewöhnliche Kugelblume ☠

Globularia punctata | Kugelblumengewächse | ☠ geschützt

Merkmale Staude. Blüten 6–8 mm lang. Rosette mit verkehrt eiförmigen Blättern. Stängel unverzweigt, mit etwa 10–20 lanzettlichen, kleineren Blättern.
Vorkommen Lückige Magerrasen, steinige Hänge, Felsen. Auf trockenen, meist kalkreichen, flachgründigen Böden an sonnigen Standorten. Selten, vor allem in warmen Gegenden im Süden.
Wissenswertes Die Pflanze ist durch ihre bis 1 Meter tiefen Wurzeln und ihre ledrigen Blätter gut an trockene Standorte angepasst. Sobald der Bewuchs dichter wird, verschwindet sie. Sie enthält den bitteren Giftstoff Globularin, der zu Erbrechen, Durchfall, Schwindel und Kollaps führen kann.
Verwechslung Berg-Sandglöckchen *(Jasione montana)*, Blätter nur am Stängel, nicht ledrig.

Höhe 30–80 cm
Blütezeit Juli–Aug.
Typisch Flache Blütenköpfchen, obere Blätter
fiederspaltig.

Wiesen-Witwenblume
Knautia arvensis | Kardengewächse

Merkmale Staude. Blüten mit nur 4 Kronzipfeln, der
äußere Zipfel an den Randblüten vergrößert. Kelch
mit hellen Borsten, Hüllblätter kürzer als die Blüten.
Stängel abstehend behaart. Blätter gegenständig.
Vorkommen Wiesen, Halbtrockenrasen, Weg- und
Waldränder, Äcker. Häufig.
Wissenswertes „Witwenblume" hieß früher nur die
südeuropäische Purpur-Skabiose. Ihre schwarzen
Blüten erinnern an Trauerkleidung. Heute hilft eine
Eselsbrücke Witwenblumen von Skabiosen zu unterscheiden: Wie den Witwen unter den Menschen fehlt
auch den Witwenblumen etwas: Bei ihnen ist es ein
fünfter Kronzipfel, wie ihn die Skabiosen besitzen.
Verwechslung Wald-Witwenblume *(Knautia dipsaci-
folia)*, alle Blätter ungeteilt, äußere Hüllblätter länger.

Höhe 25–60 cm
Blütezeit Juli–Nov.
Typisch Flache Köpf-
chen mit dunklen
Kelchborsten.

Tauben-Skabiose
Scabiosa columbaria | Kardengewächse

Merkmale Staude. Blüten mit 5 Kronzipfeln, äußere
Zipfel der Randblüten stark vergrößert. Dunkle,
3–5 mm lange Kelchborsten, besonders auffällig an
abgeblühten Köpfchen. Stängel oben anliegend behaart.
Stängelblätter mit schmalen Abschnitten.
Vorkommen Sonnige Magerrasen, magere Wiesen,
Raine. Auf eher trockenen, meist kalkhaltigen, nicht
gedüngten Böden. Häufig, vor allem im Süden.
Wissenswertes Der Name „Skabiose" leitet sich von
lat. *scabies* = Krätze, Räude, Schorf ab und hängt mit der
früheren Verwendung der Pflanze gegen Hautkrank-
heiten zusammen. Die taubenblaue Blütenfarbe
(lat. *columba* = Taube) war ebenso namensgebend.
Verwechslung Wiesen-Witwenblume (s. o.), Blüte
4-zipfelig, Kelch mit kurzen, hellen Borsten.

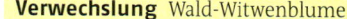

Höhe 30–70 cm
Blütezeit April–Okt.
Typisch Bei Verletzung
tritt gelber Milchsaft aus.

Schöllkraut

Chelidonium majus | Mohngewächse | ☠

Merkmale Staude. Blüten in Dolden zu 2–8. Frucht schlank, um 4 cm lang. Blätter dünn, fiederspaltig oder einfach gefiedert, unterseits blaugrün.

Vorkommen Weg- und Waldränder, Hecken, Mauern, verwilderte Gärten. Meist an etwas beschatteten Orten. Auf nährstoffreichen Böden. Zeigt Stickstoff an. Kulturbegleiter. Verbreitet.

Wissenswertes Die Samen tragen einen nahrhaften Ölkörper und werden von Ameisen verbreitet. Im Mittelalter hielt man die Pflanze wegen ihres gelben Milchsafts für ein Leber-Galle-Mittel. Hier trifft die Zuordnung nach dem Aussehen der Pflanze ausnahmsweise zu: Die Alkaloide im Milchsaft helfen tatsächlich bei Leber- und Galleerkrankungen. Die Volksmedizin empfiehlt außerdem, Warzen damit zu beträufeln.

Höhe 30–60 cm
Blütezeit Mai–Okt.
Typisch Pflanze sparrig, Früchte liegen dem Stängel dicht an.

Weg-Rauke

Sisymbrium officinale | Kreuzblütengewächse | ☠

Merkmale Einjährig. Blüten mit 4 blassgelben, schmalen Kronblättern. Schotenfrucht 8–20 mm lang, behaart. Pflanze steif. Obere Blätter oft ungeteilt, untere Blätter fiederspaltig.

Vorkommen Unkrautbestände an Wegen, Straßenrändern, Ufern, auf Schuttplätzen und Ödflächen. Pionierpflanze auf nährstoffreichen Böden. Zeigt Stickstoff im Boden an. Verbreitet.

Wissenswertes Die Pflanze enthält Senföle, die häufig in Kreuzblütengewächsen vorkommen. Außerdem enthält sie herzwirksame Glycoside. Die Raupen von Kohlweißling und verwandten Schmetterlingen fressen an senfölhaltigen Pflanzen. Die glycosidhaltigen Arten meiden sie jedoch. Aus den abgestorbenen Pflanzen stellte man früher Besen her.

Höhe 40–120 cm
Blütezeit Mai–Juli
Typisch Früchte
hängend, reif schwarz.

Färber-Waid

Isatis tinctoria | Kreuzblütengewächse | (☠)

Merkmale Zweijährig bis Staude. Ausladender, blattloser Blütenstand. Früchte bis 25 mm lang, am Rand
geflügelt. Pflanze blaugrün, kahl. Blätter lanzettlich,
mit spitzen, stängelumfassenden Zipfeln.
Vorkommen Stammt aus Asien. Aus Kultur verwildert
und eingebürgert an Wegen, Steinbrüchen, Bahngelände, Ödflächen. Licht und Wärme liebende Pionierpflanze. Zerstreut, vor allem im Süden.
Wissenswertes Die Blätter lieferten den Farbstoff Indi-
go. Erst nach Gärung und Zugabe von gefaultem Urin
konnte man ein Färbebad ansetzen. Direkt aus dem Bad
war das Gewebe grüngelb, an der Luft wurde es in rund
48 Stunden allmählich blau. Gewöhnlich waren hierfür
die Trockenleinen der Färbereien am Sonntag und Mon-
tag belegt, es wurde „blau gemacht".

Höhe 25–120 cm
Blütezeit Mai–Aug.
Typisch Schiefe Früchte
mit unregelmäßigen
Höckern.

Orientalisches Zackenschötchen

Bunias orientalis | Kreuzblütengewächse

Merkmale Staude. Blütenstand umfangreich, rispen-
artig, Blüten mit 4 Kronblättern. Schötchenfrüchte
5–10 mm lang. Stängel aufrecht. Obere Blätter unge-
teilt, untere lanzettlich, bis 40 cm lang, fiederspaltig.
Vorkommen Wege, Straßenränder, Bahngelände, Ufer,
Ödflächen, Äcker. Auf nährstoffreichen Böden an hellen
Standorten. Verbreitet.
Wissenswertes Die Pflanze stammt aus Südosteuropa.
Bei uns breitet sie sich seit dem 19. Jh. aus. Die ersten
Fundorte lagen oft in der Nähe von Exerzierplätzen.
Botaniker glauben deshalb, dass die Samen mit dem
Pferdefutter von Armeen eingeschleppt wurden.
Verwechslung Geflügeltes Zackenschötchen *(Bunias
erucago)*, Schötchenfrucht mit zackig geflügelten
Kanten. Selten, stammt aus dem Mittelmeerraum.

Verwechslung Geflügeltes Zackenschötchen

Höhe 30–90 cm
Blütezeit Mai–Juli
Typisch Dunkelgrüne, stark glänzende Blätter.

Gewöhnliches Barbarakraut
Echtes Barbarakraut
Barbarea vulgaris | Kreuzblütengewächse

Merkmale Zweijährig. Traube anfangs fast kopfig, Blüten mit 4 Kronblättern. Schotenfrüchte aufrecht abstehend. Untere Blätter fiederspaltig, Stängelblätter mit abstehenden Öhrchen stängelumfassend.
Vorkommen Wege, Ackerränder, Auen, Waldschläge, Erdaufschüttungen, Kiesgruben. Auf feuchten, nährstoffreichen Böden. Häufig.
Wissenswertes Die Pflanze wurde nach der Heiligen Barbara, einer der Nothelferinnen benannt. Ihre Blätter können auch am Barbaratag (4. Dezember) von den wintergrünen Grundrosetten geerntet werden. Sie enthalten viel Vitamin C und schmecken säuerlich-herb, kresseartig. Früher wuchs die „Winterkresse" häufig in Bauerngärten.

Höhe 3–10 cm
Blütezeit April–Aug.
Typisch Rosetten mit immergrünen, bewimperten Blättern.

Immergrünes Felsenblümchen
Draba aizoides | Kreuzblütengewächse | geschützt

Merkmale Staude. Kurze, dichte Blütentrauben auf blattlosem, kahlem Stängel, Blüten mit 4 Kronblättern. Schötchenfrüchte elliptisch, 5–10 mm lang, seitlich abgeflacht. Pflanze rasig bis polsterförmig wachsend.
Vorkommen Felsen, Steinrasen, an hellen Standorten. In Spalten oder im mehr oder weniger kalkreichen Steinschutt. Selten, in den Alpen und im Jura.
Wissenswertes Die Pflanze ist bei uns ein Relikt der Würmeiszeit. Sie wächst sehr langsam und kann sich deshalb nur an Standorten halten, an denen die Konkurrenz durch andere Blütenpflanzen fehlt. Lediglich mit Fels-Moosen bildet sie recht häufig eine Gemeinschaft. An günstigen Standorten können die Polster 10 Jahre alt werden. In Kletterrouten an Felsen und auf Aussichtsfelsen sind die Pflanzenbestände jedoch bedroht.

Höhe 30–80 cm
Blütezeit Mai–Okt.
Typisch Samen liegen
in den Schotenfrüchten
in 2 Reihen.

Schmalblättriger Doppelsame

Wilde Rauke, Stinkrauke
Diplotaxis tenuifolia | Kreuzblütengewächse

Merkmale Staude. Lockere Trauben mit schwefel-
gelben, um 2 cm großen Blüten, 4 Kronblätter. Blätter
blaugrün, kahl, tief fiederspaltig.
Vorkommen Wege, Schuttplätze, Äcker, Ödflächen,
Bahnhöfe. Erträgt salzhaltigen Boden. In den warmen
Tieflagen im Süden und Westen. Zerstreut.
Wissenswertes Die aus dem Mittelmeerraum stam-
mende Pflanze enthält Senföle. Beim Zerreiben riecht
sie würzig, für manche Menschen unangenehm.
Gärtnereien bieten sie unter dem Namen „Rucola" oder
„Ausdauernde Rauke" als Salat- und Würzpflanze an.
Verwechslung Salat-Rauke *(Eruca sativa)*, im Gartenbau
ebenfalls „Rucola" genannt, Geschmack ähnlich, zwei-
jährig, Blüten blassgelb, dunkel geadert.

Höhe 30–60 cm
Blütezeit Juni–Okt.
Typisch Schotenfrüchte
mit samenlosem End-
abschnitt.

Acker-Senf

Sinapis arvensis | Kreuzblütengewächse

Merkmale Einjährig. Blüten um 1,5 cm groß, 4 Kronblätter, Kelchblätter stehen ab. Frucht kahl oder rückwärts borstenhaarig, mit 10–15 mm langem, samenlosem Abschnitt, dieser kaum abgeflacht. Blätter
unregelmäßig buchtig gezähnt, untere oft fiederspaltig.
Vorkommen Äcker, Wege, Ödflächen, Straßenböschungen. Zeigt Lehmboden an. Verbreitet.
Wissenswertes Die Senföle schützen verwundete Pflanzen vor Pilzbefall und Pflanzenfressern. Die Raupen von
Kohlweißlingen bevorzugen jedoch gerade Pflanzen
mit Senfölen. Die Öle sind noch in den erwachsenen
Schmetterlingen nachweisbar und schützen nun diese
vor Fraßfeinden.
Verwechslung Weißer Senf (S. 418), Früchte steifhaarig,
samenloser Abschnitt stark abgeflacht.

Höhe 15–20 cm
Blütezeit März–Mai
Typisch Blüten von gelbgrünen bis goldgelben Blättern umgeben.

Wechselblättriges Milzkraut
Chrysosplenium alternifolium | Steinbrechgewächse

Merkmale Staude. Blüten um 4 mm groß. Pflanze zart. Stängel 3-kantig, unter dem Blütenstand mit 1–3 wechselständigen Blättern. Grundblätter lang gestielt, nierenförmig, tief gekerbt, lang borstig behaart.
Vorkommen Auen- und Schluchtwälder. Auf feuchten bis nassen Böden an schattigen Standorten. Häufig. Wächst meist in Gruppen.
Wissenswertes Die Früchte öffnen sich zu flachen Schalen. Fallen Regentropfen hinein, spritzen die Samen heraus. Aufgrund der milzähnlich geformten Blätter verwendeten Heilkundige im Mittelalter die Pflanze gegen Milzkrankheiten. Sie enthält jedoch keine entsprechenden Wirkstoffe.
Verwechslung Gegenblättriges Milzkraut *(Chrysosplenium oppositifolium)*, Blätter gegenständig.

Höhe 10–30 cm
Blütezeit Mai–Aug.
Typisch Blüten mit 4 etwas eingebuchteten Kronblättern.

Blutwurz Tormentill
Potentilla erecta | Rosengewächse

Merkmale Staude. Blüten einzeln, um 1 cm groß. Wurzelstock knollig bis walzig, schwarzbraun, färbt sich an Schnittstellen rot. Stängel aufsteigend oder liegend, liegende Stängel nicht bewurzelnd. Blätter 3–5-zählig gefingert, Grundblätter gestielt, Stängelblätter sitzend. Blättchen grob gezähnt.
Vorkommen Magerrasen, Heiden, Flachmoore, sonnige Abhänge, Böschungen, lichte Wälder. Auf nährstoffarmen, oft sauren Böden. Häufig.
Wissenswertes Der Name „*Potentilla*" leitet sich von lat. *potentia* = Kraft ab und bezieht sich auf die Heilkraft der Pflanze. Der Wurzelstock wirkt durch Gerbstoffe gegen Durchfall und Entzündungen im Mund und Rachen. Mit Blutwurz angesetzter Schnaps ist als Magenbitter beliebt. Ein Absud aus Blutwurz färbt Wolle je nach Vorbehandlung gelb- bis rotbraun.

Höhe 3–30 cm
Blütezeit Mai–Sept.
Typisch Blatt kreis-
bis nierenförmig,
5–11-lappig.

Gewöhnlicher Frauenmantel
Alchemilla vulgaris | Rosengewächse

Merkmale Staude. Knäuelige Rispe mit gelbgrünen,
kleinen Blüten. Blattform erinnert an einen mantelarti-
gen Umhang, Blattlappen halbkreisförmig bis 3-eckig,
gesägt. Behaarung unterschiedlich.
Vorkommen Wiesen, Weiden, Gebüsche, Ränder von
Waldwegen, Gräben. Häufig.
Wissenswertes Die Pflanze gibt durch Spalten an den
Blatträndern aktiv Wasser ab. Die Tropfen bleiben wie
silberne Perlen liegen, deshalb hielt man die Pflanze im
Mittelalter für ein alchemistisches Wunderkraut der
Goldmacherei. Die Pflanze enthält Gerbstoffe und kann
Durchfälle und Ekzeme lindern.
Verwechslung Weicher Frauenmantel *(Alchemilla mol-
lis),* Pflanze sehr kräftig, dicht samtig behaart, Blüten-
stand sehr groß. Oft in Gärten.

Höhe 50–200 cm
Blütezeit Juni–Sept.
Typisch 3–8 cm große
Blüten öffnen sich in
der Abenddämmerung.

Gewöhnliche Nachtkerze
Oenothera biennis | Nachtkerzengewächse

Merkmale Zweijährig. Blüten mit 4 Kronblättern in
langer, vielblütiger Traube oder Rispe, Kelchblätter
häutig, fallen meist bald ab. Pflanze drüsig behaart.
Blätter länglich, spitz.
Vorkommen Stammt aus Nordamerika. Ödflächen,
Schuttplätze, Böschungen. Verbreitet.
Wissenswertes Die Blüten entfalten sich so rasch,
dass man die Bewegung mit bloßem Auge beobachten
kann. Bereits am nächsten Tag verwelken sie. Die röt-
lichen, im ersten Jahr geernteten Pfahlwurzeln ergeben
ein leicht bitteres Gemüse. Sie heißen wegen ihrer
Farbe auch „Schinkenwurzeln". Die Samen enthalten
gesundes, heilkräftiges Öl mit mehrfach ungesättigten
Fettsäuren. Zubereitungen werden bei Neurodermitis
und zur Vorbeugung von Arterienverkalkung empfohlen.

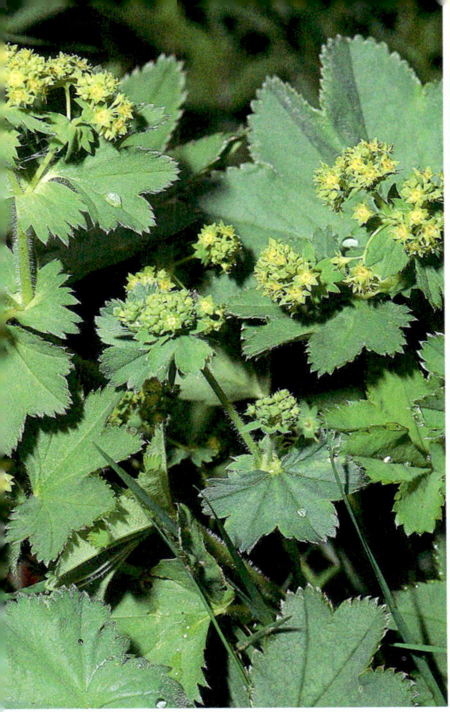

Verwechslung Weicher Frauenmantel

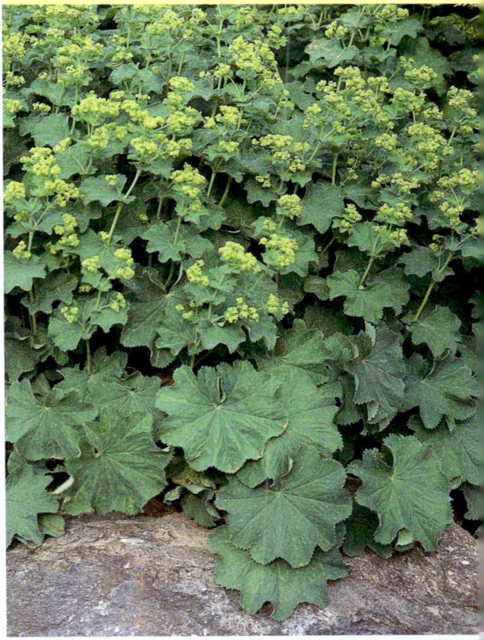

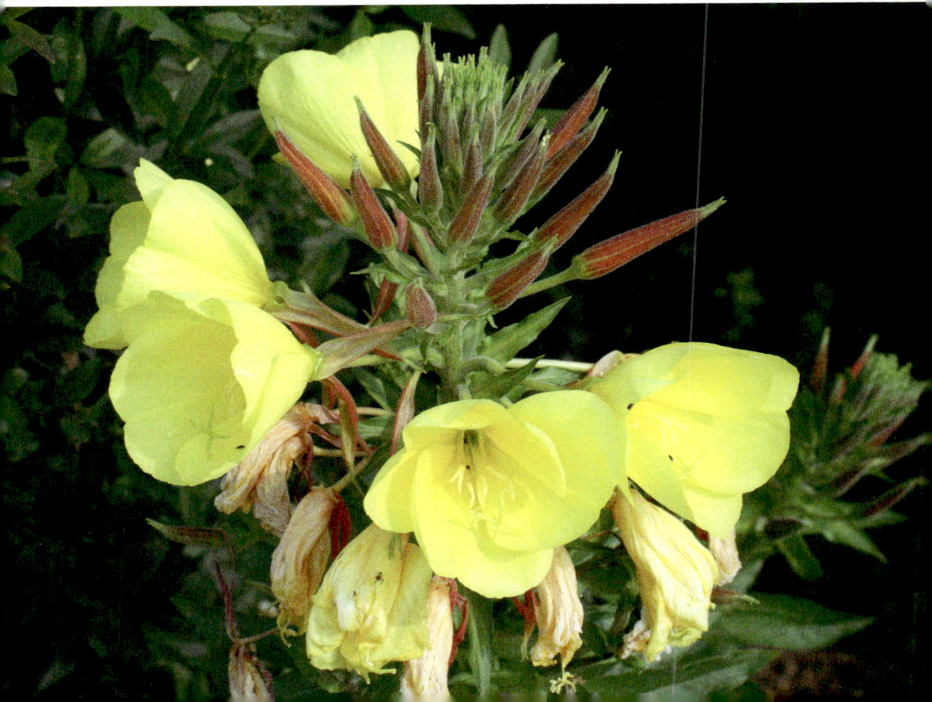

Höhe 20–50 cm
Blütezeit Febr.–April
Typisch Blätter gegen-
ständig, ledrig, gelbgrün.

Mistel
Viscum album | Mistelgewächse | ☠

Merkmale Strauch. Pflanzen männlich oder weiblich,
die unscheinbaren Blüten in Büscheln zu 3–5. Früchte
bis 1 cm groß, weiß. Nestartig auf Bäumen sitzender,
gabelig verzweigter Halbschmarotzer.
Vorkommen Auf Laubbäumen, vor allem Pappeln,
Weiden, Apfelbäumen, außerdem auf Weiß-Tannen und
Kiefern. Zerstreut, im Nordwesten selten.
Wissenswertes Die Pflanze saugt aus ihrem Wirtsbaum
Wasser und Nährsalze. Kohlenhydrate bildet sie jedoch
selbst. Die Samen werden von Vögeln wie der Mistel-
Drossel verbreitet. Gallische Druiden verwendeten
Misteln für kultische Handlungen. Aus dem klebrigen
Saft der Früchte stellte man früher Vogelleim her.
Die Pflanze enthält giftige Lektine und Viscotoxine.

Höhe 2–5 m
Blütezeit März–April
Typisch Blüten in
Dolden, erscheinen vor
den Blättern.

Kornelkirsche Herlitze
Cornus mas | Hartriegelgewächse

Merkmale Strauch. Blüten mit 4 Kronblättern, um
5 mm groß. Rote, bis 2 cm lange, kirschenähnliche
Steinfrüchte. Blätter gegenständig, breit-lanzettlich,
ganzrandig, meist mit 4 Paar bogigen Blattnerven.
Vorkommen Häufig gepflanzt und verwildert, seltener
ursprünglich wild, besonders in Süddeutschland. Sonnige, trockene Gebüsche, lichte Wälder, Böschungen,
Flussufer. Auf nährstoffreichen, meist etwas kalkhaltigen Böden.
Wissenswertes Die Kornelkirsche besitzt das härteste
Holz unserer heimischen Gehölze. Griechen und Römer
stellten in der Antike Lanzenschäfte daraus her. Auch
für Werkzeuge, Radspeichen und Nägel wurde es verwendet. Vollreife, bereits etwas weiche Früchte haben
ein angenehmes, herb-säuerlich bis süß-säuerliches
Aroma.

Höhe 15–30 cm
Blütezeit April–Aug.
Typisch Stängel mit
1,5–3 cm langen, linealen
Blättern.

Zypressen-Wolfsmilch

Euphorbia cyparissias | Wolfsmilchgewächse | ☠

Merkmale Staude. Scheindolde mit 10–20 Strahlen und
rautenförmigen bis 3-eckigen Hochblättern, diese zur
Blütezeit grünlich gelb, zur Fruchtreife rot überlaufen.
Stängel mit nichtblühenden Seitentrieben. Pflanze enthält weißen Milchsaft.
Vorkommen Magere Weiden, Halbtrockenrasen,
Wegraine, Ödflächen. Auf eher trockenen Böden. Häufig,
besonders in Gebieten mit Kalk und Lehm.
Wissenswertes Diese Wolfsmilch ist die Hauptfutter-
pflanze der Raupen des Wolfsmilch-Schwärmers.
Oft findet man auch missgebildete Pflanzen. Diese sind
hellgrün, schlank und unverzweigt. Sie blühen nicht
und tragen auf den Unterseiten der verkürzten Blätter
orange Pusteln. Diese Exemplare sind von einem Pilz,
dem Erbsenrost, befallen.

Höhe 30–50 cm
Blütezeit Mai–Juni
Typisch Scheindolde
meist 5-strahlig, Frucht
warzig.

Warzen-Wolfsmilch

Euphorbia verrucosa | Wolfsmilchgewächse | ☠

Merkmale Staude. Blütenstand mit breit-ovalen oder
verkehrt eiförmigen, gelben oder orangen Hochblät-
tern. Meist mehrere unverzweigte Stängel. Grüne Blät-
ter länglich-oval. Pflanze enthält weißen Milchsaft.
Vorkommen Magere Wiesen und Weiden, Böschungen.
Auf eher trockenen, warmen Böden. Zeigt Kalk an.
Zerstreut, besonders im Süden.
Wissenswertes Der Milchsaft fließt bereits bei leichten
Verletzungen aus der Pflanze. Er befindet sich in durch-
gehenden Röhren und steht unter Druck. Er dient der
Pflanze sowohl als Wundverschluss wie auch als Fraß-
schutz. Neben giftigen Diterpenen enthält er Harze,
Kautschuk, Fett, Eiweiß und andere Stoffe.
Verwechslung Sonnwend-Wolfsmilch (S. 386), alle
Blätter breit verkehrt eiförmig, vorn rund. Frucht glatt.

Höhe 15–50 cm
Blütezeit April–Juni
Typisch Je 4 gelblich
grüne Blätter stehen in
einem Quirl.

Gewöhnliches Kreuzlabkraut
Cruciata laevipes | Rötegewächse

Merkmale Staude. Blüten zu wenigen in den Blatt-
achseln, um 2 mm breit, 4-zipfelig. Stängel aufrecht
oder aufsteigend, wie die Blätter abstehend behaart.
Blätter oval bis breit-lanzettlich, mit 3 Nerven.
Vorkommen Hecken, Auenwälder, Waldränder, Gräben,
Zäune, Wegränder. Auf nährstoffreichen Böden an
etwas wärmeren Standorten. Verbreitet, im nördlichen
Tiefland selten.
Wissenswertes Ein Teil der nach Honig duftenden
Blüten enthält Staubblätter und einen Fruchtknoten,
der andere nur Staubblätter. Früher empfahlen Heilkundige die Pflanze gegen Rheuma. Heute wird sie
nicht mehr als Heilpflanze verwendet, wohl aber als
Zierpflanze in Gärten. Der Name bezieht sich auf die
kreuzartig angeordneten Blätter.

Höhe 30–60 cm
Blütezeit Juni–Sept.
Typisch Quirle mit
je 8–12 nadelartigen
Blättern.

Echtes Labkraut
Galium verum | Rötegewächse

Merkmale Staude. Endständige Rispen mit sehr vielen
kleinen, goldgelben, honigartig duftenden Blüten,
Krone 4-zipfelig. Blätter oberseits dunkelgrün, unterseits grau, Blattrand umgerollt.
Vorkommen Magere Wiesen und Weiden, Böschungen,
Gebüschränder, Moorwiesen. An mäßig trockenen,
sonnigen bis halbschattigen Standorten. Häufig, vor
allem in Kalkgebieten.
Wissenswertes Die Pflanze wirkt bei der Käseherstellung wie Lab aus dem Kälbermagen: Beide bringen die
Milch zum Gerinnen. Im Altertum goss man deshalb
Milch durch aus Labkraut geflochtene Siebe. In der
alternativen Käseherstellung bedient man sich heute
gelegentlich wieder der Pflanze. Blühend aromatisiert
sie Getränke und färbt diese gelb.

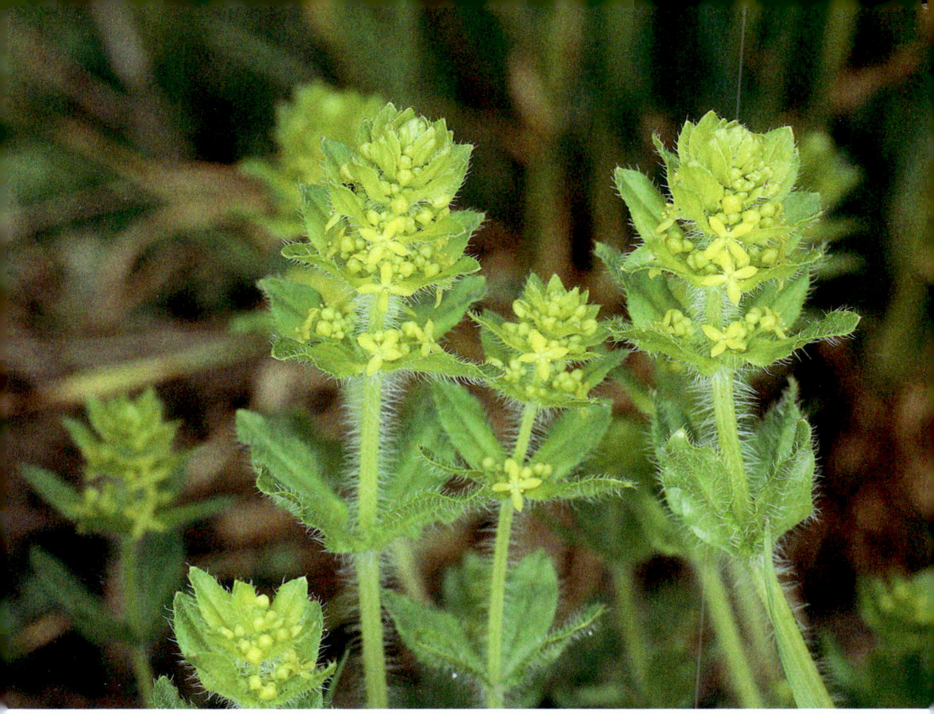

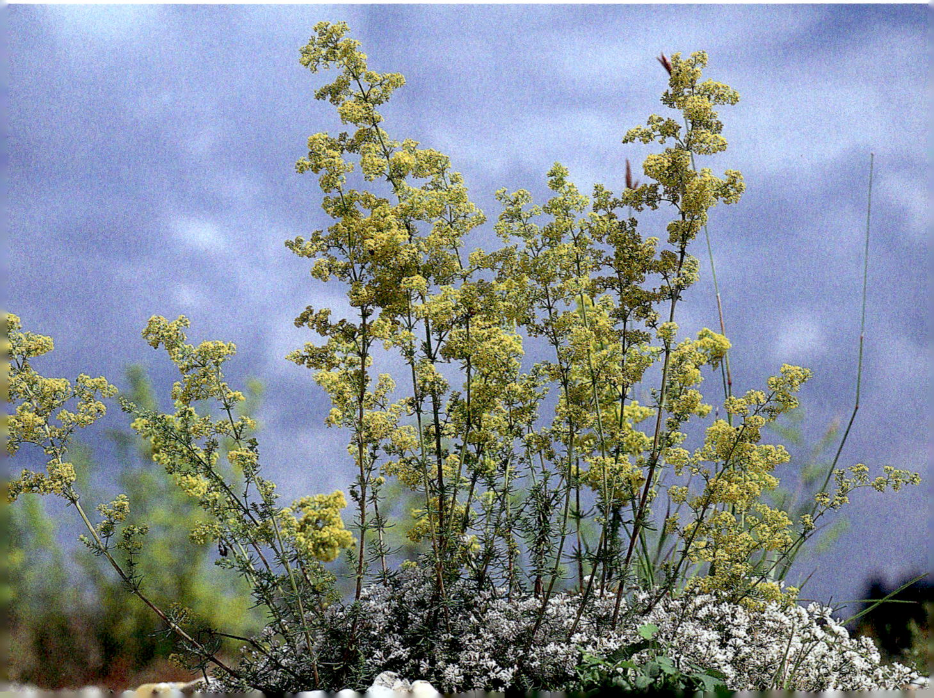

Höhe 50–250 cm
Blütezeit Juni–Aug.
Typisch Schwimmblätter
und 3–5 cm große Blüten.

Gelbe Teichrose Mummel
Nuphar lutea | Seerosengewächse | ☠ | geschützt

Merkmale Staude. Blüten mit zahlreichen Staubblättern, stark duftend, meist über die Wasseroberfläche ragend. Krugförmige Kapselfrucht. Schwimmblätter 10–30 cm lang, breit-oval, tief herzförmig eingeschnitten, in tiefem Wasser fehlend, untergetaucht, salatblattartige, hellgrüne Blätter stets vorhanden.
Vorkommen Stehende oder langsam fließende, bis 6 m tiefe Gewässer. Verbreitet.
Wissenswertes Die Blüten werden von Käfern und Schwebfliegen bestäubt. Die Früchte reifen unter Wasser und zerfallen in vielsamige, durch lufthaltigen Schleim schwimmfähige Teile. Die Pflanze enthält giftige Alkaloide. „Mummel" leitet sich von „Muhme" ab. So heißen Wassergeister, die dem Volksglauben nach die Pflanze beschützen.

Höhe 15–30 cm
Blütezeit April–Juni
Typisch Nierenförmige, glänzende Blätter, Blüten glänzend.

Sumpfdotterblume
Caltha palustris | Hahnenfußgewächse | ☠

Merkmale Staude. Blüten 2,5–4 cm groß, dunkelgelb, ohne Kelch, viele Staubblätter. Früchtchen öffnen sich sternförmig. Stängel kahl, hohl. Untere Blätter gestielt, obere sitzend.
Vorkommen Sumpfwiesen, Quellen, Bäche, Gräben, Auenwälder. Auf nassen, nährstoffreichen Lehm- und Tonböden. Im Tiefland selten, sonst häufig.
Wissenswertes Die Früchtchen bilden bei Nässe eine kleine Schüssel, aus der Regentropfen die leichten, schwimmfähigen Samen hinausschleudern. Die karotinoidreichen Blüten dienten früher zum Gelbfärben von Butter. Manche Naturkochbücher empfehlen gekochte, in Essig eingelegte Blütenknospen als Kapernersatz. Ihr Genuss kann jedoch zu Vergiftungen mit Leibschmerzen führen.

Höhe 10–20 cm
Blütezeit April–Mai
Typisch Meist 2 Blüten
über einem Quirl aus
3 Blättern.

Gelbes Windröschen
Anemone ranunculoides | Hahnenfußgewächse |

Merkmale Staude. Blüte 1,8–2,5 cm groß. Stängel bis auf
die 3 Blätter blattlos, Blätter 3-teilig, kurz gestielt oder
sitzend. Wurzelstock mit Schuppenblättern und seltener einzelnen Grundblättern. Wächst oft in großen
Gruppen.
Vorkommen Feuchte Buchen-, Laubmisch- und Auenwälder, Hecken. Auf etwas feuchten, nährstoffreichen,
meist kalkhaltigen Mullböden. Zerstreut.
Wissenswertes Die frische Pflanze wirkt durch den
Gehalt an Protoanemonin haut- und schleimhaut-
reizend. Der Wurzelstock speichert reichlich Nährstoffe.
So kann sich die Pflanze im Frühjahr rasch entwickeln,
bevor das Laub der Bäume austreibt.
Verwechslung Busch-Windröschen (S. 182), 1 weiße oder
außen rosa Blüte, Blatt lang gestielt.

Höhe 10–50 cm
Blütezeit Mai–Sept.
Typisch Sumpfpflanze
mit ungeteilten,
schmalen Blättern.

Brennender Hahnenfuß
Ranunculus flammula | Hahnenfußgewächse |

Merkmale Staude. Viele 0,8–1,7 cm große, blassgelbe,
glänzende Blüten. Stängel meist reich verzweigt, bogig
aufsteigend. Alle Blätter ungeteilt, grundständige lang
gestielt, meist keilförmig oder abgerundet, Stängelblätter kurz gestielt, schmal lanzettlich.
Vorkommen Sümpfe, stickstoffarme Sumpfwiesen,
Quellen, Ufer. Oft Erstbesiedler. Zerstreut.
Wissenswertes Der Name bezieht sich auf den bren-
nenden Geschmack und die hautreizende Wirkung der
frischen Pflanze. Die Bestäubung erfolgt meist durch
Fliegen. Wenn Regen in die Blütenschüsseln fällt,
kommt es auch zu Selbstbestäubung.
Verwechslung Zungen-Hahnenfuß *(Ranunculus lin-
gua)*, Sumpfpflanze mit 3–4 cm großen Blüten und
breiteren, bis 25 cm langen, grasartigen Blättern.

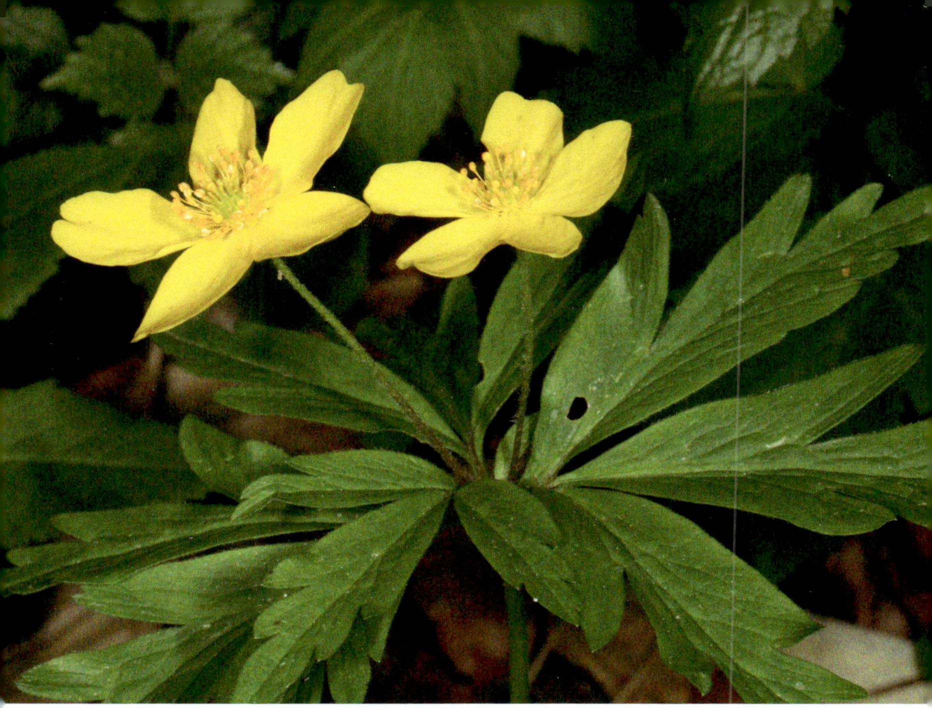

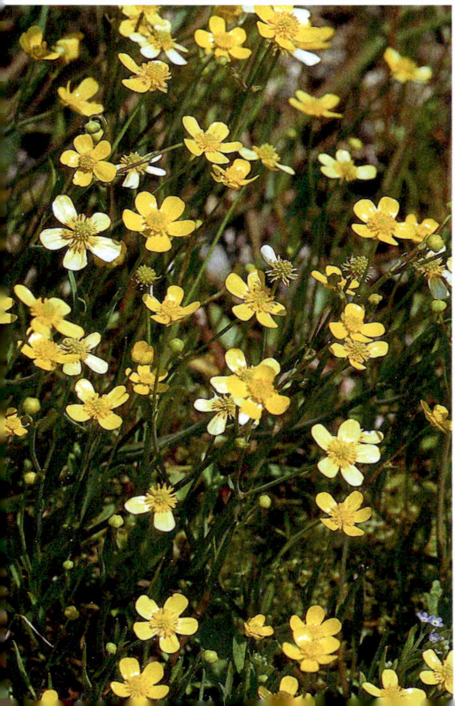

Verwechslung Zungen-Hahnenfuß

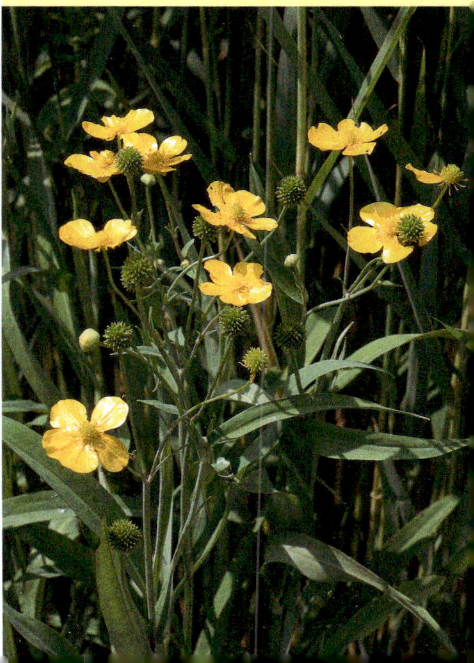

Höhe 15–40 cm
Blütezeit Mai–Aug.
Typisch Oberirdische, beblätterte Ausläufer mit Wurzeln.

Kriechender Hahnenfuß
Ranunculus repens | Hahnenfußgewächse | ☠

Merkmale Staude. Goldgelbe, 2–3 cm große, glänzende Blüten einzeln in den Blattachseln. Blätter 3-zählig, Mittelabschnitt gestielt, Abschnitte gelappt bis gekerbt. Pflanze meist fast kahl.
Vorkommen Pionierpflanze auf Äckern, Wegen, feuchten Wiesen, Auenwäldern und an Ufern. Zeigt feuchten Lehm, Bodenverdichtung und Störungen an. Erträgt Überflutung. Häufig.
Wissenswertes Mit seinen bis 50 cm tief reichenden Wurzeln wirkt dieser Hahnenfuß als Bodenbefestiger. Die raschwüchsige Pflanze vermehrt sich sehr stark. Sie bildet nicht nur eine große Menge Jungpflanzen an den oft meterlangen Ausläufern, sondern auch zahlreiche Samen. Keimlinge wachsen bereits innerhalb eines Monats zu kräftigen Pflanzen heran.

Höhe 15–35 cm
Blütezeit Mai–Juli
Typisch Kelchblätter zurückgeschlagen, Stängelbasis knollig.

Knolliger Hahnenfuß
Ranunculus bulbosus | Hahnenfußgewächse | ☠

Merkmale Staude. Wenige, 1,5–3 cm große Blüten auf gefurchten Stielen. Pflanze behaart. Untere Blätter bis zum Grund 3-teilig mit tief geteilten Abschnitten, Mittelabschnitt gestielt, obere Blätter einfacher. Knolle unmittelbar unter der Erdoberfläche.
Vorkommen Halbtrockenrasen, Magerwiesen, Böschungen. Zeigt Lehm an. Wird durch Düngung zurückgedrängt. In Kalkgebieten häufig, sonst zerstreut, in Silikatgebieten weitgehend fehlend.
Wissenswertes Die Knolle speichert ebenso wie die mehr oder weniger fleischigen Wurzeln Nährstoffe und dient als Überdauerungsorgan. Frische Pflanzen sind durch Protoanemonin giftig. Sie reizen Haut und Schleimhäute und können beim Weidevieh zu Vergiftungen führen.

Höhe 20–60 cm
Blütezeit Juni–Okt.
Typisch Fruchtköpfchen
walzlich, Blätter dicklich,
glänzend.

Höhe 15–45 cm
Blütezeit April–Mai
Typisch Blütenblätter
oft unvollständig ent-
wickelt.

Gift-Hahnenfuß
Ranunculus sceleratus | Hahnenfußgewächse | ☠

Merkmale Einjährig. Blüten hellgelb, 0,5–1 cm groß.
Stängel hohl, reich verzweigt, vielblütig. Grundblätter
lang gestielt, lappig, obere Blätter mit schmal lanzett-
lichen Abschnitten.
Vorkommen Teichränder, Sümpfe, abgelassene Seen
und Gräben. Pionier auf nassem, nährstoffreichem
Schlamm, z. T. im Wasser stehend. Zerstreut, in vielen
Gegenden fehlend.
Wissenswertes Diese Pflanze ist die giftigste heimische
Hahnenfuß-Art. Ihr Saft enthält besonders viel Protoanemonin. Er reizt Haut- und Schleimhäute und führt
innerlich aufgenommen zu Betäubung, Schwindel,
Ohnmachten und im Extremfall zum Tod. Manche Bett-
ler haben früher ihre Haut mit dem Saft eingerieben,
um mit den starken Entzündungen Mitleid zu erregen.

Gold-Hahnenfuß
Ranunculus auricomus | Hahnenfußgewächse |

Merkmale Staude. Blüten goldgelb, glänzend, 1–2,5 cm
groß, oft verkrüppelt, Kelchblätter behaart, liegen den
Blütenblättern an, Blütenstiele rund. Obere Blätter mit
schmal lanzettlichen Abschnitten, untere Blätter wenig
geteilt, flächig. Sehr formenreiche Art.
Vorkommen Laubmisch- und Auenwälder, als Wald-
relikt auch auf Wiesen. Auf feuchten, nährstoffreichen
Böden. Häufig, in Mittelgebirgen mit Silikatgestein
fehlend.
Wissenswertes Die Samen entstehen ohne Befruchtung. Sie enthalten damit dasselbe Erbgut wie die
Mutterpflanze. So stehen oft Klone von erbgleichen
Pflanzen beieinander, die z. B. im Grad der Verkrüp-
pelung der Blüten übereinstimmen. Die Früchtchen
werden von Ameisen verbreitet.

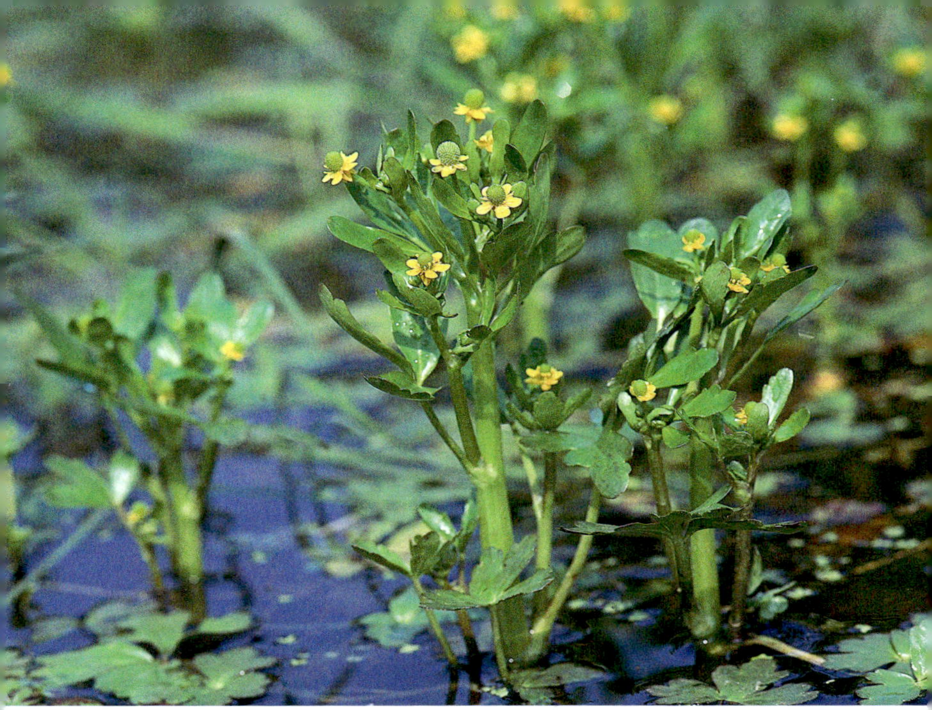
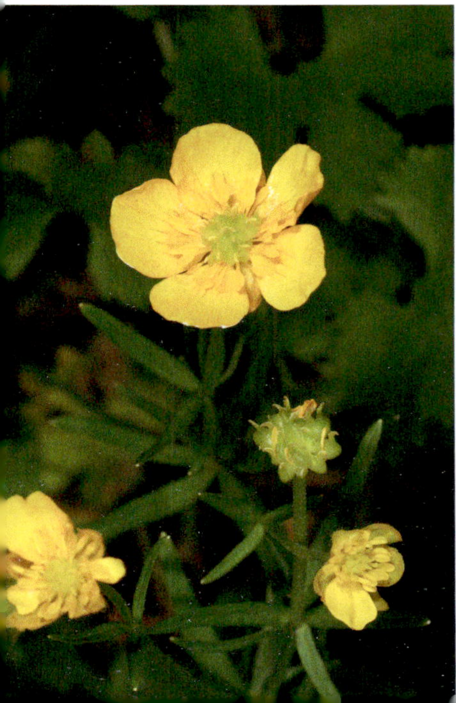
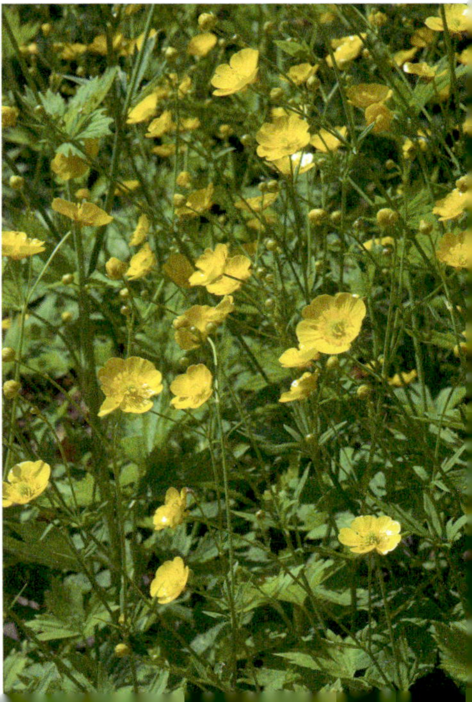

Höhe 30–100 cm
Blütezeit Mai–Sept.
Typisch Gelbliche
Kelchblätter liegen
den Blütenblättern an.

Scharfer Hahnenfuß

Ranunculus acris | Hahnenfußgewächse | ☠

Merkmale Staude. Blütenstiele rund, nicht gefurcht.
Stängel kahl oder locker anliegend behaart. Untere
Blätter handförmig 5–7-spaltig, obere einfacher.
Vorkommen Etwas feuchte, nährstoffreiche Wiesen
und Weiden. Häufig. Prägt im Mai mit dem Wiesen-
Kerbel (S. 166) das Bild feuchter Wiesen.
Wissenswertes Weidevieh meidet die in frischem
Zustand giftige Pflanze. Hahnenfuß-Heu dagegen ist
ungiftig. Die Pflanze ist einer der Auslöser von „Wiesen-
dermatitis", die oft nach dem Durchstreifen oder Liegen
auf Wiesen auftritt. Sie äußert sich in lokalen Hautentzündungen, Rötungen und Blasen.
Verwechslung Wolliger Hahnenfuß *(Ranunculus
lanuginosus)*, kräftige, im Schatten wachsende Pflanze,
dicht abstehend und weich behaart.

Höhe 40–100 cm
Blütezeit Juli–Aug.
Typisch Pflanze dicht
behaart, Kelch mit
gestielten Drüsen.

Behaartes Johanniskraut

Hypericum hirsutum | Johanniskrautgewächse

Merkmale Staude. Vielblütige Rispe, Blüten mit vielen
Staubblättern, Drüsen am Kelch schwarz. Stängel rund.
Blätter gegenständig, oval, durchscheinend punktiert,
ohne schwarze Drüsen.
Vorkommen Waldlichtungen, Waldwege, schattige
Waldwiesen. Auf trockenen bis mäßig feuchten Böden.
Verbreitet in Kalkgebieten, über Silikatgestein selten
oder fehlend.
Wissenswertes Die schwarzen Drüsen enthalten
Hypericine. Beim Zerreiben der Pflanzenteile färben sie
die Finger rot. Der Stoff erhöht die Empfindlichkeit auf
UV-Licht und damit auch auf Sonnenlicht. Bei Weide-
tieren kann es dadurch zu einer „Lichtkrankheit" mit
Hautrötungen und Blasen an unbehaarten, hellen
Hautstellen (Ohren, Nase) kommen.

Höhe 30–60 cm
Blütezeit Juli–Aug.
Typisch Stängel 2-kantig, Blatt dicht durchscheinend punktiert.

Tüpfel-Johanniskraut
Echtes Johanniskraut
Hypericum perforatum | Johanniskrautgewächse

Merkmale Staude. Vielblütige Rispe, zerriebene Blüten färben Finger rot. Kronblätter unsymmetrisch, auf einer Seite gezähnt, am Rand schwarz punktiert, viele Staubblätter. Stängel reich verzweigt, verholzend. Blätter gegenständig, sitzend.
Vorkommen Magere Weiden, Rasen, Heiden, Gebüsch- und Waldränder, Böschungen, Schuttplätze, Ödflächen. Pionierpflanze auf Böden aller Art. Verbreitet.
Wissenswertes Die Pflanze enthält Hypericine, Flavonoide, ätherisches Öl und Gerbstoffe. Ölige Auszüge („Rotöl") lindern Verbrennungen und Muskelschmerzen. Innerlich angewendet wirkt das Kraut stimmungsaufhellend. Der deutsche Name bezieht sich auf den Blühbeginn um den Johannistag (24. Juni).

Höhe 20–60 cm
Blütezeit Juli–Aug.
Typisch Stängel 4-kantig, Kronblätter schwarz gefleckt.

Geflecktes Johanniskraut
Hypericum maculatum | Johanniskrautgewächse

Merkmale Staude. Viele goldgelbe Blüten mit symmetrischen Kronblättern und vielen Staubblättern. Manchmal Stängel unten nur 2-kantig. Blätter gegenständig, am Rand schwarz punktiert, auf der Fläche höchstens mit wenigen durchscheinenden Punkten.
Vorkommen Nass- und Feuchtwiesen, Heiden, Waldränder, Moorwiesen. Auf nährstoff- und kalkarmen, feuchten Böden. Verbreitet in Silikatgebieten.
Wissenswertes Die Blüten der Johanniskräuter bieten bestäubenden Fliegen, Schwebfliegen und Bienen in den zahlreichen Staubblättern reichlich Blütenstaub als Nahrung. Verblühte Blüten schließen sich, indem die Kronblätter nicht abfallen, sondern sich wieder zusammenwickeln. Dabei kann auch Selbstbestäubung stattfinden.

Höhe bis 30 m
Blütezeit Juni
Typisch Blütenstand mit flügelartigem Tragblatt verwachsen.

Sommer-Linde
Tilia platyphyllos | Lindengewächse

Merkmale Baum. Blütenstand 2–5-blütig, Blüten gelblich, 1–1,5 cm groß, nach Honig duftend. Früchte kantig. Blätter 5–16 cm lang, schief herzförmig, ziemlich weich und dünn. Oberseite dunkelgrün, anfangs behaart, Unterseite grün, mit weißlichen Achselbärten, Blattrand dicht gezähnt.
Vorkommen Schlucht- und Bergwälder. Zerstreut, im nördlichen Tiefland selten. Vielerorts seit Jahrhunderten gepflanzt, auch in Orten und auf Feldern.
Wissenswertes Im Mittelalter stellten Dorflinden das Zentrum des dörflichen Lebens dar. Lindenblüten liefern einen schweißtreibenden Tee. Sie enthalten ätherische Öle und Flavonoide. Die Früchte werden mit dem flügelartigen Tragblatt vom Wind abgerissen und drehen sich wie Kreisel in der Luft.

Höhe 10–20 cm
Blütezeit Juni–Okt.
Typisch Knospen hängend, Kronblätter meist etwas zerknittert.

Gewöhnliches Sonnenröschen
Helianthemum nummularium | Zistrosengewächse

Merkmale Zwergstrauch. Trauben mit wenigen Blüten, die sich nacheinander öffnen. Stängel unten braun, verholzt, liegend bis aufsteigend. Blätter gegenständig, oval oder länglich bis lineal, oft lederartig.
Vorkommen Sonnige Halbtrocken- und Trockenrasen, Raine, Kiefern-Trockenwälder. Auf mageren, kalkreichen Böden. Verbreitet in Kalkgebieten, im nördlichen Tiefland selten.
Wissenswertes Die Blüten öffnen sich nur bei Sonnenschein und leben nur einen Tag. Nachmittags schließen sie sich und die Kronblätter fallen ab. Die Staubblätter reagieren auf Berührung. Anfangs neigen sie sich nach innen. Besucht ein Insekt die Blüte, bewegen sie sich auswärts. Dabei werden die Bestäuber mit Pollen eingepudert.

Höhe 10–50 cm
Blütezeit Mai–Juli
Typisch Liegende Stängel mit runden bis ovalen Blättern.

Pfennigkraut
Pfennigblättriger Gilbweiderich
Lysimachia nummularia | Primelgewächse

Merkmale Staude. Blüten zu 1–2 auf langen Stielen, Krone 1–2,5 cm groß, tief 5-zipfelig, goldgelb, oft rot punktiert. Stängel im unteren Teil wurzelnd. Blätter gegenständig, wintergrün, kurz gestielt, rot punktiert.
Vorkommen Wiesen, Weiden, Gärten, Ufer, Gräben, Auenwälder, Wegränder. Auf eher feuchten, nährstoffreichen Böden an offenen Standorten. Verbreitet.
Wissenswertes Die Pflanze bildet große Teppiche. Im Garten eignet sie sich als Bodendecker. Sie lässt sich sogar untergetaucht im Aquarium kultivieren. Die Volksmedizin empfiehlt sie gegen Ekzeme, Wunden und Husten. Der deutsche Name sowie der Artname „*nummularia*" (lat. *nummus* = Münze) beziehen sich auf die an Münzen erinnernde Blattform.

Höhe 50–150 cm
Blütezeit Juni–Aug.
Typisch Pyramidenförmige Rispe, Blätter in Quirlen zu 3–4.

Gewöhnlicher Gilbweiderich
Felberich
Lysimachia vulgaris | Primelgewächse

Merkmale Staude. Blütenkrone mit 5 ovalen Zipfeln 1,5–2,5 cm groß, Staubfäden drüsig behaart. Stängel verzweigt, kurz behaart. Blätter eiförmig-länglich.
Vorkommen Quellen, Gräben, Auenwälder, Moorwiesen. Auf humosen Böden. Verbreitet.
Wissenswertes Der Gilbweiderich gehört zu den Ölblumen. Seine Blüten bieten ihren Bestäubern neben Blütenstaub fette Öle als Belohnung. Eine Gruppe von Wildbienen sammelt diese als Larvennahrung. Die deutschen Namen weisen auf die Ähnlichkeit jung austreibender Blätter mit denen von schmalblättrigen Weiden (= Felbern) hin.
Verwechslung Punktierter Gilbweiderich *(Lysimachia punctata)*, Stängel unverzeigt, Blüten zu 1–4 in den Blattachseln, Blätter in Quirlen zu 3–6.

Verwechslung Punktierter Gilbweiderich

Höhe 10–30 cm
Blütezeit März–Mai
Typisch Einseitswendige Dolden mit hellgelben Blüten.

Hohe Schlüsselblume
Wald-Schlüsselblume
Primula elatior | Primelgewächse | geschützt

Merkmale Staude. Dolden lang gestielt. Blüten schwach duftend, Kelch kantig, liegt der Kronröhre eng an, Krone vorn trichterig bis radförmig, ohne Flecken. Blattrosette mit ovalen, runzeligen Blättern.
Vorkommen Wälder, Bergwiesen. Auf feuchten, nährstoffreichen Böden. Zeigt Lehm an. Häufig.
Wissenswertes Der Name „*Primula*" bezieht sich auf die frühe Blütezeit (lat. *prima* = die Erste). Es gibt Pflanzen, deren Blüten lange Griffel und tief sitzende Staubblätter haben und solche mit kurzen Griffeln und hoch sitzenden Staubblättern.
Verwechslung Stängellose Schlüsselblume *(Primula vulgaris)*, 5–25 hellgelbe, bis 3 cm breite Blüten einzeln auf langen, dünnen Stielen.

Höhe 10–30 cm
Blütezeit April–Juni
Typisch Einseitswendige Dolden mit goldgelben Blüten.

Gewöhnliche Wiesen-Schlüsselblume
Echte Schlüsselblume
Primula veris | Primelgewächse | geschützt

Merkmale Staude. Dolde lang gestielt, mit 5–20 duftenden Blüten, Krontrichter innen mit orangen Flecken, Kelch kantig, liegt der Kronröhre nicht an. Blätter in Grundrosette, runzelig, bis 12 cm lang.
Vorkommen Magere Rasen und Wiesen, Waldränder, Raine, lichte Wälder. Auf meist kalkreichen, mageren Böden. Verbreitet.
Wissenswertes Die Pflanze enthält besonders in den unterirdischen Teilen Saponine. Diese lösen bei Husten den Schleim. Früher wurden die Wurzeln auch als Niespulver verwendet. Die Blütendolde ähnelt einem Schlüsselbund. Nach der Legende ließ Petrus seine Schlüssel auf die Erde fallen. An dieser Stelle wuchsen „Himmelsschlüssel".

Höhe 3–15 cm
Blütezeit Juni–Aug.
Typisch Lockere Rasen,
Blätter fleischig, dick.

Scharfer Mauerpfeffer

Sedum acre | Dickblattgewächse | ☠

Merkmale Staude. Trauben mit wenigen Blüten. Blätter
3–6 mm lang, 2–4 mm breit, an den nicht blühenden
Trieben sehr dicht stehend. Blühende Stängel nur
locker beblättert.
Vorkommen Pionier auf sonnigen Felsen, Mauern,
Kiesdächern, Bahnschotter, Kiesgruben. Auf warmen,
trockenen, lockeren Sand- und Steinböden. Häufig.
Wissenswertes Die Blätter speichern Wasser. So erträgt
die Pflanze Trockenzeiten und kann sogar noch nach
dem Pflücken weiter wachsen. Die Sprosse enthalten
scharf schmeckende Alkaloide. Sie reizen die Schleimhäute und lösen Erbrechen und Durchfall aus.
Verwechslung Milder Mauerpfeffer *(Sedum sexangu-
lare)*, Blätter 4–7 mm lang, um 1 mm dick, in 6 deutlichen Längsreihen. Geschmack nicht scharf.

Höhe 30–100 cm
Blütezeit Juni–Sept.
Typisch Lange, lockere,
blattlose Blütentrauben.

Kleiner Odermennig

Agrimonia eupatoria | Rosengewächse

Merkmale Staude. Blüten 0,7–1 cm groß. Früchte kegelförmig, gefurcht, mit zahlreichen Haken. Stängel behaart. Blätter in Grundrosette und wechselständig am
Stängel, unpaarig gefiedert, mit 5–9 Paar großen und
dazwischen oft noch kleineren Blättchen.
Vorkommen Hecken, Wälder, Böschungen, Gebüsche,
Magerrasen. Auf mehr oder weniger nährstoffreichen,
oft kalkhaltigen, trockenen Böden an sonnigen Standorten. Verbreitet.
Wissenswertes Die Früchte bleiben mit den Widerhaken an Tieren hängen. Die Pflanze enthält Gerbstoffe
und lindert leichte Durchfälle und Rachenentzündun-
gen. Im Mittelalter zählte sie zu den wichtigsten Wund-
kräutern. Die Bach-Blütentherapie kennt die Pflanze als
„Agrimony".

Höhe 30–120 cm
Blütezeit Mai–Okt.
Typisch Früchtchen bilden einen klettenartigen Kopf.

Gewöhnliche Nelkenwurz
Echte Nelkenwurz
Geum urbanum | Rosengewächse

Merkmale Staude. Meist 2–6 aufrechte Blüten. Stängel sparrig, weich behaart. Stängelblätter 3-teilig, Grundblätter mit 1–5 Paar ungleich großen Seitenfiedern und großem, meist 3-teiligem Endblatt.
Vorkommen Wälder, Zäune, Mauern, Ödflächen. Zeigt Nährstoffreichtum an. Verbreitet.
Wissenswertes Die Früchtchen bleiben an Tieren hängen. Die Wurzeln enthalten Gein. Aus ihm entsteht beim Trocknen das ätherische Öl Eugenol. Dieses verleiht auch Gewürznelken ihren typischen Geruch. Obwohl die Wurzeln rund 100 mal weniger Eugenol enthalten, wurden sie früher als Ersatz für das tropische Gewürz verwendet. Sie helfen auch gegen Zahnfleischentzündungen.

Höhe 10–20 cm
Blütezeit Juni–Aug.
Typisch Kriechende Stängel mit Wurzeln, Blättern und Blüten.

Kriechendes Fingerkraut
Potentilla reptans | Rosengewächse

Merkmale Staude. Blüten 1,5–2,5 cm groß, einzeln auf langen Stielen, Kronblätter vorn herzförmig oder eingebuchtet. Kriechende Stängel bis über 1 m lang. Blätter meist 5-zählig gefingert.
Vorkommen Weg- und Straßenränder, Äcker, Ufer, Ödflächen. Auf eher feuchten, nährstoffreichen Lehm- und Tonböden. Verbreitet.
Wissenswertes An Mauern gepflanzt, hängt das Kriechende Fingerkraut weit herab und trägt zur Begrünung bei. Es kann auch neue Straßenränder sehr rasch besiedeln, wobei es sich außer über Samen auch über Jungpflanzen an seinen Ausläufern vermehrt. Die Pflanze enthält Gerbstoffe. Deshalb empfahl die Volksheilkunde das Kraut früher gelegentlich gegen Durchfall.

Höhe 15–80 cm
Blütezeit Mai–Aug.
Typisch Blätter unpaarig
gefiedert, unterseits
weißhaarig.

Gänse-Fingerkraut

Potentilla anserina | Rosengewächse

Merkmale Staude. Blüten 1,5–3 cm groß, einzeln auf
langen Stielen, Kronblätter länger als der Kelch. Lang
kriechende Stängel, die an den Knoten wurzeln und
dort Blattrosetten bilden. Blätter mit 13–21 größeren
Fiedern, oft mit kleinen Blättchen dazwischen .

Vorkommen Weg- und Straßenränder, Ufer, Äcker,
Weiden, in Dörfern, Ödflächen, Bahndämme. Auf eher
feuchten Böden. Zeigt Nährstoffreichtum und Bodenverdichtung an. Verbreitet.

Wissenswertes Früher war die Pflanze typisch für
Gänseweiden. Sie profitierte dort vom Nitratreichtum.
Das Kraut erträgt auch Salz. Es wächst deshalb heute
häufig an den Rändern salzgestreuter Straßen.
Die weichen Blätter dienten früher als Einlegesohlen
für Holzschuhe.

Höhe 5–20 cm
Blütezeit März–Juni
Typisch Reich blühende
Polster mit hand-
förmigen Blättern.

Gewöhnliches Frühlings-Fingerkraut

Potentilla tabernaemontani, *Potentilla verna*
Rosengewächse

Merkmale Staude. Blüten 1–2 cm groß, Kronblätter
vorn eingebuchtet. Pflanze behaart. Stängel liegend
oder aufsteigend, liegende Stängel wurzeln an den
Knoten und bilden an der Spitze eine neue Blattrosette.
Grundblätter meist 5-zählig.

Vorkommen Magerrasen, Böschungen, felsige Hänge,
Felsköpfe. An sonnigen, warmen Standorten auf trockenen, kalkhaltigen Böden. Verbreitet.

Wissenswertes Der Name „Fingerkraut" bezieht sich
auf die Blattform. Die Blüten locken besonders Wildbienen an. Gelegentlich blüht die Pflanze im Spätsommer
oder Herbst noch ein zweites Mal. Die Samen werden
von Ameisen verschleppt. Im Boden bleiben sie über
30 Jahre lang keimfähig.

Höhe 10–50 cm
Blütezeit Juni–Sept.
Typisch Wurzelnde
Stängel mit 3-zähligen
„Kleeblättern".

Hornfrüchtiger Sauerklee

Oxalis corniculata | Sauerkleegewächse | (☠)

Merkmale Einjährig bis Staude. Blüten 0,5–1,2 cm groß.
Fruchtstiele abwärts gebogen, Kapselfrucht hornförmig, anliegend behaart. Stängel liegend. Pflanze oft röt-
lich überlaufen. Blätter wechselständig.
Vorkommen Gärten, Wege, Blumentöpfe, Pflanzkübel,
Pflasterfugen, Friedhöfe. Auf nährstoffreichen, meist
kalkarmen Böden. Zerstreut.
Wissenswertes Die reifen Früchte drücken die Samen
durch Spalten hinaus und schleudern sie bis über
1 m weit weg. Dieser Quetschmechanismus ist für alle
Sauerklee-Arten typisch. Die Art stammt aus Süd-
europa und wurde Anfang des 19. Jh. ursprünglich als
Zierpflanze bei uns eingeführt.
Verwechslung Aufrechter Sauerklee *(Oxalis stricta)*,
Stängel aufrecht, obere Blätter gegenständig.

Höhe 20–100 cm
Blütezeit Juli–Sept.
Typisch Blätter schmal,
obere oft sichelförmig
gebogen.

Sichelblättriges Hasenohr

Bupleurum falcatum | Doldengewächse

Merkmale Staude. Kleine, goldgelbe Blüten in zusam-
mengesetzten Dolden mit 4–8 Döldchen. Pflanze kahl,
Stängel sparrig verzweigt. Blätter mit 5–7 parallel
verlaufenden Blattadern, Grundblätter lang gestielt.
Vorkommen Sonnige Halden, Gebüsche, lichte Wälder,
Waldränder, Böschungen. Auf eher trockenen, mageren,
meist kalkreichen Böden an wärmeren Standorten.
Zerstreut.
Wissenswertes Dank der relativ kleinen, kompakten
Blätter ist die Verdunstung bei dieser Pflanze geringer
als bei Doldengewächsen mit stark zerteilten Blättern.
Sie kann außerdem bis über 1 Meter tief wurzeln.
So findet sie auch auf trockenen Standorten noch aus-
reichend Feuchtigkeit. Manche Hasenohr-Blätter
erinnern entfernt an aufgestellte Hasenohren.

Höhe 30–100 cm
Blütezeit Juli–Sept.
Typisch Dolden mit gelben Blüten, Blätter gefiedert.

Pastinak
Pastinaca sativa | Doldengewächse

Merkmale Zweijährig. Dolden aus 5–20 Döldchen zusammengesetzt. Stängel gefurcht, mit rauen Borsten, oft grau behaart. Blätter gelbgrün, mit eiförmigen, unregelmäßig gesägten oder gelappten Blättchen, obere einfacher. Pflanze riecht zerrieben möhrenartig.
Vorkommen Wiesen- und Wegränder, Böschungen, Steinbrüche, Bahnschotter. Auf nährstoffreichen, meist kalkhaltigen Böden. Zeigt Lehm an. Verbreitet.
Wissenswertes Ursprünglich stammt die Pflanze wohl aus Westasien. Ihre heutige Verbreitung geht auf frühere Kulturen zurück. Bis zum 18. Jh. gehörten die im ersten Jahr fleischigen Wurzeln zu den Grundnahrungsmitteln. Dann setzte sich jedoch der Kartoffelanbau durch. Die heutige Kulturform *(var. sativa)* ist viel ergiebiger als die Wildformen.

Höhe 45–140 cm
Blütezeit Juni–Aug.
Typisch Blüten in den Achseln von gegenständigen Blättern.

Gelber Enzian
Gentiana lutea | Enziangewächse | geschützt

Merkmale Staude. Blütenkrone weit trichter- bis sternförmig, fast bis zum Grund 5–6-zipfelig, Zipfel bis 3,5 cm lang. Stängel dick, rund. Blätter blaugrün, mit 5–7 parallelen Adern. Wurzelstock bis armdick.
Vorkommen Magerrasen, Weiden, Flachmoore, helle Bergwälder. Auf eher feuchten, kalkhaltigen Böden. Selten. Alpen, Rhön, Jura, Schwarzwald.
Wissenswertes Die Bitterstoffe der Wurzel regen die Bildung von Speichel und Magensaft an. Zu den Bitterstoffen gehört Amarogentin, der bitterste bekannte Naturstoff. Bei der Destillation zu Enzianschnaps bleiben die Bitterstoffe weitgehend in der Maische zurück, sodass der Schnaps aromatisch-scharf schmeckt.
Verwechslung Ohne Blüten mit dem giftigen Weißen Germer *(Veratrum album)*, Blätter wechselständig.

Verwechslung Weißer Germer

Weißer Germer (links) Gelber Enzian (rechts)

Höhe 30–170 cm
Blütezeit Juli–Sept.
Typisch Lange, dichte Blütenstände mit 1–3 cm großen Blüten.

Kleinblütige Königskerze
Verbascum thapsus | Braunwurzgewächse

Merkmale Zweijährig. 3 der 5 Staubfäden weißwollig, Staubbeutel der längeren Staubblätter 1–2 mm lang. Pflanze filzig behaart. Stängel einfach oder wenig verzweigt, durch herablaufende Blätter teils geflügelt.
Vorkommen Schuttplätze, Ödflächen, Waldlichtungen, Dämme, Ufer, Mauern. Auf lockeren, oft etwas steinigen Böden. Verbreitet.
Wissenswertes Früher glaubte man, die Haare an den Staubblättern seien Futterhaare und würden von Insekten gefressen. Dies konnte jedoch nicht bestätigt werden. Vielmehr täuscht die Behaarung mehr Pollen vor, als vorhanden ist. Die Blüten wirken damit sehr attraktiv auf pollensuchende Insekten.
Verwechslung Großblütige Königskerze (s. u.), Blüten 3–5 cm groß, Staubbeutel 3–5 mm lang.

Höhe 50–250 cm
Blütezeit Juli–Sept.
Typisch Lange, dichte Blütenstände mit 3–5 cm großen Blüten.

Großblütige Königskerze
Verbascum densiflorum, *Verbascum thapsiforme*
Braunwurzgewächse

Merkmale Zweijährig. Blütenkrone radförmig ausgebreitet, 3 Staubfäden weißwollig. Pflanze filzig behaart. Stängel einfach oder oben wenig verzweigt, durch herablaufende Blätter teils geflügelt.
Vorkommen Ödflächen, Wegränder, Waldschläge, Ufer. Auf nährstoffreichen Böden. Zerstreut.
Wissenswertes Die Blüten enthalten Schleimstoffe, Saponine und Flavonoide. Sie wirken reizlindernd auf die Schleimhäute des Rachens. Auf den Pflanzen findet man oft die gepunkteten Schmetterlingsraupen des Braunen Mönchs *(Cucullia verbasci)*.
Verwechslung Windblumen-Königskerze *(Verbascum phlomoides)*, Blätter laufen nicht am Stängel herab, Blütenstand etwas aufgelockert.

Verwechslung Windblumen-Königskerze

Höhe 50–120 cm
Blütezeit Juni–Sept.
Typisch Staubfäden
violett wollig behaart.

Schwarze Königskerze
Verbascum nigrum | Braunwurzgewächse

Merkmale Zweijährig. Lange Blütenstände mit
1,5–2,5 cm großen Blüten. Stängel oft braunviolett
überlaufen, oben wenig verzweigt und flockig behaart.
Blätter oberseits fast kahl, dunkelgrün, unterseits dicht
filzig, laufen nicht am Stängel herab.
Vorkommen Waldschläge, Schuttplätze, Wegränder,
Böschungen. Auf etwas feuchten, nährstoffreichen,
humushaltigen Böden. Zerstreut.
Wissenswertes Die Färbung der Staubblatthaare bildet
einen starken Kontrast zum Gelb der Blüten und Staubbeutel. Auf Insekten wirkt dies sehr attraktiv. Schüttelt
man an warmen Tagen den blühenden Stängel einer
Königskerze kräftig und wartet danach wenige Minuten, fällt meist eine größere Zahl von Blütenkronen ab.
Der Kelch drückt dabei die Krone nach außen.

Höhe 60–120 cm
Blütezeit Juni–Aug.
Typisch Stängel mit
mehlig-flockigem Filz.

Mehlige Königskerze
Verbascum lychnitis | Braunwurzgewächse

Merkmale Zweijährig. Blüten etwas knäuelig angeordnet, hellgelb, seltener weiß, 1–2 cm groß. Blütenstand
mindestens unten verzweigt. Stängel oben kantig.
Blätter oberseits fast kahl, unterseits weißfilzig, laufen
nicht am Stängel herab.
Vorkommen Gebüschränder, Wege, Böschungen,
Magerrasen, Ödflächen. Auf warmen, eher trockenen,
auch steinigen Böden. In Kalkgebieten häufig. In manchen Gegenden fast nur weiß blühende, in anderen fast
nur gelb blühende Pflanzen.
Wissenswertes Der Artname „*lychnitis*" leitet sich von
lat. *lychnos* = Lampe ab. Aus den haarigen Blättern wurden früher Lampendochte hergestellt. Von einigen
Königskerzen-Arten tränkte man auch trockene Frucht-
stängel mit Harz oder Wachs und nutzte sie als Fackeln.

Höhe 30–60 cm
Blütezeit Mai–Juni
Typisch Blütenblätter
zu einer Kugel zusammengeneigt.

Europäische Trollblume

Trollius europaeus | Hahnenfußgewächse | ☠ | geschützt

Merkmale Staude. Blüte 3–5 cm groß, mit 10–15 Blütenblättern. Untere Blätter lang gestielt, bis zum Grund handförmig 5-teilig, Abschnitte nochmals 3-teilig, Stängelblätter nach oben zunehmend einfacher. Blüht manchmal nochmals im Herbst.
Vorkommen Feuchte bis nasse Wiesen, Bergwiesen, Niedermoore, Bachränder. Auf kühlen, feuchten Lehm- und Tonböden. Zerstreut. Oft zu vielen beieinander.
Wissenswertes Nur kleine Fliegen und Käfer gelangen in die geschlossenen Blüten. Die wichtigsten Bestäuber sind drei kleine Fliegen-Arten, die ihre Eier in der Blüte ablegen. Ihre Larven fressen von den sich entwickelnden Samen. Da meist nicht viele in einer Blüte fressen, verbleiben der Pflanze jedoch genügend Samen, um sich zu vermehren.

Höhe 5–20 cm
Blütezeit März–Mai
Typisch 8–12 glänzende, längliche Blütenblätter.

Gewöhnliches Scharbockskraut

Ranunculus ficaria | Hahnenfußgewächse | ☠

Merkmale Staude. Blüten einzeln, 2–3 cm groß. Stängel niederliegend oder aufsteigend, oft mit Brutknöllchen in den Blattachseln. Blätter glänzend, rundlich bis herzförmig, erscheinen vor den Blüten im sehr zeitigen Frühjahr, Blattrand entfernt stumpf gezähnt.
Vorkommen Auenwälder, Laubmischwälder, Obstwiesen, Parks, Wiesen. Auf feuchten, nährstoffreichen Böden. Zeigt Lehm und Nährstoffreichtum an. Häufig.
Wissenswertes Bei uns vermehrt sich die Pflanze fast nur durch Brutknöllchen. Sie lösen sich leicht von den verwelkenden Pflanzen. Die Blätter enthalten viel Vitamin C. Früher aß man sie gegen Skorbut (= Scharbock). Mit fortschreitendem Wachstum und besonders nach der Blüte nimmt jedoch der Gehalt an Protoanemonin und damit die Giftigkeit der Pflanze zu.

Höhe bis 3 m
Blütezeit April–Juni
Typisch 1–7-teilige
Dornen an den Zweigen.

Gewöhnliche Berberitze
Sauerdorn
Berberis vulgaris | Berberitzengewächse | (☠)

Merkmale Strauch. Hellgelbe Blüten in hängenden
Trauben, riechen stark und eher unangenehm. Beeren
rot, 8–11 mm lang. Blätter 2–6 cm lang, verkehrt eiför-
mig, ihr Rand fein stachelig gezähnt.
Vorkommen Waldränder, Hecken, Gebüsche, lichte
Kiefernwälder. Auf nährstoffreichen, sommerwarmen
Böden. Zerstreut. Im nördlichen Tiefland nur ange-
pflanzt und verwildert.
Wissenswertes Im Dritten Reich bekämpfte man die
Berberitze, da sie eine wichtige Rolle im Entwicklungs-
zyklus eines Schadpilzes, des Getreide-Schwarzrostes,
spielt. Der Strauch enthält giftige Alkaloide. Die reifen
Beeren sind jedoch ungiftig. Sie schmecken allerdings
sehr sauer.

Höhe 20–60 cm
Blütezeit Mai–Sept.
Typisch Blätter fiederspaltig, Abschnitte lang
und schmal.

Gelber Wau Gelbe Resede
Reseda lutea | Resedengewächse

Merkmale Ein- bis zweijährig. Bis 30 cm lange, dichte
Trauben mit hellgelben Blüten, Kelch und Krone 6-tei-
lig, Kronblätter ungleich groß, die beiden oberen mit
3 schmalen Zipfeln. Pflanze oft buschig.
Vorkommen Wege, Schuttplätze, Bahn- und Hafen-
anlagen, Ödflächen. Auf warmen, trockenen, meist
kalkreichen, sandigen Böden. Verbreitet.
Wissenswertes „Wau" hießen früher verschiedene gelbe
Färbepflanzen. Als Farbstoffe enthält der Gelbe Wau
Flavonoide, besonders Luteolin. Er färbt Wolle und Sei-
de je nach Vorbehandlung gelb, gelbgrün („resedagrün")
oder olivbraun. Außerdem liefert er lichtechte Maler-
farbe.
Verwechslung Färber-Wau *(Reseda luteola)*, Blätter
ungeteilt, Traube schlank. Blüte mit 4 Kronblättern.

Verwechslung Färber-Wau

Höhe 7–30 cm
Blütezeit März–April
Typisch Blütenkörb-
chen einzeln auf filzigen
Stängeln.

Huflattich

Tussilago farfara | Korbblütengewächse | ☠

Merkmale Staude. Körbchen 2–3 cm breit. Am Stängel
nur Schuppenblätter. Grüne Blätter erscheinen erst
gegen Ende der Blütezeit, derb, herzförmig-rundlich,
oberseits nur anfangs, unterseits bleibend weißfilzig,
Blattzähne mit schwärzlichen Spitzen.
Vorkommen Wege, Straßenränder, Schuttplätze, Kiesgruben, Ufer. Auf offenen, meist kalkhaltigen Böden
aller Art. Bodenfestigende Pionierpflanze. Häufig.
Wissenswertes Die Pflanze enthält Schleimstoffe, die
Husten und Heiserkeit lindern (lat. *tussis* = Husten,
agere = vertreiben). In Wildpflanzen sind jedoch auch
giftige Pyrrolizidinalkaloide vorhanden. Deshalb werden meistens alkaloidfreie Züchtungen verwendet.
Verwechslung Blätter mit Pestwurz (S. 58), Blattzähne
an der Spitze nicht schwärzlich.

Höhe 20–50 cm
Blütezeit Juni–Juli
Typisch Grundrosette,
Stängelblätter gegen-
ständig.

Echte Arnika Berg-Wohlverleih

Arnica montana | Korbblütengewächse | (☠) | geschützt

Merkmale Staude. Je Stängel 1–3 goldgelbe Körbchen,
außen Zungen-, innen Röhrenblüten. Stängel borstigdrüsig behaart, meist nur mit 1 Paar Blättern.
Vorkommen Magere Wiesen und Weiden, Heiden,
Moore, lichte Wälder. Auf etwas feuchten, sauren
Böden. Meidet Kalk. Zerstreut, in den Mittelgebirgen
und Alpen.
Wissenswertes Blütenauszüge hemmen Entzündungen und lindern Schmerzen. Äußerlich helfen sie bei
Prellungen, Quetschungen, Rheuma und Insektenstichen. Überdosierung kann jedoch eine Allergie auslösen. Innerlich angewandt kann die Pflanze zu Vergiftungen mit Erbrechen, Herzrhythmusstörungen und
Kollaps führen.
Verwechslung Großblütige Gämswurz *(Doronicum
grandiflorum)*, Blätter wechselständig, Alpen.

Verwechslung Großblütige Gämswurz

Höhe 60–150 cm
Blütezeit Juli–Sept.
Typisch Blätter lanzettlich, je Körbchen nur
4–8 Zungenblüten.

Fuchs' Greiskraut Fuchs' Kreuzkraut
Senecio ovatus, Senecio fuchsii
Korbblütengewächse | ☠

Merkmale Staude. Dichte Scheindolde, Körbchen mit
schmalen Zungen- und gelben, später braunen Röhrenblüten. Früchte mit Haarkranz. Stängel gleichmäßig
beblättert, nur oben verzweigt. Blätter fein gezähnt.
Vorkommen Wälder, Waldschläge, Lichtungen, Sturm-
wurfflächen. Auf etwas feuchten, nährstoffreichen,
humusreichen Böden. Häufig, oft in Gruppen.
Wissenswertes Früher empfahl man die Pflanze bei
Zuckerkrankheit, Blutungen und Wunden (alter Name
„Heydnisch Wundkraut"). Dies ist heute nicht mehr zu
vertreten, denn die in Greiskräutern enthaltenen Pyrrolizidinalkaloide schädigen die Leber und können Krebs
auslösen. Die Pflanze ist nach dem Tübinger Arzt und
Botaniker Leonard Fuchs (1501–1568) benannt.

Höhe 30–100 cm
Blütezeit Juli–Sept.
Typisch Blätter fieder-
spaltig, Lappen zum
Ende hin verbreitert.

Jakobs–Greiskraut Jakobs–Kreuzkraut
Senecio jacobaea | Korbblütengewächse | ☠

Merkmale Zweijährig bis Staude. Viele 1,2–1,5 cm breite,
goldgelbe Blütenkörbchen, im Körbchen 12–15 Zungenblüten und zahlreiche Röhrenblüten. Blätter am Grund
mit vielzipfeligen Öhrchen, kahl oder zerstreut spinn-
webig behaart, Lappen stumpf.
Vorkommen Weiden, Wiesen, Halbtrockenrasen,
Böschungen, Waldränder. Zerstreut.
Wissenswertes Der Name „Greiskraut" bezieht sich
ebenso wie der wissenschaftliche Name „*Senecio*" auf
die fruchtenden Körbchen. Diese erinnern durch die
feinen, weißen Haarkränze, die auf den Früchten sitzen,
an ein Greisenhaupt (lat. *senex* = Greis). Der Artname
„Jakobs-" bzw. „*jacobaea*" weist auf den Blühbeginn um
den St. Jakobstag (25. Juli) hin. Oft blüht die Pflanze jedoch bereits Anfang Juli.

Höhe 10–30 cm
Blütezeit Febr.–Nov.
Typisch Körbchen meist
nur mit Röhrenblüten.

Gewöhnliches Greiskraut
Gewöhnliches Kreuzkraut
Senecio vulgaris | Korbblütengewächse | ☠

Merkmale Einjährig. Oft nickende Körbchen in unregel-
mäßiger Rispe. Hüllblätter des Körbchens mit schwarzen Spitzen. Früchte mit weißem Haarkranz. Pflanze
kahl oder zerstreut spinnwebig-wollig, in der Sonne oft
rötlich überlaufen. Blätter grob fiederspaltig.
Vorkommen Äcker, Gärten, Ödflächen, Schuttplätze,
Waldschläge. Zeigt Stickstoffreichtum an. Verbreitet.
Wissenswertes Die Früchte können Dank des Haar-
kranzes gut fliegen. Einen eindrucksvollen Nachweis
fanden Wissenschaftler auf der Vulkaninsel Surtsey.
Die Pflanze gehörte dort zu den Erstbesiedlern.
Die Früchte waren mindestens 40 km weit geflogen.
Verwechslung Klebriges Greiskraut *(Senecio viscosus)*,
Pflanze klebrig, Körbchen mit Zungenblüten.

Höhe 100–250 cm
Blütezeit Okt.–Nov.
Typisch Sehr spät
blühende, hochwüchsige
Pflanze.

Topinambur Erdbirne
Helianthus tuberosus | Korbblütengewächse

Merkmale Staude. Meist mehrere 4–14 cm breite Kör-
chen. Lange Ausläufer, im Spätherbst an den Enden mit
spindelförmigen bis kugeligen Knollen. Blätter eiför-
mig-lanzettlich, die unteren und mittleren gegenständig oder zu 3 im Quirl, rau.
Vorkommen Kultiviert, oft verwildert und eingebürgert
an Ufern. Stammt aus Nordamerika.
Wissenswertes Die Pflanze wurde in Europa erstmals
1619 angebaut. Nach dem Dreißigjährigen Krieg war sie
ein wichtiges Grundnahrungsmittel. In der Folgezeit
erwies sich jedoch die Kartoffel als ertragreicher. Die bis
faustgroßen Knollen enthalten Inulin. Sie eignen sich
als Kartoffelersatz für Diabetiker. Neuerdings erweckt
die Pflanze das Interesse als nachwachsender Rohstoff,
z. B. zur Biogasproduktion.

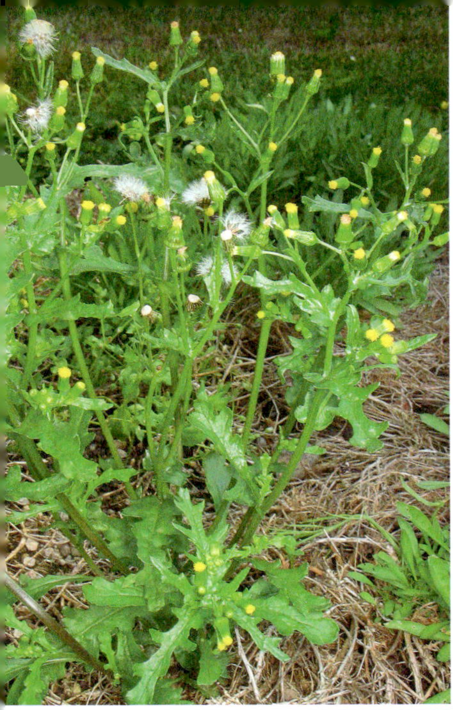

Verwechslung Klebriges Greiskraut

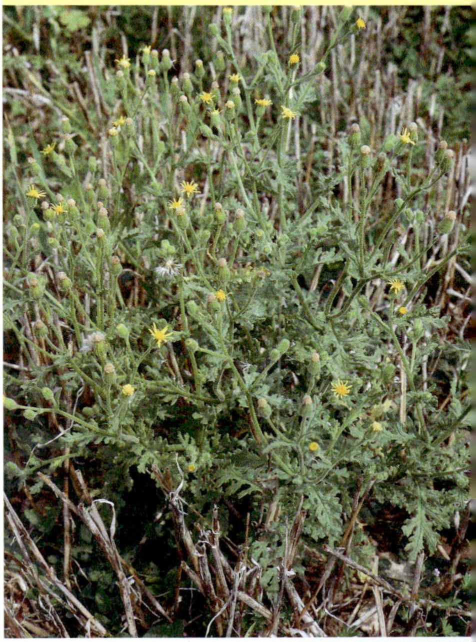

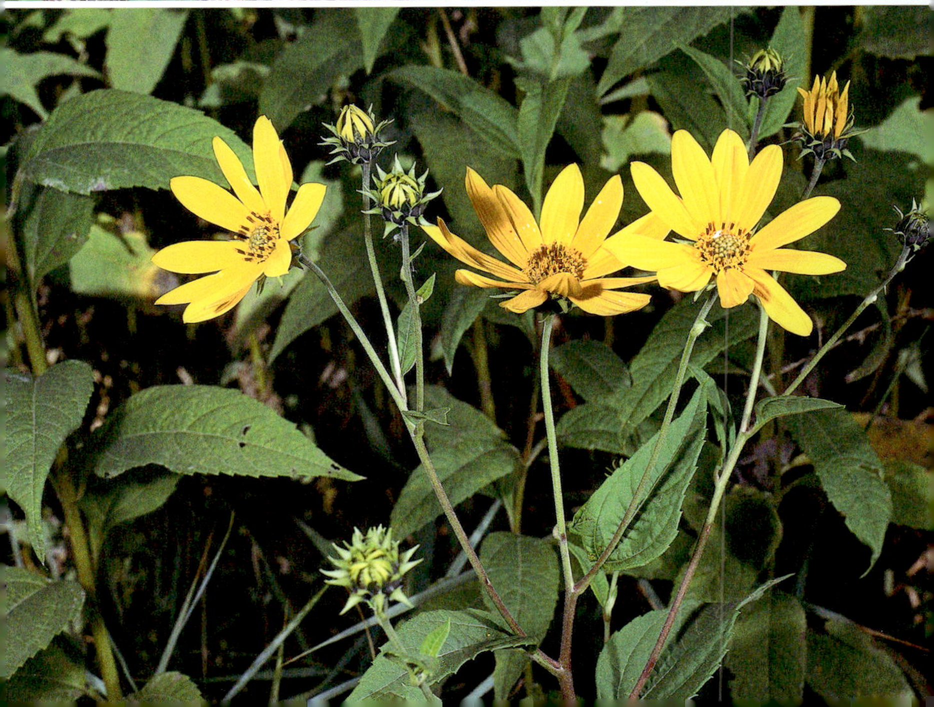

Höhe 10–100 cm
Blütezeit Juli–Okt.
Typisch Schlanker, oft walzenförmiger Blütenstand.

Gewöhnliche Goldrute
Solidago virgaurea | Korbblütengewächse

Merkmale Staude. Viele 1–2 cm breite Blütenkörbchen. Stängel steif aufrecht, besonders unten oft braun. Untere Blätter eiförmig, lang gestielt, Blattstiel geflügelt, obere schmal-lanzettlich, sitzend.
Vorkommen Lichte Wälder, Waldschläge, Heiden, magere Weiden. Auf lockeren, meist kalkhaltigen Böden an halbschattigen Standorten. Verbreitet.
Wissenswertes Die Pflanze wirkt harntreibend und hat sich bei Entzündungen der Harnwege, Harnsteinen und Nierengries bewährt. Sie ist Bestandteil vieler Nierentees und Fertigpräparate. Im 16. und 17. Jh. verwendeten Heilkundige sie als „Heidnisch Wundkraut" zur Wundbehandlung. Hiervon leitet sich auch der wissenschaftliche Name ab (lat. *solidus* = fest, gesund, *agere* = machen).

Höhe 50–250 cm
Blütezeit Aug.–Okt.
Typisch Körbchen in ausladender, pyramidenförmiger Rispe.

Kanadische Goldrute
Solidago canadensis | Korbblütengewächse

Merkmale Staude. Körbchen an den Rispenästen nach oben gerichtet, mit wenigen Röhrenblüten und 10–17 kaum längeren Zungenblüten. Stängel dicht abstehend behaart, Blätter lanzettlich.
Vorkommen Zierpflanze aus Nordamerika. Häufig verwildert und eingebürgert. Schutt- und Ödflächen in Städten, Eisenbahnböschungen, Auenwälder, Ufer.
Wissenswertes Die Pflanze breitet sich seit dem 19. Jh. als Neubürger in unserem Gebiet sehr stark aus. Vielerorts verdrängt sie durch Massenentwicklung die heimische Flora. Naturschützer versuchen deshalb, sie einzudämmen.
Verwechslung Späte Goldrute *(Solidago gigantea)*, Zungenblüten deutlich länger als Röhrenblüten, Stängel kahl oder fast kahl. Ebenfalls aus Nordamerika.

Verwechslung Späte Goldrute

Höhe 5–30 cm
Blütezeit Juni–Aug.
Typisch Halbkugelige
Körbchen ohne Zungen-
blüten.

Strahlenlose Kamille
Matricaria discoidea | Korbblütengewächse

Merkmale Einjährig. Im 5–8 mm breiten Blütenkörbchen nur gelbgrüne Röhrenblüten, Körbchenboden
hohl. Pflanze kahl. Blätter 2–3fach fiederspaltig,
mit feinen Abschnitten. Pflanze duftet aromatisch.
Vorkommen Betretene Rasenflächen und Wege, besonders im Siedlungsbereich. Auf offenen, dichten Böden.
Verbreitet. Stammt aus Nordostasien und Nordamerika,
weltweit verschleppt.
Wissenswertes Die Pflanze galt in Botanischen Gärten
als Kuriosität, weil sie im Gegensatz zu den anderen
Kamillen (S. 192) keine Zungenblüten hat. Ab etwa 1850
breitete sie sich in unserem Gebiet als Neubürger aus.
Im duftenden ätherischen Öl fehlt das für die Heilwirkung der Echten Kamille wichtige Chamazulen. Die Art
ist deshalb kein Ersatz für diese.

Höhe 60–120 cm
Blütezeit Juli–Sept.
Typisch Scheindolde
mit halbkugeligen
Körbchen.

Rainfarn
Tanacetum vulgare, Chrysanthemum vulgare
Korbblütengewächse | ☠

Merkmale Staude. Körbchen um 1 cm breit, Zungen-
blüten fehlend oder undeutlich. Stängel steif, nur oben
verzweigt. Blätter fiederspaltig, mit schmal lanzettli-
chen, gesägten Abschnitten. Duft herb aromatisch.
Vorkommen Unkrautbestände an Böschungen, Wegen,
Ufern, auf Schuttplätzen, Ödflächen, Brandstellen.
Auf nährstoffreichen Böden. Häufig.
Wissenswertes Das für den Duft der zerriebenen
Pflanze verantwortliche ätherische Öl enthält giftiges
Thujon. Als man früher die Pflanze als Abtreibungs-
mittel missbrauchte, kam es deshalb zu teils tödlichen
Vergiftungen. Im naturnahen Garten können Aufgüsse
aus den Blättern gegen Blattläuse helfen. Getrocknet
in den Schrank gelegt, sollen die Blätter auch Motten
vertreiben.

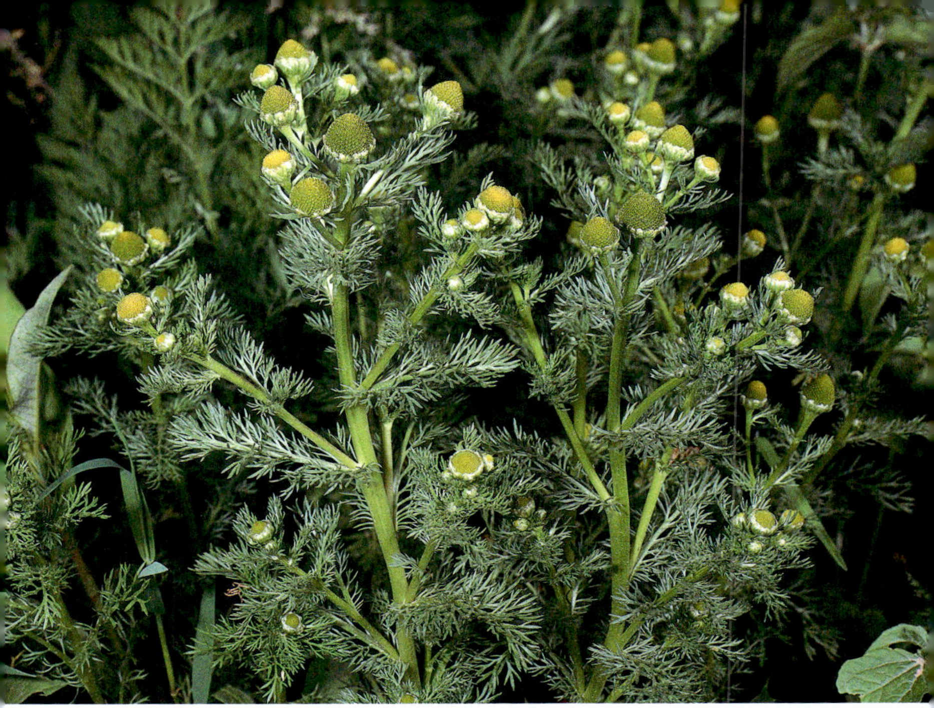
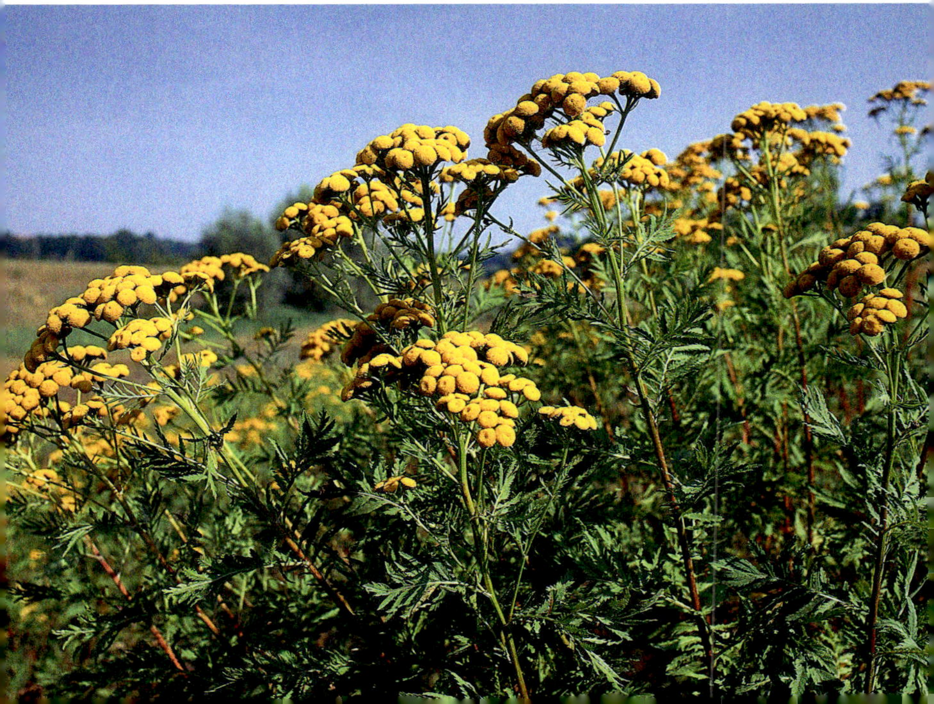

Höhe 60–250 cm
Blütezeit Juli–Nov.
Typisch Blattoberseite grün, Unterseite weißfilzig.

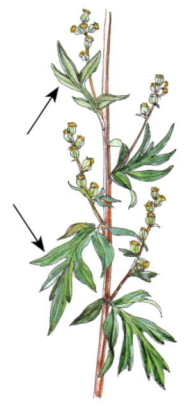

Gewöhnlicher Beifuß

Artemisia vulgaris | Korbblütengewächse

Merkmale Staude. Dichte Rispe mit vielen, meist aufrechten, 3–4 mm langen Blütenkörbchen. Stängel kantig, oft rötlich. Blätter fiederspaltig mit gesägten Abschnitten. Geruch beim Zerreiben schwach.
Vorkommen Wege, Schuttplätze, Ödland, Ufer, Auen. Auf etwas feuchten Böden. Verbreitet.
Wissenswertes Die Blüten werden vom Wind bestäubt. Ihre Pollen lösen häufig Heuschnupfen aus. Als Gewürz ist die Pflanze beliebt zu Wild und Gans. Die Volksmedizin empfiehlt sie bei Magenbeschwerden. Früher verwendete man sie in der Frauenheilkunde. „Artemisia" leitet sich von Artemis ab, der griechischen Jagdgöttin und Beschützerin der Frauen.
Verwechslung Wermut *(Artemisia absinthium)*, giftig, Pflanze silbergrau filzig behaart, aromatisch riechend.

Höhe 15–60 cm
Blütezeit Juli–Sept.
Typisch Innere Hüllblätter schmal, trockenhäutig, gelblich.

Gewöhnliche Golddistel
Kleine Eberwurz
Carlina vulgaris | Korbblütengewächse

Merkmale Zweijährig. 3–5 cm große Blütenkörbchen einzeln an den Enden der Zweige. Sehr zahlreiche gelbliche, an der Spitze purpurne Röhrenblüten. Stängel kantig, filzig, Blätter stachelig gezähnt.
Vorkommen Magere Rasen und Weiden, Halbtrockenrasen, Wegränder, lichte Wälder. Auf mäßig trockenen, meist kalkhaltigen Böden. Zerstreut.
Wissenswertes Während bei vielen Korbblütengewächsen die Zungenblüten auffallen, sind es bei der Gewöhnlichen Golddistel wie auch bei der Silberdistel (S. 194) die inneren Hüllblätter. Sie bleiben nach der Blüte stehen. So wirken die Körbchen bis lange in den Winter hinein attraktiv. Bei Feuchtigkeit krümmen sie sich ein und schließen das Körbchen.

Höhe 50–150 cm
Blütezeit Juni–Sept.
Typisch Gelbgrüne,
weichstachelige Blätter
um die Körbchen.

Kohl-Kratzdistel
Cirsium oleraceum | Korbblütengewächse

Merkmale Staude. Körbchen 2,5–4 cm lang, nur mit
meist blassgelben Röhrenblüten. Stängel gefurcht.
Blätter weich, obere ungeteilt, untere fiederspaltig,
Abschnitte kurz stachelig gezähnt, aber kaum stechend.
Vorkommen Nasse Wiesen, Bachufer, Quellen, Auenwälder, Waldschläge. Auf sicker- und staunassen, nähr-
stoff- und meist kalkreichen Böden. Verbreitet, bildet
oft große Gruppen.
Wissenswertes Bauern verfüttern die frische Pflanze
gerne an das Vieh. Im Heu zerbröselt sie jedoch. Die seit
einiger Zeit in Mode gekommene Wildpflanzenküche
hat die Pflanze auch für Salat oder kohlartiges Gemüse
wiederentdeckt, eine Nutzung, die früher verbreitet
war. Die Böden der Blütenkörbchen eignen sich als Arti-
schockenersatz.

Höhe 30–100 cm
Blütezeit Juni–Sept.
Typisch Körbchen nur
mit 8–18 Zungenblüten.

Rainkohl
Lapsana communis | Korbblütengewächse

Merkmale Einjährig oder Staude. Lockere Rispe mit
vielen 1–1,5 cm breiten Körbchen. Fruchtstand mit länglichen Früchten ohne Haarkranz. Pflanze enthält weißen Milchsaft. Obere Blätter eiförmig, untere meist mit
2–4 kleinen Lappen, Blattrand gezähnt.
Vorkommen Hecken, Wälder, Zäune, Gärten, Straßenränder, Schuttplätze, Äcker. Auf offenen, etwas feuchten, nährstoffreichen Böden. Verbreitet.
Wissenswertes Die Blütenkörbchen öffnen sich nur
vormittags bei gutem Wetter. Bei schlechtem Wetter
bleiben sie geschlossen und bestäuben sich selbst.
Auch wenn die Pflanze wenig ergiebig ist, können die
Blätter für Wildgemüse gesammelt werden.
Verwechslung Mauerlattich (S. 344), Körbchen mit
5 Zungenblüten, Früchte mit Haarkranz.

Höhe 20–70 cm
Blütezeit Mai–Juli
Typisch Blätter schmal, stängelumfassend.

Wiesen-Bocksbart
Tragopogon pratensis | Korbblütengewächse

Merkmale Zweijährig bis Staude. Einzelne, 3–7 cm breite Blütenkörbchen mit goldgelben Zungenblüten, diese wenig kürzer bis etwas länger als die meist 8 Hüllblätter. Früchte mit bis 4 cm breitem, fallschirmartigem, gestieltem Haarkranz, Haare miteinander verwoben. Pflanze mit Milchsaft.
Vorkommen Wiesen, Halbtrockenrasen, Wegränder, Bahnhöfe. Verbreitet. Oft zu vielen beieinander.
Wissenswertes Die blühenden Körbchen sind nur vormittags und nur bei Sonnenschein geöffnet. Die Fallschirme der Früchte breiten sich nur bei Trockenheit aus. Der geschlossene Fruchtstand erinnert an den Bart eines Ziegenbocks (griech. *tragos* = Bock, *pogon* = Bart). Die Pfahlwurzel und junge Sprosse eignen sich für Wildgemüse.

Höhe 5–40 cm
Blütezeit April–Juli
Typisch Körbchen einzeln auf blattlosem, hohlem Stängel.

Wiesen-Löwenzahn Kuhblume
Taraxacum officinale | Korbblütengewächse

Merkmale Staude. 2,5–5 cm breite Körbchen mit goldgelben Zungenblüten. Fruchtstand kugelig, bis etwa 5 cm groß. Früchte tragen einen lang gestielten Haarkranz. Pflanze mit weißem Milchsaft und Pfahlwurzel. Blätter in Grundrosette, fiederspaltig bis fast ganzrandig, mindestens etwas schrotsägeförmig.
Vorkommen Wiesen, Weiden, Parkrasen, an Wegen, auf Äckern. Auf nährstoffreichen Böden. Häufig und sehr vielgestaltig.
Wissenswertes Kinder blasen gerne die Früchte mit den Fallschirmen von den „Pusteblumen". Die Pflanze enthält Bitterstoffe, die Verdauungs- und Gallestörungen lindern. Ihr hoher Kaliumgehalt fördert die Harnausscheidung („Bettseicher", „Bettpisser"). Junge Blätter liefern leicht bitteren, aromatischen Salat. Mit den Blütenkörbchen färbte man früher Butter gelb.

Höhe 30–80 cm
Blütezeit Juni–Okt.
Typisch Blätter glänzend, mit runden Zipfeln stängelumfassend.

Raue Gänsedistel

Sonchus asper | Korbblütengewächse

Merkmale Einjährig. Körbchen nur mit Zungenblüten, diese außen gelegentlich rötlich. Früchte mit weißem Haarkranz. Pflanze mit weißem Milchsaft. Stängel hohl. Blätter derb, kahl, Rand stachelig gezähnt, die Zipfel dem Stängel anliegend.

Vorkommen Lückige Unkrautbestände auf Äckern, Schuttplätzen, Ödflächen, in Gärten. Verbreitet.

Wissenswertes Eine Pflanze kann über 200 Körbchen mit insgesamt über 50 000 Früchten ausbilden. Junge Stängel, Blätter und Wurzeln kochte man früher zu Gemüse oder als Suppeneinlage. Die Verwendung als Viehfutter führte zum Namen „Gänsedistel".

Verwechslung Kohl-Gänsedistel *(Sonchus oleraceus)*, Blätter matt, meist fiederspaltig, die stängelumfassenden Zipfel zugespitzt, nach hinten abstehend.

Höhe 60–120 cm
Blütezeit Juli–Sept.
Typisch Blätter steif, senkrecht oder schief gestellt.

Kompass-Lattich

Lactuca serriola | Korbblütengewächse

Merkmale Ein- bis zweijährig. Sparrige, lockere Rispe, die 1–1,5 cm breiten Körbchen nur vormittags geöffnet. Früchte mit gestieltem Haarkranz. Pflanze mit weißem Milchsaft. Stängel oft hell, weißlich. Blätter schrotsägeförmig, Blattabschnitte stehen weit voneinander entfernt, Hauptnerv unterseits stachelig.

Vorkommen Wegränder, Schuttplätze, Bahnanlagen, Ödflächen, Dämme. Auf trockenen Böden an wärmeren, sonnigen Standorten. Häufig.

Wissenswertes Besonders an sonnigen Standorten zeigen die Blätter wie eine Kompassnadel nach Norden und Süden und stehen mit ihrer Fläche senkrecht zum Boden. So werden sie kaum von der Mittagssonne bestrahlt und erhitzt. Sie verdunsten dadurch weniger Feuchtigkeit.

Höhe 60–80 cm
Blütezeit Juli–Aug.
Typisch In jedem Körbchen meist nur 5 Zungenblüten.

Mauerlattich
Mycelis muralis | Korbblütengewächse

Merkmale Staude. Lockere, sparrige Rispe mit 1–1,5 cm breiten Blütenkörbchen. Früchte mit Haarkranz. Pflanze enthält weißen Milchsaft. Blätter in Grundrosette und am Stängel, fiederspaltig, mit großem, eckigem Endlappen, kahl.

Vorkommen Wälder, Waldwege, Lichtungen, feuchte Felsen und Mauern. Auf etwas feuchten, meist humusreichen Böden oder in Ritzen. Verbreitet.

Wissenswertes Besonders durch die 5-Zahl der Blüten im Körbchen kann man sich bei dieser Art leicht irreführen lassen: Das Körbchen wirkt wie eine Einzelblüte mit 5 Blütenblättern. Es funktioniert tatsächlich auch ähnlich. Angelockt durch die Schauwirkung der Zungenblüten müssen die Fliegen und Bienen beim Besuch nur einmal landen.

Höhe 50–120 cm
Blütezeit Mai–Aug.
Typisch Lockere Doldenrispe, Hülle schwärzlich grün, filzig.

Wiesen-Pippau Wiesen-Feste
Crepis biennis | Korbblütengewächse

Merkmale Zweijährig. Körbchen 2–3,5 cm breit, nur mit Zungenblüten, äußere Hüllblätter kürzer als die inneren. Frucht mit biegsamem Haarkranz. Pflanze enthält weißen Milchsaft. Blätter buchtig gezähnt bis fiederspaltig, in einer Grundrosette und locker am Stängel, dort etwas stängelumfassend.

Vorkommen Mähwiesen, Wege. Auf etwas feuchten, nährstoffreichen Lehmböden an sonnigen Standorten. Verbreitet.

Wissenswertes Die Pflanze erträgt keine Beweidung. Sie verschwindet deshalb, sobald Mähwiesen in Weiden umgewandelt werden. Die Körbchen locken Bienen an, die Samen entwickeln sich jedoch meist ohne Befruchtung. Sie werden gerne von Vögeln gefressen und eignen sich auch als Kanarienvogelfutter.

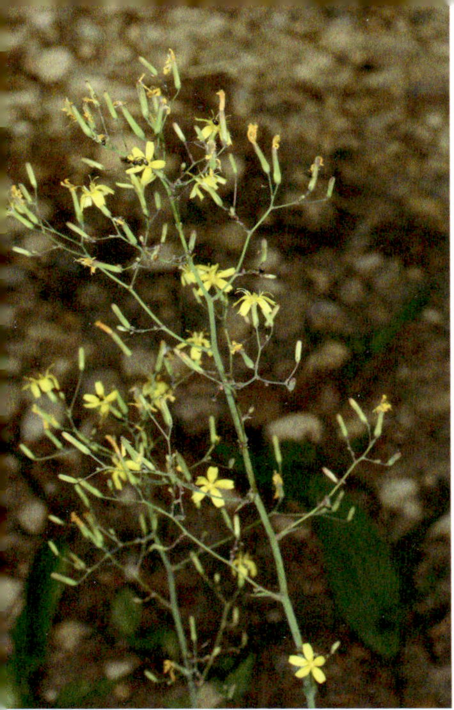
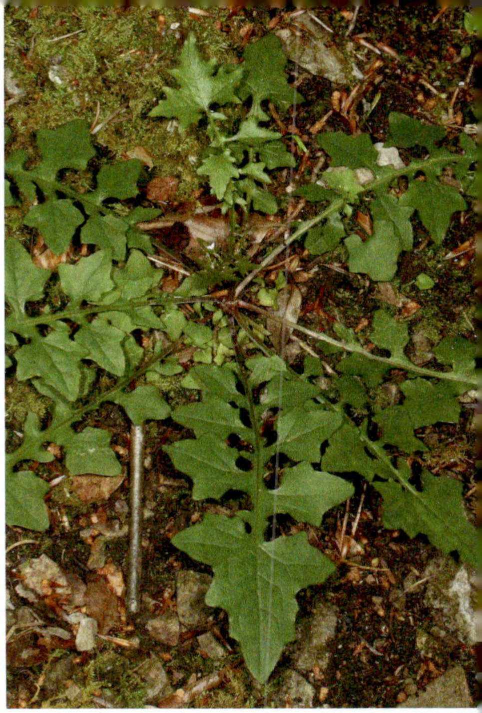
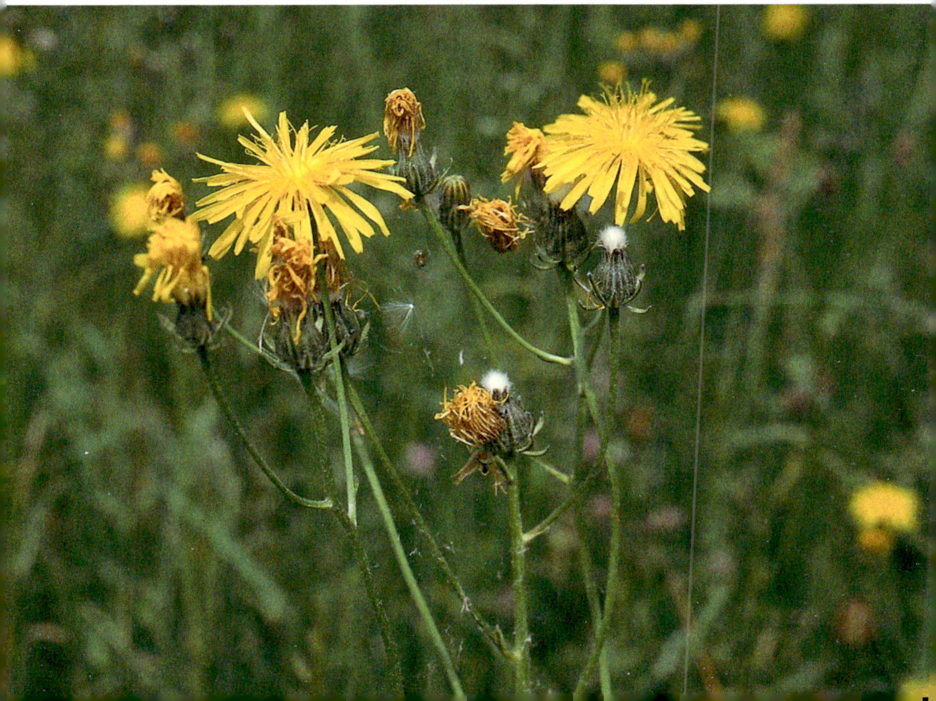

Höhe 5–30 cm
Blütezeit Mai–Okt.
Typisch Rosettenblätter langhaarig, unterseits graufilzig.

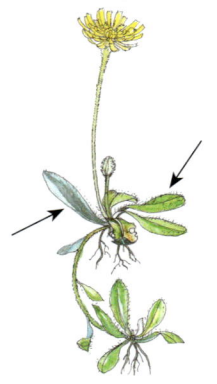

Kleines Habichtskraut
Mausohr-Habichtskraut
Hieracium pilosella | Korbblütengewächse

Merkmale Staude. Blütenstängel unbeblättert, mit einem einzelnen Körbchen, dieses nur mit hellgelben, außen meist rot gestreiften Zungenblüten. Pflanze enthält Milchsaft. Blätter schmal-eiförmig bis lanzettlich. Lange, beblätterte Ausläufer mit Tochterrosetten.
Vorkommen Magere Wiesen, Trockenrasen, trockene Wälder, Felsbänder. Auf nährstoffarmen Böden. Verbreitet. Wächst oft in dichten Gruppen.
Wissenswertes Spezialisten sehen dieses Habichtskraut als Gruppe, die sich aus etwa 12 Arten und bis 600 Unterarten zusammensetzt. „Mausohr" bezieht sich auf die Form und Behaarung der Blätter. Bei Trockenheit rollen sich diese ein. Ihre Unterseite reflektiert das Licht und erwärmt sich nicht so stark.

Höhe 20–60 cm
Blütezeit Mai–Aug.
Typisch Stängel meist nur mit 1 Blatt.

Wald-Habichtskraut
Hieracium murorum | Korbblütengewächse

Merkmale Staude. Doldenrispe mit meist 4–15 hell goldgelben Körbchen, diese nur mit Zungenblüten. Früchte mit brüchigem Haarkranz. Pflanze enthält Milchsaft. Grundblätter unregelmäßig gezähnt, oberseits oft mit braunen Flecken, unterseits blasser, oft rötlich.
Vorkommen Laub- und Mischwälder, Mauern, Waldwiesen, Felsen. Auf etwas feuchten Böden im Schatten oder Halbschatten. Verbreitet.
Wissenswertes Das Wald-Habichtskraut ist sehr variabel. Wie bei vielen Habichtskräutern entwickeln sich seine Samen auch ohne Befruchtung. Hierdurch unterbleibt ein Austausch von Erbmaterial. Dies fördert die Bildung von Unterarten. Der Stängel und die Hülle tragen oft klebrige Drüsen. Diese sollen wohl verhindern, dass Insekten hinaufkriechen.

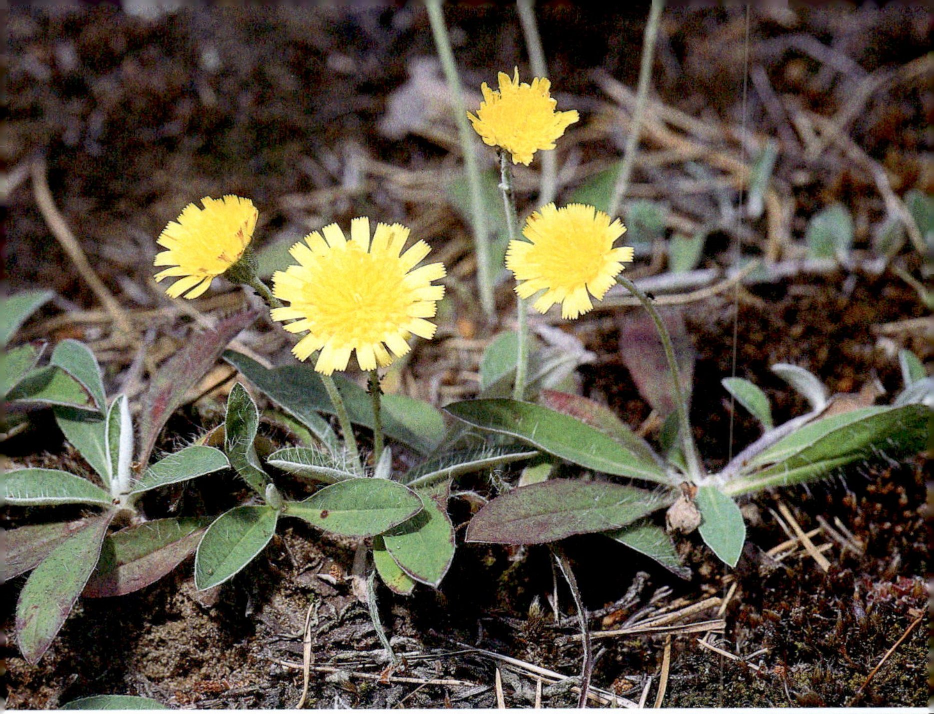

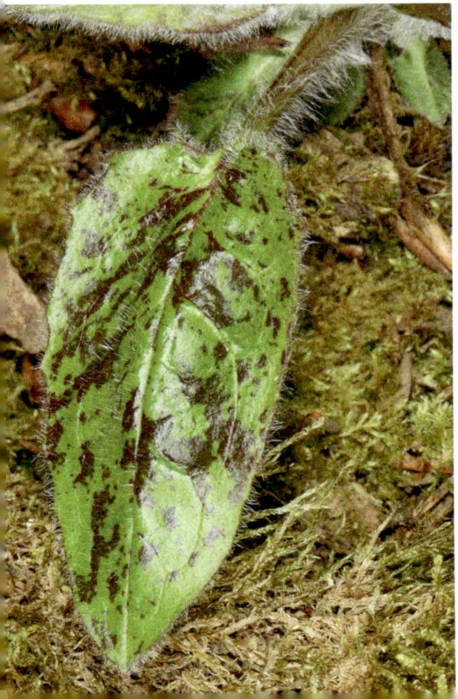

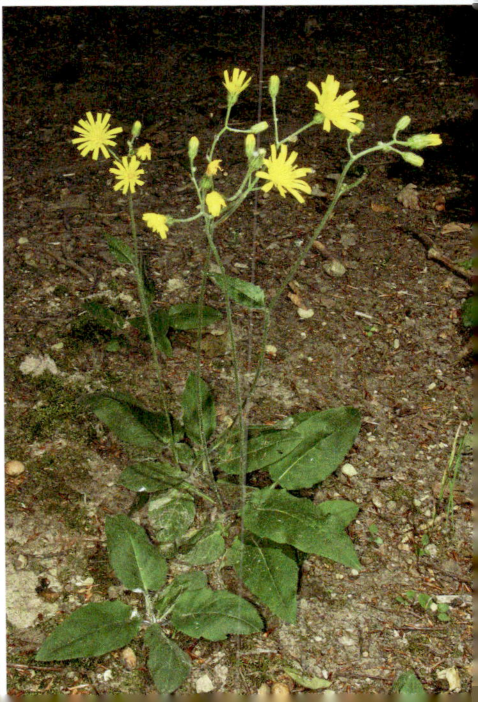

Höhe 10–30 cm
Blütezeit April–Mai
Typisch Nur 1 grund-
ständiges, flaches Blatt.

Wald–Gelbstern
Gagea lutea | Liliengewächse | (☠)

Merkmale Staude. 1–10 sternförmige Blüten in einer
Scheindolde, mit 6 gelben, außen grüngelben Blüten-
blättern. Stängel kahl, mit 1–2 schmalen, grünen
Blättern. Grundblatt 7–15 mm breit, länger als der
Blütenstand. Zwiebel im Boden verborgen.

Vorkommen Auenwälder, Waldsäume, Obstbaumwiesen in Waldnähe, Hecken. Auf von Wasser durch-
sickerten, nährstoffreichen Böden im Schatten.
Zerstreut, vor allem in den Kalkgebieten.

Wissenswertes Die Blüten locken Bienen, kleine Fliegen
und Käfer an. Sie können den süßen Nektar am Grund
der Blütenblätter gut erreichen. Nach dem Blühen
liegen die Stängel schlapp auf dem Boden. Die aus den
Früchten herausfallenden Samen tragen ein nahrhaftes
Anhängsel, das Ameisen anlockt.

Höhe 50–100 cm
Blütezeit Mai–Juni
Typisch Äußere 3 Blüten-
blätter 4–8 cm lang.

Sumpf–Schwertlilie
Iris pseudacorus | Schwertliliengewächse | ☠ | geschützt

Merkmale Staude. 4–12 Blüten auf einem etwas zusam-
mengedrückten Stängel, die 3 äußeren Blütenblätter
mit dunkler Zeichnung. Blätter schwertförmig, 1–3 cm
breit, in 2 Zeilen angeordnet.

Vorkommen Teichufer, verschmutzte Bäche, Gräben,
Sümpfe. Auf nassen, meist zeitweise überschwemmten,
nährstoffreichen Böden. Verbreitet.

Wissenswertes Jeweils 1 Blütenblatt, 1 Staubblatt und
1 Griffelblatt bilden eine Einheit. Bestäuber müssen
diese nacheinander besuchen, so als ob es getrennte
Blüten wären. Die Pflanze schmeckt brennend scharf,
reizt die Schleimhäute und kann beim Vieh zu Erbrechen und blutigem Durchfall führen. Auch getrocknete Pflanzen sind noch giftig. Auf Wappen stehen die
schwertartigen Blätter für Ritterlichkeit.

Höhe 30–70 cm
Blütezeit Mai–Juni
Typisch 3–8 cm lange,
röhrige, oben zungen-
artige Blüten.

Gewöhnliche Osterluzei
Aristolochia clematis | Osterluzeigewächse | ☠

Merkmale Staude. Je 2–8 Blüten in den Blattachseln.
Blätter tief herzförmig, gelbgrün, kahl, Blattnerven
gehen von einem Punkt aus.
Vorkommen Weinberge, an anderen Standorten Zeiger
ehemaligen Weinbaus. Selten. Aus dem Mittelmeer-
gebiet, seit dem Mittelalter eingebürgert.
Wissenswertes Die Blüte bildet eine Kesselfalle. Kleine
Fliegen können hineinkriechen, jedoch nicht heraus.
Erst wenn die Blüte bestäubt ist, entlässt sie die Insekten. Die Pflanze gehört zu den ältesten bekannten Heilpflanzen. Im Altertum wurde sie gegen Schlangenbisse
verwendet. Im Mittelalter galt sie als geburtsfördernd
(griech. *aristos* = der Beste, *locheia* = Geburt). Seit 1981
ist ihre Anwendung verboten. Aristolochiasäure verändert das Erbgut und kann Tumorbildung auslösen.

Höhe 50–150 cm
Blütezeit Juni–Aug.
Typisch Gelbe Blüten
mit hohem „Helm".

Gelber Eisenhut Wolfs-Eisenhut
Aconitum lycoctonum | Hahnenfußgewächse | ☠
geschützt

Merkmale Staude. Blüten in meist verzweigten
Trauben, blassgelb, 1,5–2 cm hoch. Grundblätter lang
gestielt, bis fast zum Grund handförmig 5–7-teilig,
Stängelblätter kürzer gestielt bis sitzend, 3–5-teilig.
Vorkommen Schluchtwälder, etwas feuchte Laubmischwälder, Auenwälder, Schattenpflanze auf humus-
reichem Boden. Zerstreut in den Mittelgebirgen, fehlt
im Tiefland.
Wissenswertes Der Helm verbirgt zwei lang gestielte
Nektarblätter. Vom Blüteneingang aus ist der Nektar
nur für Hummeln mit langem Rüssel zugänglich. Kurzrüsselige Hummeln gelangen an den Nektar, indem sie
den Helm am oberen Ende anbeißen. Die Pflanze wirkt
wegen ihrer giftigen Alkaloide tödlich und lieferte früher Giftköder für Wölfe und Füchse. Das Gift durch-
dringt auch unverletzte Haut.

Höhe 15–30 cm
Blütezeit Mai–Okt.
Typisch Trauben mit lang gespornten, gelben Blüten.

Gelber Lerchensporn
Pseudofumaria lutea, Corydalis lutea
Erdrauchgewächse | (☠)

Merkmale Staude. Traube meist einseitswendig, Blüten 1,2–2 cm lang. Blätter 2–3fach gefiedert, Abschnitte ungleich gezähnt, oben grün, unten graugrün.
Vorkommen Mauerspalten mit Sickerwasser oder leichter Beschattung. Zierpflanze aus den Südalpen, besonders in wintermilden Lagen eingebürgert.
Wissenswertes Besucht ein Insekt die Blüten, drückt es diese auf. Staubbeutel und Narbe schnellen nach oben. Die Blüte schließt sich nicht wieder. Offene Blüten zeigen damit an, dass sie bereits besucht wurden. Die Samen werden von Ameisen verschleppt.
Verwechslung Blassgelber Lerchensporn *(Pseudofumaria alba* ssp. *acaulis)*, Blüte blassgelb, 1–1,5 cm lang, Blätter blaugrün. Zierpflanze, verwildert an Mauern.

Höhe 5–45 cm
Blütezeit April–Okt.
Typisch Kronblätter deutlich länger als der Kelch.

Wildes Stiefmütterchen
Viola tricolor | Veilchengewächse

Merkmale Einjährig. Blüten einzeln, 1,5–3 cm groß, obere Kronblätter meist blau, untere gelb oder blaugelb. Stängel verzweigt. Blätter rundlich bis lanzettlich, gekerbt, große, fiederspaltig gelappte Nebenblätter.
Vorkommen Wegraine, grasige Hänge, Wiesenränder, Brach- und Ödflächen. Auf etwas feuchten, meist sauren Böden. Zerstreut.
Wissenswertes Nach einem Märchen ist das große Kronblatt die Stiefmutter, die auf 2 Stühlen (Kelchblättern) sitzt. Ihre eigenen Töchter sitzen ihr zu Seite auf je 1 Stuhl, die beiden Stieftöchter teilen sich den kleinsten Stuhl und trauern in Blauviolett.
Verwechslung Acker-Stiefmütterchen *(Viola arvensis)*, Blüten 1–2 cm groß, Kronblätter wenig länger oder kürzer als der Kelch. Häufig.

Höhe 30–60 cm
Blütezeit Juni–Aug.
Typisch Trauben
2–6 cm lang, Zweige
ohne Dornen.

Färber-Ginster

Genista tinctoria | Schmetterlingsblütengewächse |

Merkmale Strauch. Fahne so lang wie das Schiffchen, offene Blüte klappt weit auseinander. Pflanze kahl oder behaart. Zweige gerillt, meist aufrecht, ziemlich starr. Blätter lanzettlich, ganzrandig.

Vorkommen Mager- und Moorwiesen, Waldränder, lichte Wälder. Zeigt magere Standorte und Grundfeuchte an. Zerstreut, im Nordwesten selten.

Wissenswertes In der frühen englischen Färbeindustrie war die Pflanze eine der wichtigsten Quellen für gelbe Farbstoffe. Die färbenden Flavonoide kommen in Blüten, Blättern und dünnen Zweigen vor. Je nach Behandlung variiert die Farbe auf Wolle von zitronengelb bis dunkelbraun oder grünoliv.

Verwechslung Deutscher Ginster *(Genista germanica)*, ältere Zweige dornig, Pflanze rauhaarig.

Höhe 15–25 cm
Blütezeit Mai–Juni
Typisch Aufrechte
Zweige mit breiten,
grünen Flügeln.

Gewöhnlicher Flügelginster

Chamaespartium sagittale, *Genista sagittalis*
Schmetterlingsblütengewächse | (☠)

Merkmale Zwergstrauch. Kurze, dichte Blütentraube, Blüte 1–1,2 cm lang. Pflanze behaart. Zweige meist in 3–6 Abschnitte gegliedert. Blätter ungeteilt, bis 2 cm lang, breit-lanzettlich, fallen früh ab.

Vorkommen Magere Rasen und Weiden, Wald- und Wegränder, Felsbänder. Auf mäßig trockenen, nährstoffarmen, etwas sauren Böden. Verbreitet.

Wissenswertes Die aufrechten Zweige legen sich später auf den Boden und bilden neue Zweige aus. So kann eine einzelne Pflanze oft große Flächen besiedeln. Die Flügel der Zweige übernehmen die Fotosynthese und damit die Versorgung mit Kohlenhydraten. Sie verdunsten nur wenig Wasser und ermöglichen damit die Besiedlung trockener Standorte.

Höhe 0,5–2 m
Blütezeit Mai–Juni
Typisch Zweige ruten-
förmig, Blüten zu 1–2 in
den Blattachseln.

Besenginster
Cytisus scoparius, Sarothamnus *scoparius*
Schmetterlingsblütengewächse | ☠

Merkmale Strauch. Blüten 2–2,5 cm lang, Griffel sehr
lang, bald spiralig aufgerollt. Hülsenfrucht behaart,
schwarz. Zweige grün, 5-kantig. Untere Blätter 3-zählig,
obere einfach, fallen meist früh ab.
Vorkommen Heiden, Waldschläge, Gebüsche, Weg- und
Straßenränder, Böschungen. Auf sauren Böden.
Im Westen häufig, im Osten selten oder nur gepflanzt.
Wissenswertes Landet eine Hummel oder schwere
Biene auf der Blüte, drückt sie das Schiffchen nach
unten und die Staubblätter schnellen heraus. Einmal
auf diese Weise explodiert, bleibt die Blüte geöffnet.
Aus den struppigen Zweigen stellte man früher Kehr-
besen her. Vergiftungen können zu Schweißausbrüchen
und Herzstillstand führen.

Höhe 30–100 cm
Blütezeit Juni–Sept.
Typisch Lange, sehr
schmale Blütentrauben.

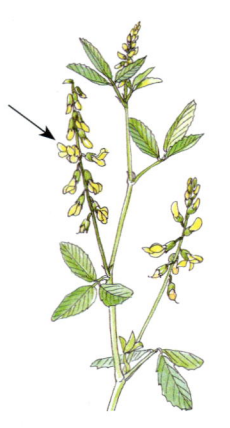

Gewöhnlicher Steinklee
Echter Steinklee
Melilotus officinalis
Schmetterlingsblütengewächse | (☠)

Merkmale Zweijährig. Nickende, 5–7 mm lange Blüten.
Stängel aufrecht, verzweigt. Blätter 3-zählig, mittleres
Blättchen länger gestielt als die seitlichen, Blättchen
länglich-oval bis lineal, gezähnt.
Vorkommen Wege, Dämme, Bahngelände, Steinbrüche,
Schuttplätze, Ödflächen. Verbreitet, vor allem in den
Kalkgebieten.
Wissenswertes Die nach Honig duftenden Blüten bie-
ten Bienen viel Nektar (griech. *meli* = Honig, *lotus* =
Klee). Beim Welken der Pflanze wird Cumarin freige-
setzt, das nach Heu und Waldmeister duftet. Dieses hilft
gegen Venenleiden und Blutergüsse. Überdosierungen
führen zu Kopfschmerzen. Früher verwendete man die
Pflanze als Mittel gegen Motten.

Höhe 15–60 cm
Blütezeit Mai–Okt.
Typisch Blätter 3-zählig, Blättchen mit aufgesetzter Spitze.

Hopfenklee
Hopfen-Schneckenklee
Medicago lupulina | Schmetterlingsblütengewächse

Merkmale Ein- bis zweijährig. Köpfchen um 5 mm groß, mit 10–50 Blüten, verlängert sich beim Abblühen. Kronblätter fallen früh ab. Stängel liegend bis aufsteigend. Mittleres Blättchen länger gestielt.
Vorkommen Halbtrockenrasen, Wiesen, Äcker, Wege, Dämme. Auf sommerwarmen, mäßig trockenen, meist lehmigen Böden. Verbreitet.
Wissenswertes Der Name „Hopfenklee" bezieht sich auf die an Hopfenzapfen erinnernden Blütenstände und „Schneckenklee" auf die gekrümmten Hülsenfrüchte. Da die Samen oft am Standort der Mutterpflanze auskeimen, wirkt die Art mehrjährig.
Verwechslung Kleiner Klee *(Trifolium dubium)*, Köpfchen mit 3–15 Blüten. Blättchen ohne Spitze.

Höhe 15–30 cm
Blütezeit Juni–Sept.
Typisch Blatt 3-zählig, Blättchen ohne aufgesetzte Spitze.

Feld-Klee
Trifolium campestre | Schmetterlingsblütengewächse

Merkmale Einjährig. Kugelige, bis 1 cm große Köpfchen mit je 20–30 Blüten, verwelkte Blüten hellbraun, fallen nicht ab. Mittlere Blättchen deutlich gestielt.
Vorkommen Halbtrockenrasen, Sandflächen, Wege, Böschungen, Äcker, Bahnschotter. Auf warmen, eher trockenen, nährstoffarmen Böden. Verbreitet.
Wissenswertes Die ausgetrockneten Blütenkronen bilden eine lockere Hülle um die Früchte. In dieser kann sich der Wind verfangen und so zur Verbreitung beitragen. Häufig fallen die Früchte jedoch nur in der Nähe der Mutterpflanze zu Boden. Durch die dadurch resultierende Standorttreue entsteht der Eindruck, als wäre die Art mehrjährig.
Verwechslung Gold-Klee (S. 360), in allen Teilen größer, Blättchen alle gleich kurz gestielt. Hopfenklee (s.o.), Blättchen mit aufgesetzter Spitze.

Gold-Klee
Trifolium aureum | Schmetterlingsblütengewächse

Höhe 20–40 cm
Blütezeit Juni–Juli
Typisch 1–1,5 cm lange, goldgelbe Blütenköpfchen.

Merkmale Einjährig. Köpfchen kugelig bis eiförmig, mit 20–40 Blüten, verwelkte Kronen hellbraun, fallen nicht ab. Stängel aufrecht oder aufsteigend. Blatt 3-zählig, alle Blättchen kurz gestielt, elliptisch bis schmal eiförmig.

Vorkommen Magerrasen, Heiden, Böschungen, Waldsäume, Wegränder, Bahnschotter. Auf warmen, mageren, meist kalkarmen Böden. Zerstreut, im Nordwesten selten oder fehlend.

Wissenswertes Auf offenen Stellen taucht der Gold-Klee oft als Pionier auf. Früher war er jedoch häufiger als heute. An vielen Standorten ist er verschwunden, weil diese mit Stickstoff gedüngt wurden.

Verwechslung Im Gebirge: Braun-Klee *(Trifolium badium)*, verwelkte Blüten dunkelbraun.

Wundklee
Anthyllis vulneraria | Schmetterlingsblütengewächse

Höhe 15–30 cm
Blütezeit Mai–Aug.
Typisch Dichte Köpfchen von handförmigen Blättern umgeben.

Merkmale Staude. Köpfchen mit 10–30 Blüten. Oft 2 verschieden weit entwickelte Köpfe beieinander. Blüten 1–2 cm lang, gelb oder weißlich, in der Knospe oft rot, Kelch bauchig, behaart. Früchte vom aufgeblasenen Kelch umhüllt. Blätter unpaarig gefiedert mit 3–15 Blättchen, Endblättchen meist viel größer.

Vorkommen Magere Rasen und Weiden, Böschungen, Dämme, Steinbrüche, Felsen. Auf mäßig trockenen Böden. Häufig, besonders in Kalkgebieten.

Wissenswertes Heilkundige schätzten die Blüten früher als Wundheilmittel. Diese nachgesagte Heilwirkung geht weniger auf die enthaltenen Gerbstoffe, sondern sehr wahrscheinlich auf einen Vergleich der roten Knospen mit einer blutenden Wunde zurück, da sich beim Aufblühen die „Blutfarbe" verliert.

Höhe 5–40 cm
Blütezeit Juni–Aug.
Typisch Blätter 5-zählig gefiedert, Hülsenfrüchte gerade.

Gewöhnlicher Hornklee

Lotus corniculatus | Schmetterlingsblütengewächse | (☠)

Merkmale Staude. Kopfartige Dolden mit 3–8 Blüten, diese gelb, oft rot überlaufen. Kelchzähne in der Knospe zusammengeneigt. Stängel kantig, nicht hohl. Unterste Fiederblättchen sitzen direkt am Stängel.

Vorkommen Wiesen, Weiden, Halbtrockenrasen, Wegränder, Böschungen. Auf warmen, mäßig trockenen, meist kalkhaltigen Böden. Verbreitet.

Wissenswertes Die Schmetterlingsraupen des Gemeinen Blutströpfchens und des Kleewidderchens ernähren sich von Hornklee. Dabei nehmen sie Glycoside auf. Wie die Pflanze setzen die Tiere aus diesen nach einer Verletzung giftige Blausäure frei. Damit schrecken sie Fraßfeinde ab.

Verwechslung Sumpf-Hornklee *(Lotus pedunculatus)*, Knospen mit sternförmigem Kelch, Stängel rund, hohl.

Höhe 10–30 cm
Blütezeit Mai–Juni
Typisch Blüten einzeln, meist schräg aufwärts gerichtet.

Gelbe Spargelerbse Spargelbohne

Tetragonolobus maritimus
Schmetterlingsblütengewächse | geschützt

Merkmale Staude. Blüte 2,5–3 cm lang, Fahne sehr groß. Hülsenfrucht 4–5 cm lang, mit 4 geflügelten Kanten. Stängel niederliegend bis aufsteigend. Blätter bläulich grün, 5-zählig gefiedert, unterste Blättchen sitzen am Stängel.

Vorkommen Magerrasen über Kalk, quellige Stellen in Hängen, Moorwiesen. Auf warmen, feuchten, auch zeitweise austrocknenden Böden. Erträgt Salz. Vor allem im Süden, jedoch selten.

Wissenswertes Aus den größeren Früchten der in Südeuropa beheimateten Roten Spargelerbse *(Tetragonolobus purpureus)* lässt sich ein spargelähnlich schmeckendes Gemüse zubereiten. Die heimische Art eignet sich jedoch wegen der kleineren Früchte weniger als Gemüse.

Höhe 50–150 cm
Blütezeit Juni–Juli
Typisch Stängel kriechend, zickzackartig wachsend.

Süßer Tragant Bärenschote

Astragalus glycyphyllos | Schmetterlingsblütengewächse

Merkmale Staude. Gedrungene Traube mit 8–30 gelbgrünen Blüten. Hülsenfrüchte 3–4 cm lang, fast kahl, gekrümmt, neigen sich zueinander. Blätter unpaarig gefiedert mit 7–13 frischgrünen Blättchen.
Vorkommen Waldränder, Waldwege, Böschungen, Schutthalden, Wegraine. Pionierpflanze auf warmen, nährstoffreichen, kalkhaltigen Böden. Zeigt Lehmboden an. Verbreitet, fehlt im Nordwesten.
Wissenswertes Wurzeln und Kraut enthalten verschiedene Zucker und etwas Glycyrrhizin, das auch in der Süßholzwurzel vorkommt. Sie schmecken deshalb süß. Der Name „Bärenschote" leitet sich von den krallenartig gekrümmten Früchten ab, deren Büschel etwas an Tierpfoten erinnern. Die Pflanze wurde früher gegen Harnkrankheiten verwendet.

Höhe 8–25 cm
Blütezeit Mai–Juli
Typisch Blätter gefiedert, mit 9–17 Blättchen.

Gewöhnlicher Hufeisenklee

Hippocrepis comosa | Schmetterlingsblütengewächse

Merkmale Staude. Dolde mit 5–12 schwach nickenden Blüten. Frucht geschlängelt, aus bis zu 6 hufeisenförmigen Gliedern zusammengesetzt. Stängel ausgebreitet niederliegend, am Grund verholzt.
Vorkommen Magere Rasen und Weiden über Kalk, Felsen, Dämme, Wege, Böschungen. Auf warmen, trockenen, lockeren, meist steinigen Böden. Zeigt Kalk im Boden an. Verbreitet.
Wissenswertes Die reife Frucht zerbricht in einzelne Glieder, die jeweils einen Samen enthalten. Diese etwas hufeisenförmigen Teilfrüchte sind an den Enden schwach geflügelt und können vom Wind verblasen werden. Im Volksglauben befürchtete man früher, dass Pferden, sobald sie auf die Pflanze treten, die Hufeisen abfallen.

Höhe 30–100 cm
Blütezeit Juni–Aug.
Typisch Blatt mit
1 Fiederpaar und
verzweigter Ranke.

Wiesen–Platterbse

Lathyrus pratensis | Schmetterlingsblütengewächse | (☠)

Merkmale Staude. Lang gestielte Trauben mit je 3–12 Blüten. Hülsenfrüchte 2,5–3,5 cm lang, abgeflacht, reif schwarz. Stängel aufsteigend oder kletternd, 4-kantig. Fiederblättchen lanzettlich, mit parallelen Nerven, die beiden Nebenblätter am Grund des Blattstiels ähneln den Fiedern.

Vorkommen Nasse Wiesen, Hecken, Wälder, Fluss- und Bachufer. Auf nährstoffreichen, meist stickstoffreichen Böden. Verbreitet, vor allem in Lehmgebieten.

Wissenswertes Die schwarzen Früchte heizen sich in der Sonne stark auf. Durch das Trocknen entstehen Spannungen und die Frucht reißt an Nahtstellen auf. Dabei rollt sie sich blitzschnell ein und schleudert die Samen heraus. Die Pflanze schmeckt bitter und wird deshalb von Rindern gemieden.

Höhe 30–100 cm
Blütezeit Juli–Aug.
Typisch Hängende
Blüten mit hakig
gekrümmtem Sporn.

Großblütiges Springkraut
Rühr-mich-nicht-an

Impatiens noli-tangere | Balsaminengewächse | (☠)

Merkmale Einjährig. Blüten zu 1–4 in den Blattachseln, 2,5–3 cm lang, trichterförmig. Blätter eiförmig, kahl, dünn, stumpf gesägt. Stängel oft rötlich.

Vorkommen Auen- und Schluchtwälder, Waldquellen, Waldbäche, feuchte Waldränder. Auf sickerfeuchten oder sickernassen Böden. Häufig.

Wissenswertes In den reifenden Kapselfrüchten der Springkräuter bauen sich Spannungen auf. Plötzlich – von selbst oder bei Berührung – trennen sich die 5 Fruchtblätter, rollen sich ruckartig ein und schleudern die Samen bis über 3 Meter weit weg. Der Blattrand ist bei hoher Luftfeuchtigkeit häufig mit Wassertröpfchen besetzt. Dabei handelt es sich nicht um Tau, sondern um aktiv ausgeschiedenes Wasser.

Höhe 30–60 cm
Blütezeit Juni–Sept.
Typisch Blüten mit
geradem Sporn in
aufrechten Trauben.

Kleinblütiges Springkraut
Impatiens parviflora | Balsaminengewächse | (☠)

Merkmale Einjährig. Blüten blassgelb, um 1 cm lang,
im Schlund mit roten Strichen. Frucht keulenförmig,
1,5–2 cm lang. Blätter hellgrün, kahl, gesägt.
Vorkommen Wälder, Waldränder, Waldwege, Parks,
Hecken, Gärten. Auf etwas feuchten, nährstoffreichen,
meist kalkarmen Böden an Standorten mit hoher Luftfeuchtigkeit. Verbreitet.
Wissenswertes Die Pflanze ist ein Neubürger aus Ostasien und Sibirien. Gärtner säten das Springkraut 1837
erstmals in Dresden. Bereits Ende des 19. Jh. hatte es
sich in ganz Deutschland verbreitet. Zur raschen Besiedlung von neuen Standorten trug insbesondere der
Transport der Samen in den Reifenprofilen von Wald-
fahrzeugen bei. Die Samen fliegen ähnlich weit wie die
des Großblütigen Springkrauts (S. 366).

Höhe 40–80 cm
Blütezeit Juli–Okt.
Typisch Pflanze dicht
behaart, besonders oben
drüsig-klebrig.

Klebriger Salbei
Salvia glutinosa | Lippenblütengewächse

Merkmale Staude. 3–4 cm lange Blüten in Quirlen
übereinander, Oberlippe gewölbt, seitlich zusammengedrückt. Blatt lang gestielt, Spreite am Grund pfeilförmig. Zerriebene Pflanze riecht aromatisch.
Vorkommen Berg- und Schluchtwälder, Waldränder.
Auf feuchten, nährstoffreichen, lockeren Böden im
Schatten oder Halbschatten. Zerstreut.
Wissenswertes An den großen Blüten lässt sich der
beim Wiesen-Salbei (S. 266) beschriebene Hebel-Mecha-
nismus gut beobachten. Mit einem Stöckchen kann
man eine Hummel nachahmen: Führt man es in die
Blüte ein, klappen die Staubblätter aus der Oberlippe
heraus. Die klebrigen Haare der Pflanze hindern kleine
Insekten, die nicht als Bestäuber geeignet sind, am
Hinaufklettern.

Höhe 15–80 cm
Blütezeit Mai–Juli
Typisch Brennnessel-
artige Pflanze ohne
Brennhaare.

Goldnessel
Lamium galeobdolon | Lippenblütengewächse

Merkmale Staude. Hell- bis goldgelbe Blüten zu je 6–16 quirlig in den Achseln der oberen Blätter, Oberlippe helmförmig, Unterlippe braunrot gefleckt. Stängel liegend bis aufsteigend. Blätter gekreuzt gegenständig, gesägt, lang gestielt, oft mit weißen Flecken.
Vorkommen Wälder, Gebüsche. Auf etwas feuchten, nährstoffreichen, lockeren Böden. Verbreitet.
Wissenswertes Die Pflanzen bilden meist lange, oberirdische Ausläufer und können so große Flächen bedecken. Die Form mit großen, weißen Flecken auf den Blättern (Silberblättrige Goldnessel) wuchs ursprünglich nur in Gärten, tritt jedoch seit vielen Jahrzehnten auch verwildert auf. An den hellen Blattstellen befindet sich zwischen Oberhaut und Blattgewebe eine Luftschicht, die das Licht reflektiert.

Höhe 20–60 cm
Blütezeit Juni–Okt.
Typisch Pflanze rau-
haarig, Blütenquirle
locker übereinander.

Aufrechter Ziest
Stachys recta | Lippenblütengewächse

Merkmale Staude. Blüten 1–2 cm lang, hellgelb bis weißlich, kurz behaart. Kelch mit stechend begrannten Zähnen. Stängel 4-kantig. Blätter gekreuzt gegenständig, Blätter länglich-lanzettlich, sitzend oder kurz gestielt, Rand gesägt bis ganzrandig.
Vorkommen Gebüsch- und Waldränder, Magerrasen, lichte Wälder. Auf eher trockenen, kalkhaltigen Böden an warmen Standorten. Zerstreut.
Wissenswertes Die Pflanze ist mit bis 2 Meter tiefen Wurzeln und runzeligen Blättern an trockene Standorte angepasst. In den Kräuterbüchern des 16. Jh. galt sie als Heilpflanze bei verwundeten Gliedern.
Verwechslung Einjähriger Ziest *(Stachys annua)*, Pflanze weichhaarig bis fast kahl, nur bis etwa 30 cm hoch. Auf Äckern und Schuttplätzen. Selten.

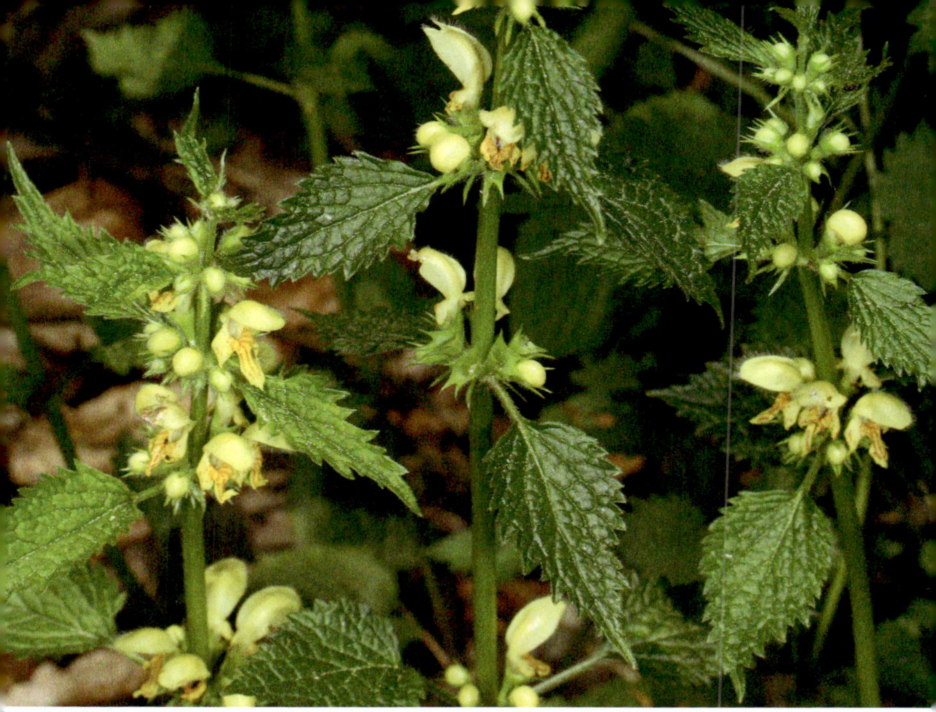

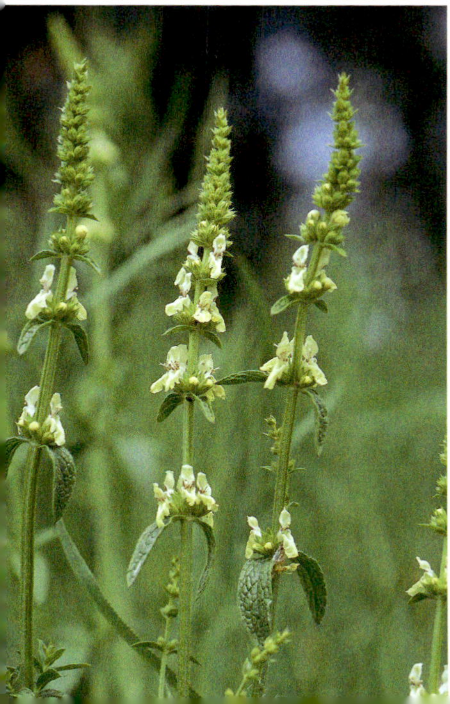

Verwechslung Einjähriger Ziest

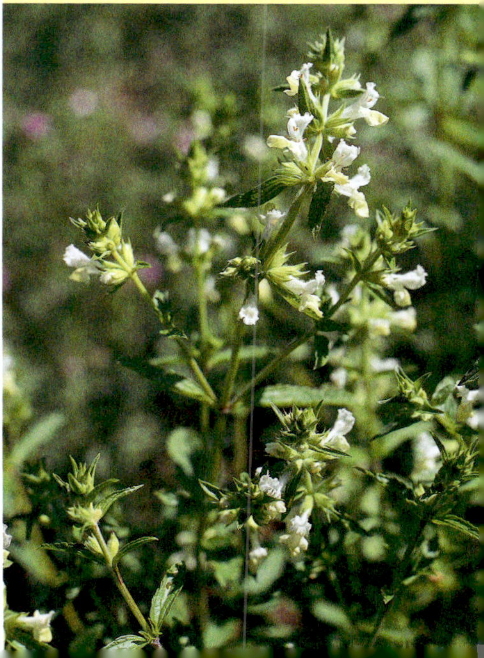

Höhe 20–75 cm
Blütezeit Juni–Okt.
Typisch Blüte durch
eine orange „Maske"
verschlossen.

Gewöhnliches Leinkraut
Frauenflachs
Linaria vulgaris | Braunwurzgewächse

Merkmale Staude. Dichte endständige Blütentrauben,
Blüten hell- oder sattgelb, mit langem Sporn. Stängel
aufrecht, schlank, dicht beblättert. Blätter wechselstän-
dig, lineal-lanzettlich, bläulich grün.
Vorkommen Flussschotter, Eisenbahndämme, Äcker,
Ödflächen, Brachstellen, Straßenränder. Auf sonnigen
Lehm-, Sand- und Steinböden. Verbreitet.
Wissenswertes Die „Maske" imitiert ein großes Staub-
blatt und verspricht Insekten Nahrung. Jedoch gelan-
gen nur kräftige Insekten wie Hummeln, die die Blüte
öffnen können, und Schmetterlinge mit ihrem langen
Rüssel an den Nektar. Der Pflanzensaft galt früher als
Schönheitsmittel. Auf die Haut aufgetragen, sollte er
Flecken und Sommersprossen aufhellen.

Höhe 60–120 cm
Blütezeit Juni–Aug.
Typisch Hängende,
3–4,5 cm lange, glockige
Blüten.

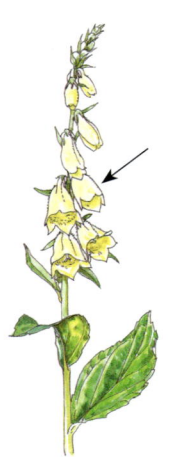

Großblütiger Fingerhut
Großer Gelber Fingerhut
Digitalis grandiflora | Braunwurzgewächse | ☠
geschützt

Merkmale Staude. Blüten in einseitswendiger Traube,
hellgelb, innen ohne bärtige Behaarung, hellbraun
netzartig gefleckt. Blätter wechselständig, lanzettlich.
Vorkommen Bergwiesen, Lichtungen, Waldschläge,
Steinhalden. Auf etwas feuchten, lockeren Böden in der
Sonne oder im Halbschatten. Zerstreut.
Wissenswertes Die Blüten locken Hummeln an, die tief
in die Blüte hineinkriechen und dort Nektar saugen.
Die Pflanze enthält giftige Herzglykoside. Ihre Wirkung
auf das Herz ist jedoch schwächer als die des Roten
Fingerhuts (S. 102).
Verwechslung Gelber Fingerhut *(Digitalis lutea)*,
Blüte eng glockig, 2–2,5 cm lang, innen bärtig behaart.
Selten, in den Mittelgebirgen.

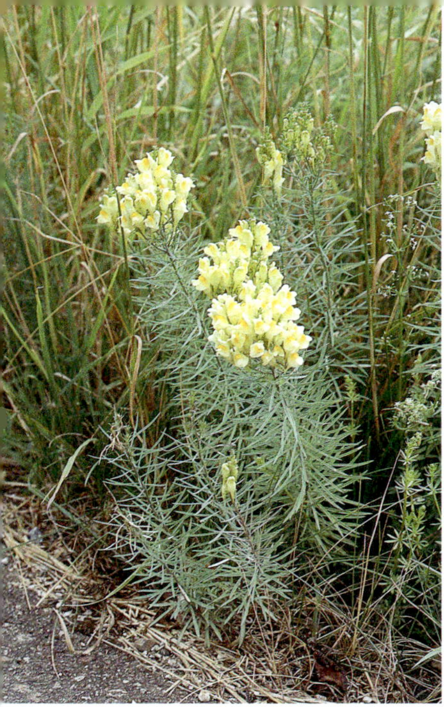
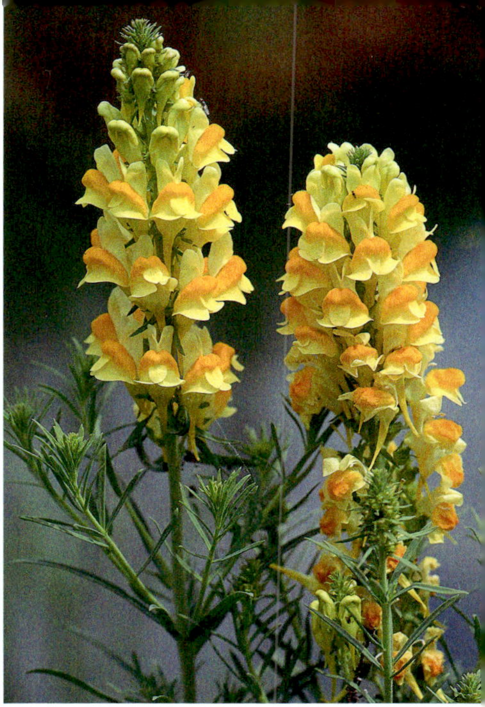
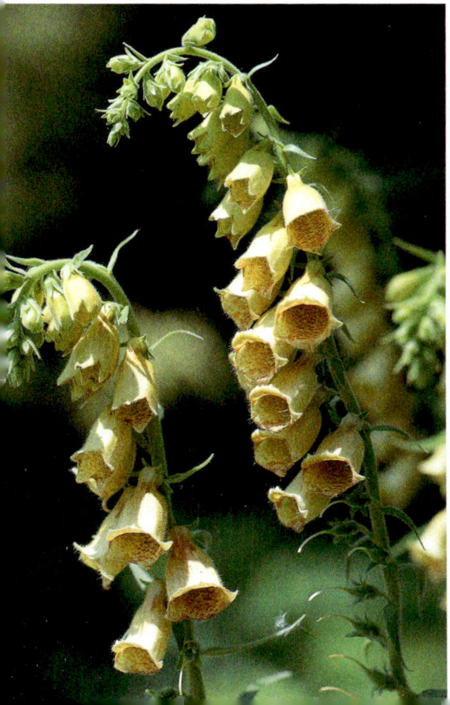

Verwechslung Gelber Fingerhut

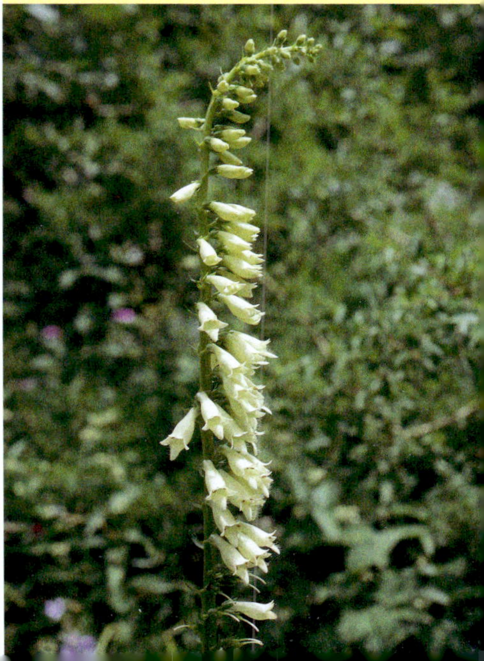

Höhe 10–35 cm
Blütezeit Juni–Sept.
Typisch 0,6–1 cm lange
Blüten in einseitswendigen Paaren.

Wald-Wachtelweizen

Melampyrum sylvaticum | Braunwurzgewächse | (☠)

Merkmale Einjährig. Blüten mit gekrümmter Kronröhre und filzig behaarter Oberlippe, Schlund mehr oder weniger offen. Blätter gegenständig, lanzettlich.
Vorkommen Lichte Wälder, Heiden, Waldränder, Hochmoore. Auf etwas feuchten, mäßig sauren bis sauren, modrigen, torfigen oder humosen Böden. Verbreitet, vor allem in höheren Lagen.
Wissenswertes Der Halbschmarotzer sitzt mit seinen Saugwurzeln auf den Wurzeln von Fichten oder Heidelbeeren und entnimmt diesen Nährstoffe. Dabei tritt er nicht nur an den ursprünglichen Standorten der Fichten auf, sondern konnte auch in künstlich angelegte Fichtenforste einwandern.
Verwechslung Wiesen-Wachtelweizen *(Melampyrum pratense)*, Blüte 1–2 cm lang, außen oft weißgelb.

Höhe 10–60 cm
Blütezeit Mai–Sept.
Typisch Krone wie der Kelch seitlich zusammengedrückt.

Kleiner Klappertopf

Rhinanthus minor | Braunwurzgewächse | (☠)

Merkmale Einjährig. Blüten einzeln in den Achseln von gesägten Blättern, Krone dunkelgelb, Oberlippe helmartig mit kaum abgesetztem, blauem Zahn. Pflanze fast kahl. Stängel meist einfach. Blätter mindestens unten gegenständig, lanzettlich, dunkelgrün, oft braunviolett überlaufen.
Vorkommen Magere Wiesen. Auf etwas feuchten, oft kalkarmen Böden. Zerstreut.
Wissenswertes Wie alle Klappertopf-Arten ist auch der Kleine Klappertopf ein Halbschmarotzer. Er besitzt zwar noch Blattgrün zur Fotosynthese, entnimmt aber Wasser und Nährsalze aus den Wurzeln seiner Wirtspflanzen. Dabei sitzt er meist auf Gräsern.
Verwechslung Gewöhnlicher Zottiger Klappertopf (S. 376), Blätter, Stängel und Kelch behaart.

Höhe 10–80 cm
Blütezeit Mai–Aug.
Typisch Kelch dicht
zottig behaart.

Gewöhnlicher Zottiger Klappertopf

Rhinanthus alectorolophus | Braunwurzgewächse | (☠)

Merkmale Einjährig. Blüten einzeln in den oberen Blattachseln, 1,8–2,2 cm lang, seitlich zusammengedrückt. Helmartige Oberlippe mit bis über 2 mm langem, blauem, fast rechtwinkelig abstehendem Zahn. Frucht vom aufgeblasenen Kelch umgeben. Blätter gegenständig, gekerbt bis gesägt.
Vorkommen Wenig gedüngte Wiesen, Halbtrockenrasen, selten in Getreideäckern. Auf meist kalkhaltigen Böden an warmen Standorten. Zeigt Lehm an. Im Süden häufig, im Norden fehlend.
Wissenswertes Die länglich-linsenförmigen, geflügelten Samen klappern deutlich hörbar in den reifen Kapselfrüchten. Der trockene, aufgeblasene Kelch um die Früchte dient als Windfang. So kann der Wind die Samen ausstreuen.

Höhe 15–35 cm
Blütezeit Juni–Aug.
Typisch Blätter mit
1–4 mm langen Fang-
blasen.

Verkannter Wasserschlauch

Utricularia australis | Wasserschlauchgewächse
geschützt

Merkmale Staude. Lockere Blütentrauben. Unterlippe fast kreisrund, flach ausgebreitet. Frei schwimmende Wasserpflanze. Blätter in fadenförmige Zipfel geteilt, locker mit Fangblasen („Schläuche") besetzt.
Vorkommen In Teichen, Torfgräben, Mooren über Torfschlamm. Benötigt warme Standorte. Zerstreut.
Wissenswertes Die Fangblasen haben eine Klappe, an der abstehende Borsten sitzen. Berührt ein kleines Wassertier, z. B. ein Wasserfloh, die Borsten, öffnet sich die Klappe und ein Wassersog zieht das Tier in die Blase. Das gefangene Tier wird in der Blase verdaut und stellt so eine wichtige Zusatznahrung dar.
Verwechslung Gewöhnlicher Wasserschlauch *(Utricularia vulgaris)*, Unterlippe sattelförmig nach unten geschlagen, Blätter mit sehr vielen Fangblasen.

Verwechslung Gewöhnlicher Wasserschlauch

Höhe 15–50 cm
Blütezeit Mai–Juni
Typisch Orchideenblüte mit pantoffelähnlicher Lippe.

Gelber Frauenschuh

Cypripedium calceolus | Orchideengewächse | geschützt

Merkmale Staude. Meist 1–2, selten 3 Orchideenblüten auf beblättertem Stängel. Lippe gelb, 3–4 cm lang, übrige Blütenblätter purpurbraun, seitliche oft spiralig gedreht. Blätter breit-elliptisch, groß.

Vorkommen Wälder mit grasigem oder krautigem Unterwuchs, Gebüsch. Auf meist kalkhaltigen Böden im Halbschatten. Selten.

Wissenswertes Die Blüte ist eine Kesselfalle. Sandbienen, die nach Nektar suchen, rutschen an den glatten Wänden der Lippe ab und können diese nur über enge Öffnungen am hinteren Ende wieder verlassen. Dabei werden Sie mit Pollenpaketen beklebt und laden mitgebrachten Pollen an der Narbe ab. Geleitet werden sie durch helle „Fenster" am hinteren Teil der Lippe.

Höhe 20–40 cm
Blütezeit April–Mai
Typisch Hellgelbe, ungefleckte Orchideenblüten.

Blasses Knabenkraut

Orchis pallens | Orchideengewächse | geschützt

Merkmale Staude. Kurzer, eiförmiger Blütenstand mit 10–15 Blüten. Lippe mit 3 runden Lappen. 2 Blütenblätter abstehend, 3 zusammengeneigt, Sporn horizontal oder aufwärts gerichtet. Blätter am Grund gehäuft, über der Mitte am breitesten, vorn stumpf.

Vorkommen Buchen-Eichenwälder, Auenwälder, Waldränder, Bergwiesen. Auf etwas feuchten, kalkhaltigen, lockeren Böden an warmen, halbschattigen Standorten. Selten.

Wissenswertes Vom Mittelalter bis zum Beginn des 19 Jh. galten die in Anzahl und Form hodenähnlichen Knollen der Knabenkräuter als wirksames Aphrodisiakum – dieser Effekt ließ sich jedoch bis heute nicht belegen. Bereits die alten Griechen nannten die Knabenkraut-Arten *Orchis* (= Hoden).

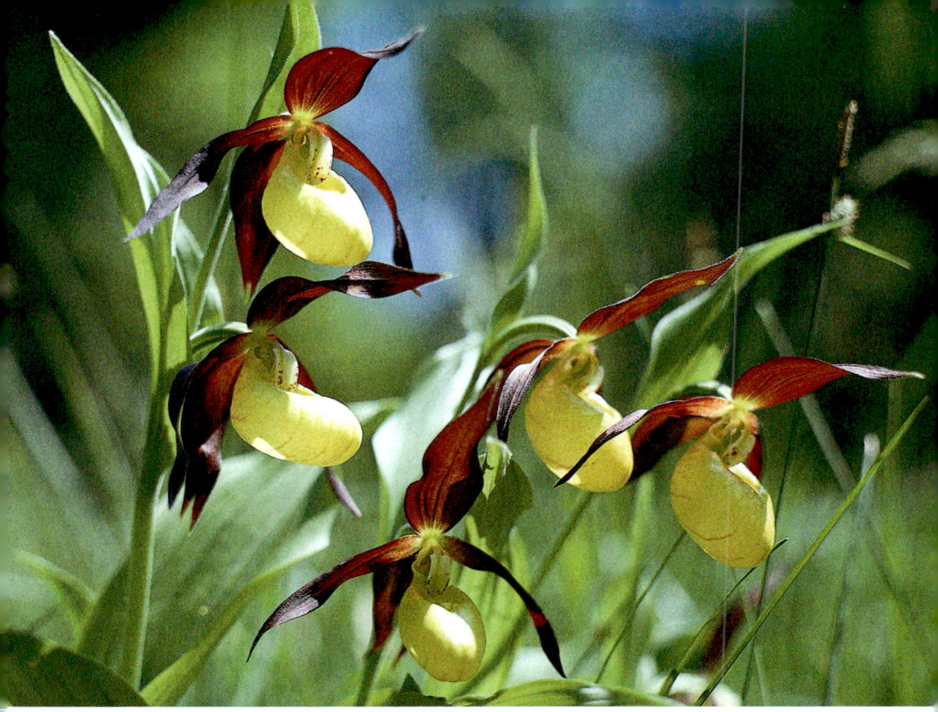
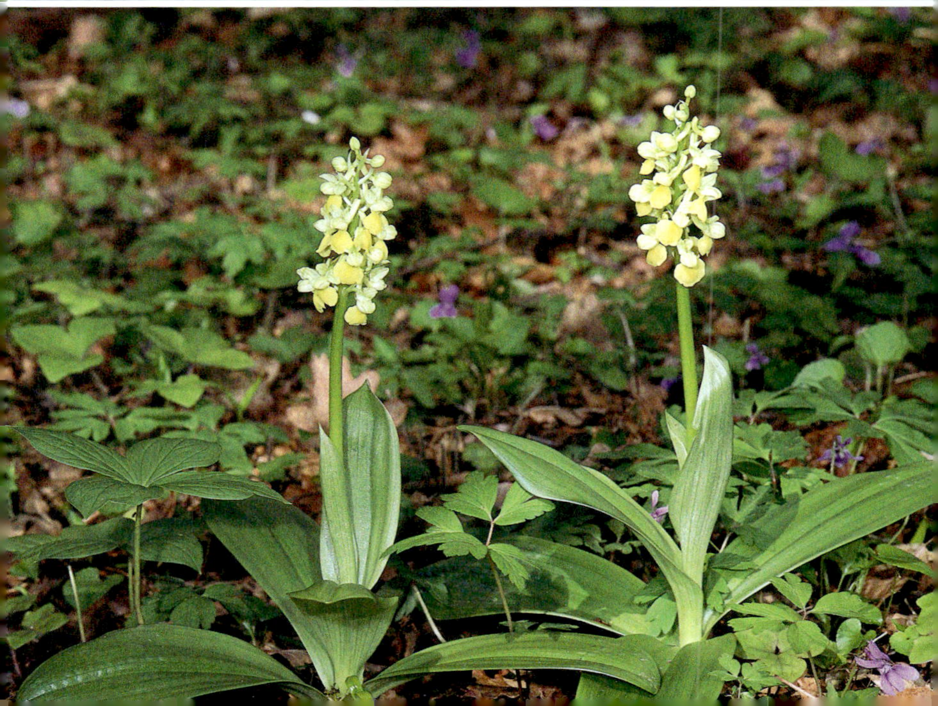

Höhe 5–10 cm
Blütezeit März–Mai
Typisch Blätter nierenförmig bis rundlich, ledrig, glänzend.

Europäische Haselwurz

Asarum europaeum | Osterluzeigewächse | ☠

Merkmale Staude. Blüte mit 3–4 Zipfeln, oft unter dem Laub des Waldbodens, außen grünlich, innen rotbraun. Lang kriechender Wurzelstock. Blätter in Gruppen, Blattunterseite und Blattstiel behaart.
Vorkommen Laub- und Nadelmischwälder, Auenwälder. Auf feuchten, nährstoffreichen Böden. Zeigt Lehm und Kalk an. Häufig, vor allem im Osten.
Wissenswertes Die Blüten locken Pilzmücken mit ihrem Duft an. Irregeführt legen sie ihre Eier in den Blüten ab. Die Pflanze enthält ätherisches Öl. Es riecht und schmeckt pfefferartig und löst Brechreiz aus. Früher nutzten Heilkundige die Pflanze, um Niespulver zu gewinnen. Auch gegen chronische Bronchitis und Husten war sie lange im Einsatz. Heute wird sie nicht mehr verwendet.

Höhe 30–150 cm
Blütezeit Juli–Okt.
Typisch Pflanze mit kurzen Borsten- und langen Brennhaaren.

Gewöhnliche Brennnessel

Urtica dioica | Brennnesselgewächse

Merkmale Staude. Weibliche Blüten in hängenden, männliche in abstehenden Blütenständen, auf verschiedenen Pflanzen. Blätter gegenständig, meist über 5 cm lang. Berühren führt zu Brennschmerz.
Vorkommen Wege, Schuttplätze, Gräben, Waldränder, überdüngte Wiesen. Zeigt Stickstoffreichtum an. Verbreitet.
Wissenswertes Bei Berührung brechen die Spitzen der Brennhaare ab, dringen wie Kanülen in die Haut und entleeren ihren Inhalt. Dieser besteht aus Histamin, Acetylcholin, Ameisensäure und einem noch nicht genau identifizierten Reizstoff. Das Brennen lässt sich mit mildem Seifenwasser lindern.
Verwechslung Kleine Brennnessel *(Urtica urens)*, Blätter bis 5 cm lang. Männliche und weibliche Blüten auf derselben Pflanze. Pflanze nur mit Brennhaaren.

Höhe 20–60 cm
Blütezeit Juni–Sept.
Typisch Blätter 3-eckig
spießförmig.

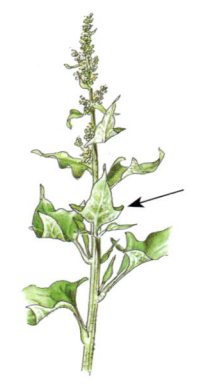

Guter Heinrich
Chenopodium bonus–henricus | Gänsefußgewächse

Merkmale Staude. Dichte, endständige Blütenrispe. Blüten gelblich grün, 3–5-zipfelig. Stängel, Blattunterseiten und Blütenstände etwas mehlig bestäubt. Blätter lang gestielt, fast ganzrandig, matt.

Vorkommen Vor allem in der Nähe von Bauernhöfen und Siedlungen, an Wegen, Dunghaufen, Viehlägern, Ställen. Zeigt sehr stickstoffreichen Boden an. Zerstreut.

Wissenswertes Heilkundige legten früher zerquetschte Blätter auf Geschwüre, Wurzeln auf Wunden. Der deutsche Name entstammt dem Volksglauben: Gute Geister wurden dort oft Heinrich oder Heinz (Heinzelmännchen) genannt. Sie sollten die Heilkraft der Pflanze bewirken.

Verwechslung Weißer Gänsefuß (S. 394), Blätter mehlig bestäubt, hell blaugrün.

Höhe 5–30 cm
Blütezeit Aug.–Okt.
Typisch Blattlose Pflanze mit knotig gegliederten Stängeln.

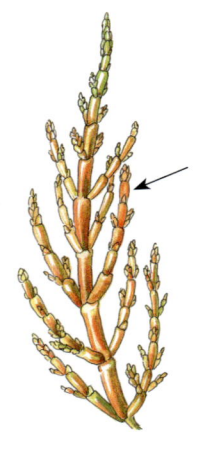

Kurzähren–Queller
Salicornia europaea | Gänsefußgewächse

Merkmale Einjährig. Blühende Zweig-Enden verdickt, Blüten eingesenkt, nur die Staubbeutel sichtbar. Pflanze dickfleischig, grün, gelbgrün oder rötlich.

Vorkommen Als Erstbesiedler offener Salzschlickböden der Nord- und Ostsee häufig, selten im Binnenland. Wächst weit draußen im Watt, sammelt Feinmaterial und trägt zur „Landbildung" bei.

Wissenswertes Der Queller gehört zu den wenigen Pflanzen, die zum Keimen und optimalen Wachstum Salz benötigen. Sein fleischiges Aussehen erhält er durch Salz- und Wassereinlagerung. Glasbläser mischten seine salzige Asche früher in Glasschmelzen. Diese wurden dadurch bereits bei niedrigeren Temperaturen flüssig. Der manchmal gebrauchte Name „Glasschmelz" geht hierauf zurück.

Höhe 50–120 cm
Blütezeit Juli–Aug.
Typisch Untere Blätter
bis 2-mal so lang
wie breit, stumpf.

Stumpfblättriger Ampfer
Rumex obtusifolius | Knöterichgewächse

Merkmale Staude. Blütenknäuel bilden einen rispenartigen Blütenstand, 3 Blütenblätter gezähnt, besonders an der Frucht auffallend, dann mindestens 1 mit wulstartiger Schwiele. Blätter dunkelgrün, untere am Grund meist herzförmig. Kein saurer Geschmack.
Vorkommen Wiesen, Äcker, Wege, Gräben, Schuttplätze, Unkrautbestände in Dörfern, an Ställen. Auf verfestigten Böden. Zeigt Stickstoff an. Verbreitet.
Wissenswertes Die lufthaltigen Schwielen auf der Fruchthülle erleichtern die Ausbreitung der Früchte mit Hilfe von Wasser, die hakigen Zipfel am Rand das Anheften an Tiere. Vieh frisst die Samen und scheidet sie unzerstört wieder aus. Auf überweideten oder mit Gülle gedüngten Wiesen kommt es so oft zu Massenbeständen.

Höhe 15–40 cm
Blütezeit Mai–Aug.
Typisch Kugelige bis
eiförmige grünliche
Köpfchen.

Kleiner Wiesenknopf
Sanguisorba minor | Rosengewächse

Merkmale Staude. Köpfchen 1–3 cm groß, weibliche Blüten oben, mit 2 roten Narben, männliche unten, mit vielen langen Staubblättern. Stängel aufrecht. Blätter unpaarig gefiedert mit 11–31 rundlichen, grob gesägten Blättchen, diese oberseits dunkelgrün, unterseits hellgrün.
Vorkommen Magerrasen, Böschungen, Wegränder, trockene Wiesen, Schafweiden. Auf kalkhaltigen Böden. Zeigt mageren Boden an. Pionier. Verbreitet, im Nordwesten selten.
Wissenswertes Eines der wenigen Rosengewächse, das vom Wind bestäubt wird. Hin und wieder werden die Köpfchen auch von Bienen besucht. Als „Pimpernell" oder „Bibernelle" dient das Kraut als leicht bitteres, nussartiges Küchengewürz und Salatbeigabe.

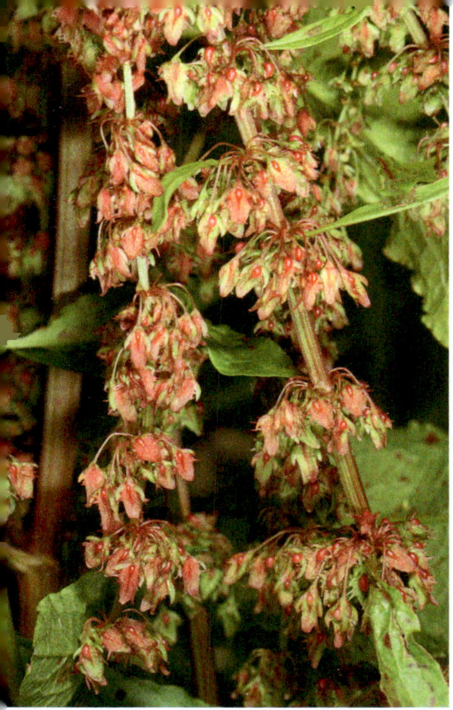
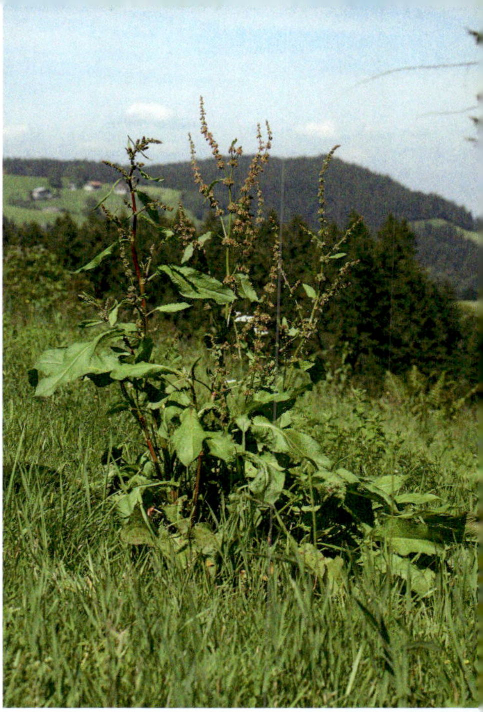
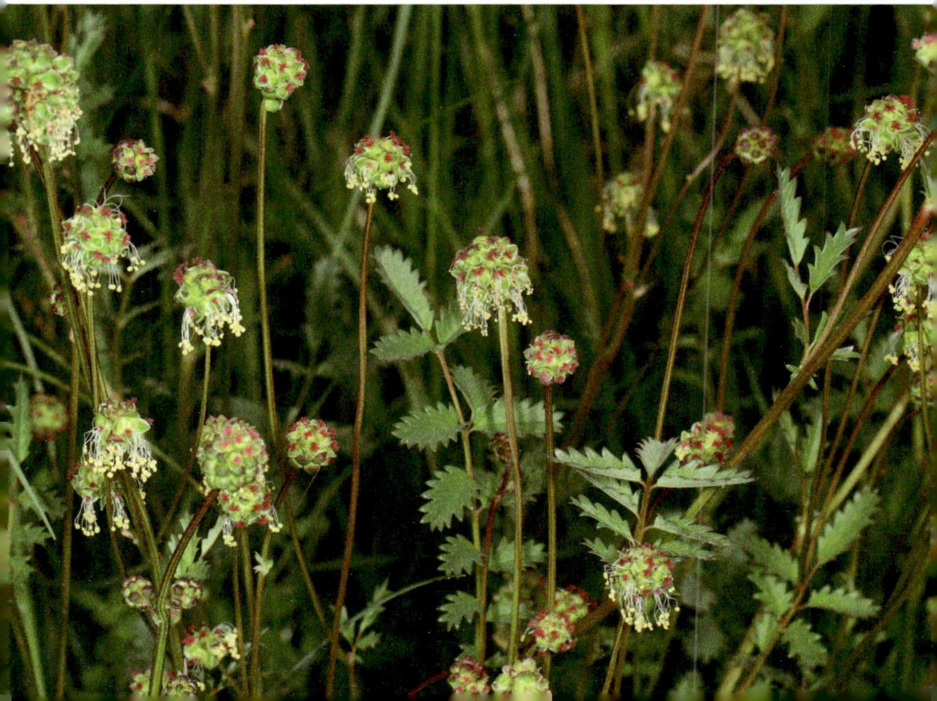

Höhe 10–30 cm
Blütezeit Juni–Sept.
Typisch Blütenstand meist 5-strahlig, Strahlen oft gabelig.

Sonnwend–Wolfsmilch

Euphorbia helioscopia | Wolfsmilchgewächse | ☠

Merkmale Einjährig. Unter jeder Scheinblüte 2, den Stängelblättern ähnelnde, nicht verwachsene Hochblätter. Kapselfrucht ohne Warzen. Pflanze mit weißem Milchsaft. Blätter wechselständig, breit verkehrt eiförmig, vorn rund, fein gezähnt.
Vorkommen Äcker, Gärten, Weinberge, Ödflächen. Auf lockeren Böden. Zeigt Lehm- und Nährstoffreichtum an. Verbreitet.
Wissenswertes Die Sonnwend-Wolfsmilch stammt ursprünglich vermutlich aus dem Mittelmeerraum und wanderte in der jüngeren Steinzeit als Kulturfolger des Menschen in unser Gebiet ein. Die Pflanze orientiert ihre Blütenstände in Richtung Sonne (griech. „helios" = Sonne, „skopein" = schauen).

Höhe 15–30 cm
Blütezeit April–Mai
Typisch Stängel unverzweigt, nur oben beblättert.

Wald–Bingelkraut

Mercurialis perennis | Wolfsmilchgewächse | ☠

Merkmale Staude. Männliche und weibliche Blüten auf verschiedenen Pflanzen, männliche in langen Ähren, weibliche mit dickem Fruchtknoten. Pflanze riecht zerrieben unangenehm. Blätter gegenständig.
Vorkommen Wälder. Auf feuchten, nährstoffreichen Böden an eher schattigen Standorten („Wo die Sonne Kringel baut, da wächst das Bingelkraut"). Häufig in den Lehm- und Kalkgebieten.
Wissenswertes Getrocknete Pflanzen schimmern durch den blauen Farbstoff Cyanohermidin metallartig blauschwarz. Die Alchemisten des Mittelalters dachten deshalb, mit ihrer Hilfe könne man Quecksilber *(Mercurium)* in Gold verwandeln.
Verwechslung Einjähriges Bingelkraut *(Mercurialis annua)*, Pflanze verzweigt, auf Ödflächen, Äckern.

Höhe 1,5–3 m
Blütezeit Mai–Juni
Typisch Junge Zweige
4-kantig, mit schmalen
Flügeln.

Gewöhnliches Pfaffenhütchen
Gewöhnlicher Spindelstrauch
Euonymus europaea | Spindelbaumgewächse | ☠

Merkmale Strauch. Doldenrispen mit 2–7 grünlich-gelben bis weißlichen Blüten, Kronblätter schmal. Kapselfrucht rosa bis purpurn, 4-teilig aufspringend, Samen mit orangerotem Mantel. Blätter gegenständig.
Vorkommen Hecken, Waldränder, Auenwälder, Bach-ufer. Auf etwas feuchten, nährstoffreichen Böden. Häufig, besonders in Kalk- und Lehmgebieten.
Wissenswertes Vögel schälen den fleischigen Mantel von den Samen oder verschlucken ihn mitsamt den Samen. Die Fruchtform erinnert an eine Mitra, die Kopfbedeckung der Priester. Der Strauch enthält Alkaloide und Glycoside. Gepulverte Früchte setzte man früher gegen Läuse und Krätzemilben ein. Drechsler stellten aus dem Holz Garnspindeln her.

Höhe 5–40 cm
Blütezeit Juni–Okt.
Typisch Lange, dünne
Ähren auf blattlosen
Stängeln.

Breit-Wegerich Großer Wegerich
Plantago major | Wegerichgewächse

Merkmale Staude. Blühende Ähren bis 10 cm, fruchtende bis 20 cm lang. Stängel nicht oder kaum länger als die meist aufgerichtet in einer Grundrosette angeordneten Blätter. Blatt breit-elliptisch, mit 5–9 Längsnerven, deutlich gestielt.
Vorkommen Wege, Plätze, betretene Rasen, Ufer, intensiv genutzte Weiden, Pflasterfugen. Pionierpflanze. Erträgt Tritt und Salz. Verbreitet.
Wissenswertes Nordamerikanische Indianer nannten die Pflanze „Fußstapfen des Weißen Mannes". Sie kam mit den Weißen in ihr Land und breitete sich entlang ihrer Eroberungswege aus. „Plantago" leitet sich von lat. *planta* = Fußsohle ab und bezieht sich auf die Blattform, „Wegerich" bedeutet „Beherrscher des Weges" und weist auf den Standort hin.

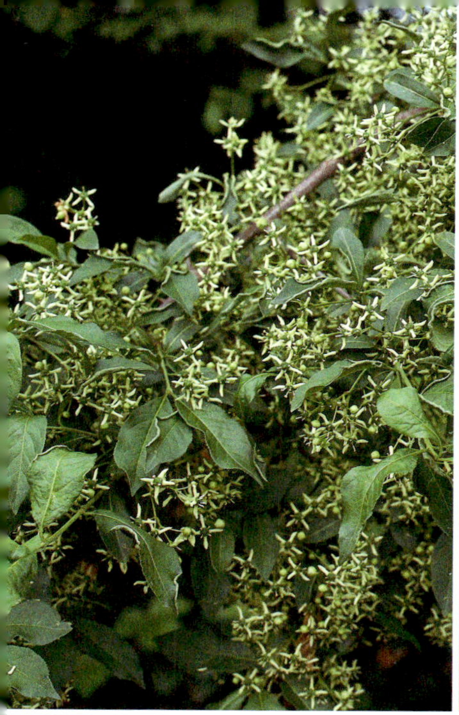
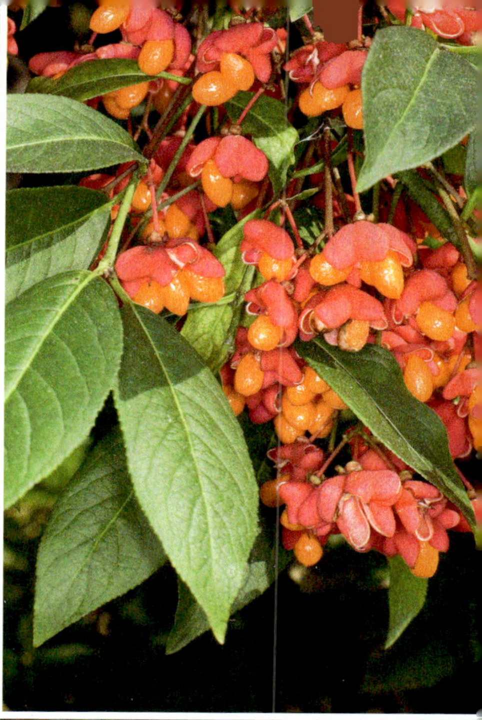
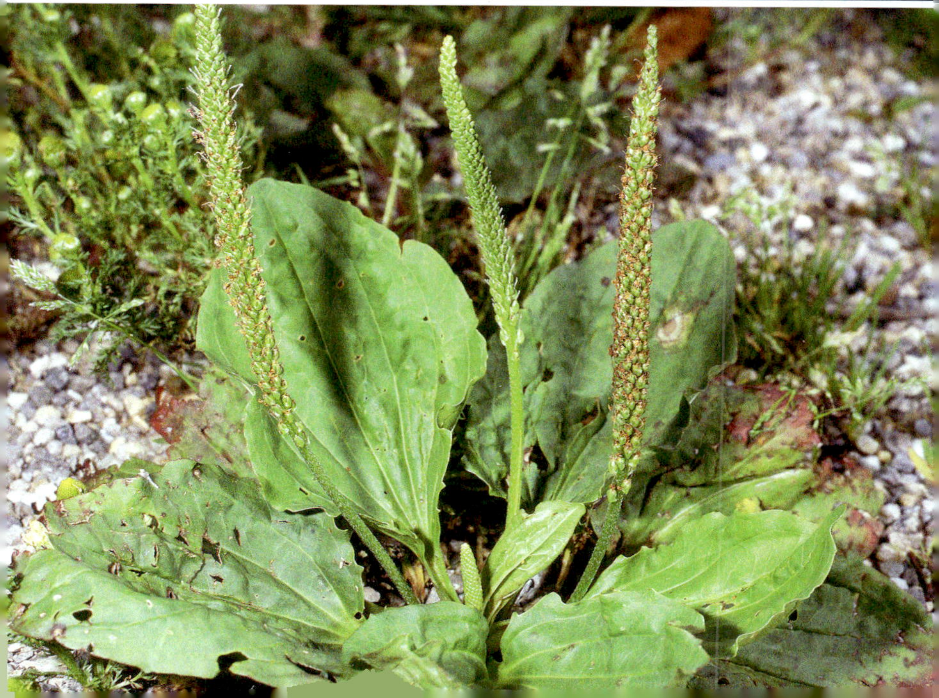

Höhe 10–50 cm
Blütezeit Mai–Sept.
Typisch Kurze Ähren
auf blattlosen, furchigen
Stängeln.

Spitz-Wegerich
Plantago lanceolata | Wegerichgewächse

Merkmale Staude. Blüten unscheinbar, mit lang herausragenden Staubblättern. Blätter bilden eine Grundrosette, lanzettlich oder lineal-lanzettlich, 10–20 cm lang, mit 3–7 Längsnerven.
Vorkommen Fettwiesen, Weiden, Parkrasen, Ödflächen, Wege, Äcker, Schuttplätze. Auf meist tiefgründigen Böden. Verbreitet.
Wissenswertes Werden Wegerich-Samen nass, so quillt ihre Oberfläche schleimig auf. Mit diesem Schleim bleiben sie dann an Tieren, Schuhsohlen und Reifen kleben und werden verschleppt. Die Pflanzenheilkunde setzt Spitz-Wegerichkraut gegen Schleimhautentzündungen und trockenen Reizhusten ein. Frische Blätter lindern Insektenstiche, wenn man sie als Brei auf den Stich aufträgt.

Höhe 15–40 cm
Blütezeit April–Juni
Typisch Großes, tütenförmig eingerolltes
Hüllblatt.

Gefleckter Aronstab
Arum maculatum | Aronstabgewächse | ☠

Merkmale Staude. Blüten in Ringen an einem Kolben, der im bauchigen Teil des Hüllblatts eingeschlossen ist, oberer Teil des Kolbens keulenartig. Rote Beeren. Blätter breit pfeilförmig.
Vorkommen Krautreiche Laubwälder, Auenwälder, Hecken. Auf etwas feuchten, nährstoffreichen, meist tiefgründigen Böden im Schatten. Häufig.
Wissenswertes Das Hüllblatt entfaltet sich am Abend und bildet eine Kesselfalle. Kleine Schmetterlingsmücken werden vom harnartigen Geruch des Kolbens angelockt. Sie rutschen in den Kessel und bestäuben die weiblichen Blüten. Erst später öffnen sich die Staubbeutel der männlichen Blüten und Pollen fällt auf die Mücken. Am nächsten Abend welkt das Hüllblatt und die Besucher können wieder hinausklettern.

Höhe 100–200 cm
Blütezeit Juli–Aug.
Typisch Weiblicher
Kolben nach der Blüte
dunkelbraun.

Breitblättriger Rohrkolben
Typha latifolia | Rohrkolbengewächse

Merkmale Staude. Männlicher Kolben sitzt über dem
etwa gleich langen weiblichen, beide zur Blütezeit grünlich. Fruchtender Kolben 2–3 cm dick, reif zerfallend.
Blätter steif aufrecht, blaugrün, 10–20 mm breit.
Vorkommen Im Röhricht stehender oder langsam flie-
ßender, nährstoffreicher Gewässer. Pionier in Verlan-
dungszonen. Häufig. Früher besonders von Küfern kultiviert.
Wissenswertes Küfer (Böttcher) verwendeten bis ins
20. Jh. die Blätter zum Abdichten von Fassfugen.
Deshalb heißt die Pflanze auch „Böttcherschilf".
Die Fruchthaare dienten als Kissenfüllung und für Ver-
bandszwecke. Sie lassen sich jedoch nicht verspinnen.
Die Wurzelstöcke lieferten Schweinefutter, mit ihrem
Mehl streckte man in Notzeiten das Getreidemehl.

Höhe 30–50 cm
Blütezeit Juni–Aug.
Typisch Stängel ver-
zweigt, weibliche Köpf-
chen morgensternartig.

Ästiger Igelkolben
Sparganium erectum | Igelkolbengewächse | (☠)

Merkmale Staude. Blüten in kugeligen Köpfchen,
obere Köpfchen männlich, untere weiblich. Fruchtende
Köpfchen stachlig. Pflanze kräftig. Blätter dunkelgrün,
in 2 Zeilen angeordnet, 10–15 mm breit, hart, aufrecht,
im unteren Teil 3-kantig.
Vorkommen Stehende, nährstoffreiche, bis 0,5 m tiefe
Gewässer. Erträgt Gewässerverschmutzung, besiedelt
auch gestörte Stellen und neu geschaffene Standorte.
Verbreitet.
Wissenswertes Die reifen Früchte können bis 12 Monate im Wasser schwimmen. Mit dem Rest des Griffels,
der noch an ihnen hängt, können sie auch an Wasser-
tieren hängen bleiben.
Verwechslung Einfacher Igelkolben *(Sparganium
emersum)*, unverzweigt, Blätter schmäler, oft schlaff.

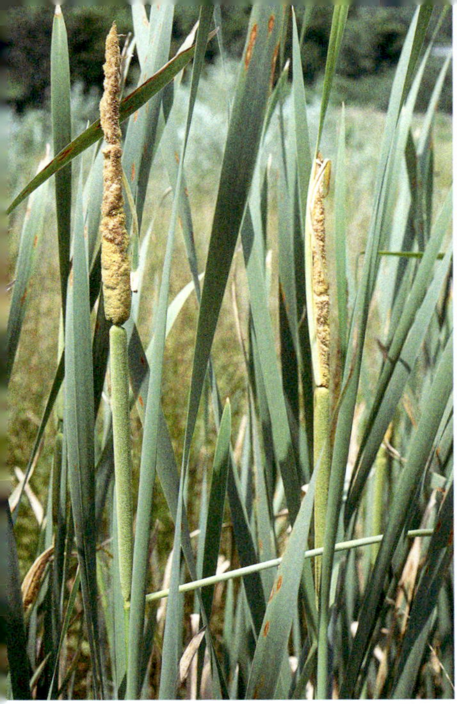

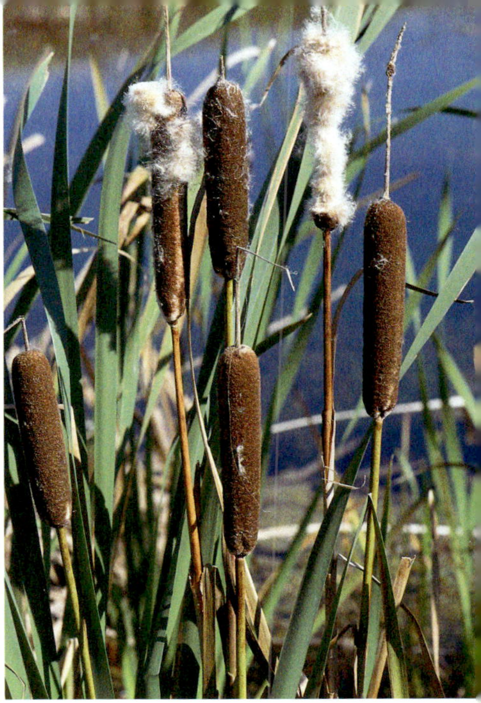

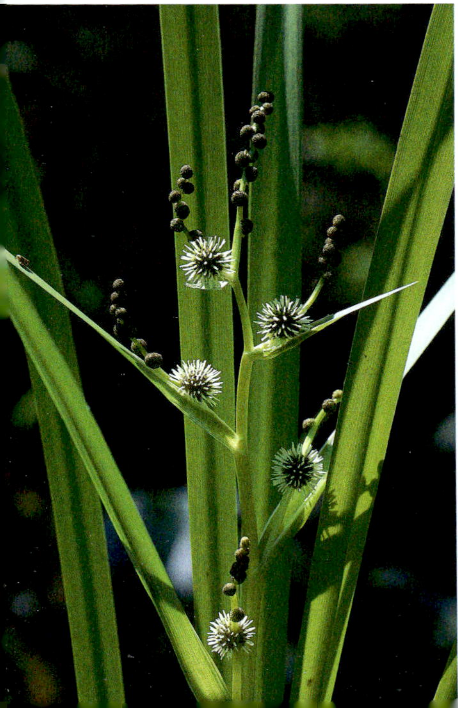

Verwechslung Einfacher Igelkolben

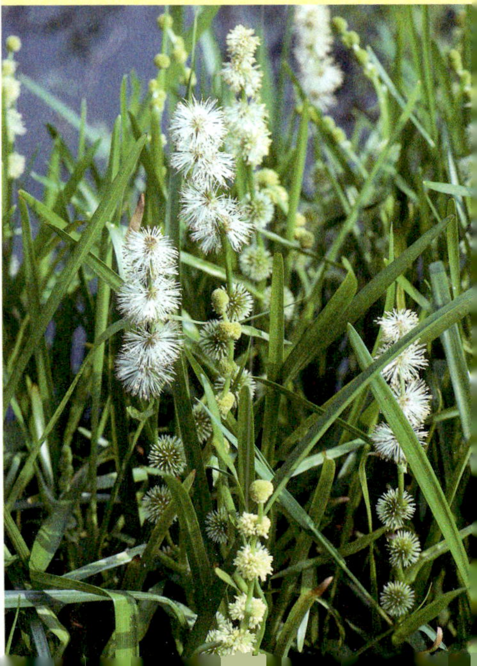

Höhe 30–80 cm
Blütezeit Feb.–Mai
Typisch Blüten glockig,
hängend, Blätter hand-
förmig.

Stinkende Nieswurz

Helleborus foetidus | Hahnenfußgewächse | ☠ | geschützt

Merkmale Mehrere 1–2 cm lange, grüne, am Rand oft
rötliche Blüten. Blätter und weit entwickelte Knospen
den Winter über vorhanden. Grundblätter mit bis zu
9 lanzettlichen Abschnitten, obere Blätter hell, oval,
ganzrandig. Blüten riechen unangenehm.
Vorkommen Trockene Abhänge, lichte Buchen- und
Eichenwälder und Waldsäume auf Kalk. Zerstreut.
Wissenswertes Die Blätter werden nach oben immer
einfacher und zeigen Übergänge von Laub- über
Hoch- zu Blütenblättern. So lässt sich an der Nieswurz
nachweisen, dass sich Blütenblätter von Laubblättern
ableiten. Wurzelstock und Wurzeln enthalten giftige
Saponine, die oberirdischen Teile Protoanemonin.
Verwechslung Grüne Nieswurz *(Helleborus viridis)*,
Blüten 4–6 cm groß, schüsselförmig oder fast flach.

Höhe 20–150 cm
Blütezeit Juli–Okt.
Typisch Ganze Pflanze
wirkt wie mit Mehl
bestäubt.

Weißer Gänsefuß

Chenopodium album | Gänsefußgewächse

Merkmale Einjährig. Rispen mit knäuelig angeordneten
winzigen Blüten. Stängel grün gestreift, oft rot überlau-
fen. Pflanze blaugrün bis weißlich. Blätter sehr variabel,
oval, lanzettlich oder rhombisch, meist unregelmäßig
gezähnt, auf beiden Seiten gleichfarbig.
Vorkommen Unkrautbestände, oft eine der ersten
Pflanzen auf offenen Böden von Schuttplätzen, Wegen,
Gärten, Äckern, Straßenrändern. Auf nährstoffreichen
Böden aller Art. Verbreitet.
Wissenswertes Schon die Pfahlbauer der Jungsteinzeit
stellten Mehl aus den Samen her. Junge Blätter und
Stängel eignen sich für Wildgemüse und Salate.
Verwechslung Spreizende Melde *(Atriplex patula)*, Blät-
ter kaum mehlig, untere spießförmig, weibliche Blüte
und Frucht mit 2 rhombischen Blättern.

Höhe bis 20 m
Blütezeit Mai–Juni
Typisch Blätter mit
3–5 stumpfen Lappen,
unter 10 cm groß.

Feld–Ahorn Maßholder
Acer campestre | Ahorngewächse

Merkmale Strauch bis Baum. Aufrechte Doldenrispen mit gelbgrünen Blüten erscheinen nach den Blättern. Spaltfrucht mit fast waagerecht abstehenden Flügeln. Blätter gegenständig, Lappen etwas gebuchtet.
Vorkommen Wälder, Hecken, Feldgehölze. Auf nährstoff- und meist kalkreichen Böden an hellen, etwas wärmeren Standorten. Häufig.
Wissenswertes Der Feld-Ahorn erträgt Schnitt und eignet sich deshalb auch für Hecken. Drechsler schätzen sein schön gemasertes Holz. Der Name „Maßholder" leitet sich vom germanischen *„matla"* = Speise ab. Die Blätter ließ man früher ähnlich wie Sauerkraut vergären und stellte so ein Speisemus her.
Verwechslung Berg-Ahorn *(Acer pseudoplatanus)*, Blätter größer, Rand gesägt. Trauben hängend.

Höhe 15–50 cm
Blütezeit April–Aug.
Typisch Zweige scharfkantig, auch im Winter grün.

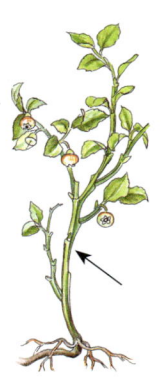

Heidelbeere Blaubeere
Vaccinium myrtillus | Heidekrautgewächse

Merkmale Zwergstrauch. Blüten kugelig, grünlich bis blassrosa oder purpurn überlaufen, einzeln in den Blattachseln. Blauschwarze, 5–8 mm große Beeren mit blaurotem Fleisch. Blätter grün, fallen im Herbst ab.
Vorkommen Wälder, moorige Heiden, Bergheiden. Auf etwas feuchten, nährstoffarmen, sauren, auch schuttreichen und flachgründigen Böden. Verbreitet.
Wissenswertes Die Früchte enthalten u. a. Fruchtsäuren, Gerbstoffe, Anthocyanfarbstoffe, Flavonoide und Vitamine. Frisch wirken sie eher abführend, getrocknet und als Saft lindern sie Durchfälle. Früher färbten sie Wolle, Spielkarten und Wein.
Verwechslung Gewöhnliche Rauschbeere *(Vaccinium uliginosum)*, Stängel rund, Blätter blaugrün, Beeren innen hell.

Höhe 50–150 cm
Blütezeit Juni–Aug.
Typisch Blüten braun-
violett bis grünlich,
glockig, hängend.

Echte Tollkirsche

Atropa bella-donna | Nachtschattengewächse | ☠

Merkmale Staude. Blüten 2,5–3 cm lang, in den Blatt-
achseln. Glänzend schwarze, kirschgroße Beeren
mit bleibendem Kelch. Blätter eiförmig, zugespitzt, im
Blütenbereich jeweils 1 großes und 1 kleines Blatt
scheinbar gegenständig.
Vorkommen Waldlichtungen, Waldwege. Auf etwas
feuchten, nährstoffreichen, meist kalkhaltigen Böden.
Häufig, im Norden im Tiefland fehlend.
Wissenswertes Die Pflanze ist tödlich giftig. Ihren
Namen „Atropa" trägt sie nach der griechischen Schick-
salsgöttin Atropos (die „Unabwendbare"), die den
Lebensfaden abschnitt. Das Alkaloid Atropin erweitert
außerdem die Pupillen. Dies galt früher als schön (lat.
„bella donna" = schöne Frau). Vögel wie Drosseln können die Beeren unbeschadet fressen.

Höhe 0,5–20 m
Blütezeit Sept.–Nov.
Typisch Klettert mit
Haftwurzeln, Blätter
immergrün.

Gewöhnlicher Efeu

Hedera helix | Efeugewächse | ☠

Merkmale Kletterstrauch. Halbkugelige Dolden mit
grünlich gelben Blüten. Schwarze Beeren. Blätter ledrig,
wechselständig, an nicht blühenden Trieben 3–5-lappig,
am Blütentrieb rhombisch bis oval.
Vorkommen Misch- und Auenwälder, Felsen, Mauern.
Verbreitet. Wächst an Gestein und Stämmen mithilfe
der Haftwurzeln empor.
Wissenswertes Die ungewöhnliche Blütezeit und der
reichliche Nektar locken viele Besucher an, besonders
Fliegen und Wespen. Bienen sammeln in den Blüten
auch Pollen. Im Frühjahr liefert der Efeu den Vögeln die
ersten frischen, reifen Früchte des Jahres. Die Pflanze
enthält Saponine, die den Magen reizen. In Fertigarznei-
mitteln verflüssigen sie Hustenschleim. Frischer Pflanzensaft kann Allergien auslösen.

Höhe 1,5–3 m
Blütezeit April–Mai
Typisch Kegel- bis
eiförmige, aufrechte
Rispen.

Trauben–Holunder Roter Holunder
Sambucus racemosa | Geißblattgewächse | ☠

Merkmale Strauch. Blüten grünlich gelb, um 5 mm
groß, erscheinen gleichzeitig mit den Blättern. Früchte
leuchtend rot. Blätter gegenständig, unpaarig gefiedert
mit 3–7 Blättchen, Rand gesägt.
Vorkommen Waldlichtungen, Waldschläge, Steinschutt-
hänge. Auf etwas feuchten, nährstoffreichen, meist
kalkarmen, auch steinigen Lehmböden an hellen oder
halbschattigen Standorten. Häufig.
Wissenswertes Die herb-sauren Früchte enthalten
Provitamin A und Vitamin C. Roh können sie jedoch zu
Erbrechen und Durchfall führen. Gekocht eignen sie
sich für Saft und Marmelade. Außerdem wird empfohlen, die Samen immer zu entfernen. Nachdem ein
harzartiger Stoff entfernt wurde, presste man aus den
Samen Speiseöl.

Höhe 5–15 cm
Blütezeit März–Mai
Typisch Fast würfel-
förmiges Köpfchen mit
5 grünen Blüten.

Moschuskraut
Adoxa moschatellina | Moschuskrautgewächse

Merkmale Staude. Blütenköpfchen überragt die Blätter,
seitliche Blüten meist mit 5 Blütenblättern, endständige mit 4. Stängel mit 2 gegenständigen Blättern. Grundblätter lang gestielt, doppelt 3-teilig.
Vorkommen Auenwälder, feuchte Wälder, Gebüsche.
Auf nährstoffreichen Böden. Zerstreut in Gebieten mit
Kalk und Lehmböden, in Gebirgen mit Silikat und im
Nordwesten selten.
Wissenswertes Verwelkt die Pflanze, duftet sie schwach
nach Moschus. Deshalb legten Hausfrauen sie früher
zwischen die Wäsche in den Schrank. Die Früchte werden von Schnecken gefressen und später wieder aus-
geschieden. Da die Darmpassage mehrere Stunden
dauert, können die Samen mehrere Meter weit trans-
portiert werden.

Höhe 50–150 cm
Blütezeit Aug.–Okt.
Typisch Blattlose Trauben mit vielen nickenden Blütenkörbchen.

Beifußblättriges Traubenkraut

Ambrosie

Ambrosia artemisiifolia | Korbblütengewächse

Merkmale Einjährig. Halbkugelige, 4–5 mm große Blütenkörbchen, obere männlich, untere weiblich. Stängel abstehend behaart. Blätter doppelt fiederspaltig, auf beiden Seiten grün, anliegend behaart.
Vorkommen Neubürger aus Nordamerika und Mexiko. Unkrautbestände auf Schutt, in Häfen, Gärten, auf Äckern. Breitet sich zunehmend aus.
Wissenswertes Die Früchte waren mehrere Jahrzehnte in Winter-Vogelfutter-Mischungen enthalten. So konnte die Pflanze Fuß fassen. Der Blütenstaub löst heftige Pollenallergien aus. Damit sich die Pflanze bei uns nicht weiter ausbreitet, rufen verschiedene Kampagnen zum Ausreißen und Vernichten auf.
Verwechslung Gewöhnlicher Beifuß (S. 336), Blattunterseite weißfilzig, Körbchen in Rispen.

Vierblättrige Einbeere

Paris quadrifolia | Dreiblattgewächse | ☠

Höhe 10–30 cm
Blütezeit Mai–Juni
Typisch Nur 1 Quirl mit meist 4 breit-elliptischen Blättern.

Merkmale Staude. Nur 1 gelbgrüne Blüte oberhalb der Blätter. Fruchtknoten groß, schwarzblau. Beere schwarzblau, bereift, bis 1 cm dick. Blätter zugespitzt.
Vorkommen Feuchte Wälder mit meist krautreichem Unterwuchs, Auenwälder. Auf nährstoffreichen, humosen Böden. Zeigt Grund- oder Sickerwasser an. Zerstreut.
Wissenswertes Die Pflanze enthält Saponine, die Übelkeit und Nierenschäden auslösen können. Früher galt die „Pestbeere" als Heilpflanze gegen ansteckende Krankheiten. In der griechischen Mythologie musste der Jüngling Paris den Zank um den „Erisapfel" entscheiden. Beim „Parisurteil" war er von 4 Gottheiten umgeben, ähnlich wie die Einbeerenblüte oder -frucht, die von 4 Blättern umgeben ist.

Höhe 40–120 cm
Blütezeit Juni–Sept.
Typisch Blüten kugelig-bauchig, etwa 8 mm lang.

Knotige Braunwurz

Scrophularia nodosa | Braunwurzgewächse | (☠)

Merkmale Staude. Lockere Rispe mit purpur- oder schmutzigbraunen Blüten, Pflanze dunkelgrün, riecht zerrieben unangenehm. Stängel 4-kantig. Blätter gegenständig, gestielt, untere herz-, obere eiförmig.

Vorkommen Wälder, Wegränder. Auf feuchten, nährstoffreichen, meist kalkarmen Böden im Schatten oder Halbschatten. Verbreitet.

Wissenswertes Die Blüten locken neben Bienen besonders auch Wespen an. Im Mittelalter verglich man die Form des knotig verdickten Wurzelstocks mit Geschwulsten der Halsdrüsen (Skrofeln) und anderen Drüsenschwellungen. Heilkundige setzten die Pflanze deshalb gegen Drüsenkrankheiten ein.

Verwechslung Geflügelte Braunwurz *(Scrophularia umbrosa)*, Stängel an den 4 Kanten deutlich geflügelt.

Höhe 20–50 cm
Blütezeit Mai–Juni
Typisch 2 breit-ovale, fast gegenständige Blätter.

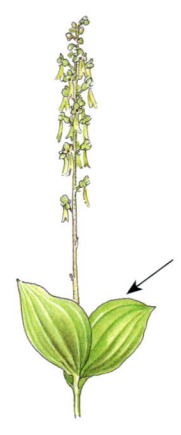

Großes Zweiblatt

Listera ovata | Orchideengewächse | geschützt

Merkmale Staude. Lange Traube mit 20–40 Orchideenblüten. Blüten ohne Sporn, Lippe gelbgrün, bis etwa zur Mitte eingeschnitten, übrige Blütenblätter zusammenneigend, grün, häufig mit rotem Rand.

Vorkommen Feuchte Laubwälder, Auenwälder, Bergwiesen. Auf nährstoffreichen Böden im Halbschatten. Häufig besonders in Kalk- und Lehmgebieten, im nördlichen Tiefland selten.

Wissenswertes Die Blüten locken Schlupfwespen an. Auch der Gartenlaubkäfer bestäubt sie, frisst dabei aber oft die Blütenblätter ab. Die Pflanze vermehrt sich außer über Samen auch über Sprosse, die aus umgebildeten Wurzeln entstehen. So können sich größere Gruppen bilden. Meist gibt es in einer solchen Gruppe nur einige blühende Exemplare.

Höhe 20–75 cm
Blütezeit Juni–Aug.
Typisch Hohe Orchidee
mit spornlosen,
nickenden Blüten.

Breitblättrige Stendelwurz
Epipactis helleborine | Orchideengewächse | geschützt

Merkmale Staude. Blütentraube bis über 30 cm lang,
locker mit 13–80 grünlichen, meist rötlich oder purpurn überlaufenen Orchideenblüten besetzt, Lippe
2-geteilt, hinten napfförmig, rotbraun glänzend, übrige
Blütenblätter zusammenneigend. Untere Laubblätter
eilanzettlich, mittlere am größten, bis 10 cm breit.
Vorkommen Laubwälder, Böschungen, Straßenränder.
Auf etwas feuchten, lockeren, humusreichen Lehmböden. Zerstreut.
Wissenswertes Die Breitblättrige Stendelwurz ist eine
der wenigen nicht gefährdeten Orchideen in unserem
Gebiet. Manchmal siedelt sie sich sogar in Parks und
Gärten an. Die Blüten werden von Wespen besucht, die
Nektar in der napfförmigen Vertiefung der Unterlippe
finden.

Höhe 20–50 cm
Blütezeit Mai–Juni
Typisch Hellbraune
Waldorchidee ohne
Blattgrün.

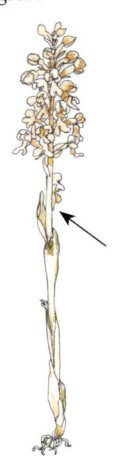

Vogel-Nestwurz
Neottia nidus-avis | Orchideengewächse | geschützt

Merkmale Staude. Traube mit bis zu 60 nach Honig
duftenden Orchideenblüten ohne Sporn, Lippe 2-spal-
tig. Vertrockneter Fruchtstand mehrere Jahre sichtbar.
Fleischige, nestartig verflochtene Wurzeln. Stängel aufrecht, mit 4–6 schuppenförmigen Blättern.
Vorkommen Wälder. Auf etwas feuchten, nährstoff-
und humusreichen, lockeren Böden im Schatten. Verbreitet in Kalk- und Lehmgebieten.
Wissenswertes Die Vogel-Nestwurz ernährt sich als
Vollschmarotzer ausschließlich von einem Pilz.
Dieser dringt mit seinen Fäden in ihre Wurzeln ein und
wird in den tieferen Schichten von der Pflanze verdaut.
So kann sie auf die Fotosynthese verzichten und auch
an ausgesprochen dunklen Standorten im Waldes-
inneren gedeihen.

Höhe 15–40 cm
Blütezeit Mai–Juni
Typisch Blüte erinnert
an eine Fliege, Lippe
samtig, braun.

Fliegen-Ragwurz

Ophrys insectifera | Orchideengewächse | geschützt

Merkmale Staude. 2–20 Orchideenblüten in langer,
schmaler Ähre, Blüte ohne Sporn. Lippe mit großem,
bläulichem Fleck, 2 der Blütenblätter fadenförmig,
ähneln den Fühlern eines Insekts. Stängel dünn, grünlich gelb, unten mit 3–5 länglich-lanzettlichen, oben
mit 1–2 scheidenartigen Blättern.
Vorkommen Halbtrockenrasen, lichte, trockene Kiefernwälder. Auf mäßig trockenen, kalkreichen, lockeren
Böden. Selten.
Wissenswertes Die Blüten imitieren Weibchen von
Grabwespen. Dabei ahmen sie nicht nur deren Form,
Farbe und Behaarung nach, sondern bilden auch die
typischen Sexuallockstoffe. Grabwespenmännchen
möchten sich deshalb mit den Blüten paaren und
bestäuben diese bei ihren vergeblichen Versuchen.

Höhe 20–40 cm
Blütezeit Mai–Juni
Typisch Anhängsel der
Lippe von vorn nicht
sichtbar.

Bienen-Ragwurz

Ophrys apifera | Orchideengewächse | geschützt

Merkmale Staude. Ähre mit 2–9 Blüten, Lippe 3-lappig,
bauchig gewölbt, ihr Mittellappen samtig behaart, mit
kleinem, zurückgeschlagenem Anhängsel, übrige Blütenblätter weißlich, rosa oder purpurn.
Vorkommen Warme Magerrasen, Halbtrockenrasen,
lichte Eichen-Kiefernwälder. Selten.
Wissenswertes Die Blüten ahmen Insektenweibchen
nach (s. o. Fliegen-Ragwurz). Allerdings werden sie bei
uns nicht von Insekten bestäubt, sondern bestäuben
sich regelmäßig selbst. Dazu hängt aus jeder Staub-
blatthälfte der zu einem Paket verbundene Polleninhalt
an einem langen dünnen Stiel heraus und biegt sich
schließlich bis auf die Narbe hinunter.
Verwechslung Hummel-Ragwurz (S. 410), Lippe ungeteilt, mit nach vorn gebogenem Anhängsel.

Höhe 15–30 cm
Blütezeit Mai–Juni
Typisch Anhängsel
der Lippe nach vorn
gebogen.

Hummel-Ragwurz

Ophrys holosericea | Orchideengewächse | geschützt

Merkmale Staude. Lockere Ähre mit 2–10 Orchideenblüten, Lippe ungeteilt, gewölbt, samtig behaart, übrige
Blütenblätter rosa bis weißlich.
Vorkommen Magere Wiesen, Halbtrockenrasen, Waldlichtungen. Auf mäßig trockenen, kalkreichen Böden an
hellen Standorten. Selten.
Wissenswertes Die Blüten imitieren ähnlich denen der
Fliegen-Ragwurz (S. 408) Insektenweibchen. Sie locken
überwiegend Langhornbienen an, die sich mit ihnen
paaren möchten. Dabei wird ihnen der Blütenstaub als
gestielte Einheit angeheftet. Beim Paarungsversuch auf
der nächsten Blüte drücken sie ihn dort gegen die Narbe.
Verwechslung Bienen-Ragwurz (S. 408), Lippe 3-lappig,
Anhängsel nach hinten geschlagen.

Höhe 30–80 cm
Blütezeit Mai–Juni
Typisch Mittellappen
der Lippe sehr lang,
verdreht.

Bocks-Riemenzunge

Himanthoglossum hircinum | Orchideengewächse
geschützt

Merkmale Staude. Bis über 30 cm lange Ähre mit
20–60 Orchideenblüten, Blüte grünlich, meist rötlich
überlaufen, Lippe tief 3-lappig, mit roten Punkten,
obere Blütenblätter helmartig zusammengeneigt.
Blätter oval bis lanzettlich.
Vorkommen Kalkmagerrasen, Böschungen, Raine,
lichte Gebüsche, ehemalige Weinberge. Auf kalkreichen
Böden an warmen Standorten. Selten.
Wissenswertes Die hochwüchsige, robuste Pflanze
wächst oft auch zwischen Büschen. Die Blüten verströ-
men besonders nachts einen penetranten Geruch nach
Ziegenbock. Sie werden jedoch tagsüber von verschiedenen Bienen und Hummeln bestäubt. Bei den roten
Punkten auf der Lippe handelt es sich um Inseln mit
eiweißhaltigen Zucker- und Futterhaaren.

Saat–Hafer
Avena sativa

Saat-Hafer stellt geringe Bodenansprüche, benötigt aber ausreichend Feuchtigkeit. Seine Körner enthalten mehr Fett und Mineralstoffe als andere Getreide. Sie liefern sehr gutes Futter für Pferde, Rinder und Geflügel. Gewalzt ergeben sie für den Menschen leicht verdauliche Haferflocken. Aus reinem Hafermehl lässt sich kein Brot backen, da es zu wenig Klebereiweiß enthält.

Saat–Weizen
Triticum aestivum

Saat-Weizen gehört zu den ältesten Kulturpflanzen. Er liefert Mehl für Brot und Teigwaren, dient als Mastfutter und zur Herstellung von Weizenbier. Bei uns wird meist Winterweizen angebaut, der ab September ausgesät und im Hochsommer geerntet wird. Weizen benötigt guten Boden, milde Winter sowie Wärme und Sonne bis zur Blüte. Seine Ähren sind in der Regel unbegrannt.

Dinkel
Triticum spelta

Beim nah mit dem Saat-Weizen verwandten, hochwüchsigen Dinkel wirken die Ähren lang und dünn. Sie stehen bei der Reife horizontal oder geneigt. Er wächst auch in gebirgigen, regnerischen Lagen. Er ist besonders für den Naturkostbereich interessant: Unreif geerntete, gedarrte Körner kommen als „Grünkern" in den Handel. Dinkelmehl stellt eine Alternative für Allergiker dar.

Saat-Gerste
Hordeum vulgare

Saat-Gerste kommt auch mit ungünstigen Bedingungen zurecht. Die Körner aus den begrannten, reif überhängenden Ähren dienen als Viehfutter und zur Bierherstellung. Auch als nachwachsender Rohstoff spielt Gerste wie andere Getreide eine zunehmende Rolle: Die EU hat genehmigt, diese auch auf stillgelegten Ackerflächen für Biogasanlagen, Bioalkohol und Biobrennstoff anzubauen.

Roggen
Secale cereale

Die ganze Pflanze ist bläulich bereift, die Ähre trägt Grannen. Da die Samen bereits bei 1-2 °C keimen und die Pflanzen bis – 25 °C ertragen, kann Roggen auch im kühlen Klima und in höheren Lagen wachsen. So ist er das wichtigste Brotgetreide in Nordeuropa und Sibirien. Das aromatische, dunkle Brot bleibt lange feucht. Die Pflanzen liefern auch Alkohol und Grünfutter.

Mais
Zea mays

Der aus Mittelamerika stammende Mais ist heute das wichtigste Getreide der Welt. Sein Anbau in Deutschland dient hauptsächlich der Futterproduktion. Aus ab Ende September geernteten ganzen Pflanzen entsteht durch Milchsäuregärung ein eiweißreiches Silofutter. Kraftfuttermischungen enthalten gedroschene reife Körner. Ohne Unterwuchs sind Maisäcker sehr erosionsgefährdet.

Echter Buchweizen
Fagopyrum esculentum

Die Körner liefernde, einjährige
Pflanze ist keine Getreideart, sondern
gehört zu den Knöterichgewächsen.
Sie wächst auch auf sauren Sand- und
Moorböden, so dass besonders in den
norddeutschen Heidegebieten zahlreiche Buchweizenprodukte
zu finden sind. Oft wächst Buchwei-
zen zur Wildäsung auch auf Feldern
im Wald. Arzneimittel aus Buchwei-
zenkraut helfen bei Venenbeschwer-
den.

Kartoffel
Solanum tuberosum

Die aus den Anden Südamerikas
stammende Pflanze galt in Europa
lange Zeit nur als Zierpflanze. Erst
Ende des 18. Jh. baute man sie auch in
Deutschland wegen der Knollen an.
Außer Stärke enthalten diese Vitamin
C und wertvolles Eiweiß und bilden
damit einen wichtigen Grundstein
für gesunde Ernährung. Auch Alkohol, Kleister und Stärke lässt sich aus
den Knollen gewinnen.

Zuckerrübe
Beta vulgaris ssp. vulgaris
var. altissima

Um Zucker zu gewinnen, roden Landwirte die Rüben der zweijährigen Pflanze im Herbst des ersten Jahres. Die Rückstände der Zuckerproduktion und die Blätter verfüttern sie an das Vieh. Bevor ein Berliner Chemiker Mitte des 18. Jh. den Zuckergehalt von Rüben entdeckte, war Zucker aus Zuckerrohr ein exklusives Produkt aus den Kolonien. Heutige Rüben enthalten bis 18% Zucker.

Rote Beete
Rote Rübe
Beta vulgaris ssp. vulgaris
var. vulgaris

Die Rote Beete stammt wie die Zuckerrübe von dem an den Küsten des östlichen Mittelmeers heimischen See-Mangold ab. Ihre heutigen Kulturformen sind erst ab dem 19. Jh. entstanden. Die Knollen liefern sehr gesundes, mineralstoff- und vitaminreiches Gemüse und Salat. Ihre rote Farbe erhalten sie von dem Farbstoff Betanin, der als Lebensmittelfarbstoff verwendet wird.

Garten-Kürbis
Cucurbita pepo

Vom Garten-Kürbis gibt es viele Sorten: Eine wichtige Rolle spielt der Ölkürbis. Seine vollreifen, nach dem Absterben des Krauts geernteten Früchte enthalten sehr fettreiche, fast schalenfreie Samen, aus denen sich Kürbiskernöl pressen lässt. Sie schmecken auch gut als Backzutat. Arzneimittel aus den Kernen helfen bei Blasenschwäche und Prostataerkrankungen.

Knollen-Sellerie
Wurzel-Sellerie
Apium graveolens var. rapaceum

Knollen-Sellerie stammt vom Wilden Sellerie aus dem Mittelmeerraum ab. Die zweijährige Pflanze bildet im ersten Jahr eine bis 20 cm dicke Knolle mit würzigem Geruch und Geschmack. Diese gehört zu den typischen Suppen- und Eintopfgemüsen und ist auch als Salat beliebt. Sie lässt sich in feuchten Sandkisten in kühlen, frostfreien Räumen monatelang lagern.

Raps
Brassica napus ssp. napus

Ab April leuchten die blühenden Rapsfelder, um etwa 2 Monate später reife Samen für Öl zu liefern. Raps ist heute unsere bedeutendste Ölpflanze. Etwa zwei Drittel des Öls dienen als Margarine oder neutrales Speiseöl der Ernährung, der Rest liefert Biodiesel und Rohstoff für z.B. Lacke, Kunststoffe und Seifen. Als Nebenprodukt fällt Rapsschrot als wertvolles Futtermittel an.

Weißer Senf
Sinapis alba

Für Speises kultiviert man die Pflanze nur in warmen Gebieten. In Deutschland säen Landwirte den Weißen Senf als Viehfutter und von April bis September als schnell wachsende Gründüngung. Oft bringen sie die Samen erst nach der Getreideernte aus, so dass die Felder im Herbst blühen. Nach dem ersten Frost ist der Boden dann von erfrorenen Pflanzen bedeckt.

Kohl
Brassica oleracea

Alle Varietäten des Kohls gehen auf eine Wildform zurück, die an den Küsten Europas wächst. Die verschiedenen Züchtungen führten dazu, dass heute unterschiedliche Pflanzenteile als Gemüse gegessen werden.

Brokkoli (Spargel-Kohl) entwickelt bereits im ersten Jahr einen Blütenstand. Gemüsebauern schneiden dies mitsamt der fleischigen Achse ab, sobald die dicht gedrängten Blütenknospen als eiförmige Gebilde sichtbar sind.

Beim **Rosen-Kohl (Brüsseler Kohl)** bilden sich im Herbst in den Blattachseln des langen Stängels zahlreiche Seitenknospen, in denen die Blätter dicht gepackt sind („Röschen").

Bei den dicht gepackten Köpfen von **Rot-Kohl (Blaukraut)** handelt es sich um gestauchte Sprosse, an denen große Blätter wie in einer Riesenknospe stehen. Für die Färbung sind Anthocyane verantwortlich. Bei Zugabe von Säure ändern sich diese von Blau nach Rot.

Die Knolle vom **Kohlrabi** entsteht aus dem unteren Abschnitt des Stängels.

Öl-Rettich
Raphanus savitus var. oleiformis

Die bis 1,5 m hohe einjährige Pflanze gehört zu den robusten Zwischenfrüchten, die Landwirte in den letzten Jahren vermehrt für Gründüngung, Grünfutter oder Grünbrache aussäen. In Wasserschutzgebieten eignet sie sich als Testpflanze, um den Stickstoffgehalt im Boden zu kontrollieren. In Rübenanbaugebieten reduzieren einige Sorten schädliche Fadenwürmer im Boden.

Kultur-Hanf
Cannabis sativa ssp. sativa

Strenge Auflagen erlauben nur den Anbau von cannabiolarmen Sorten, die sich nicht als Rauschdroge (Haschisch, Marihuana) eignen. Die bis 3 m hohen Pflanzen wachsen rasch und nehmen Unkräutern das Licht weg. Sie liefern Früchte für Öl und Vogelfutter sowie sehr haltbare, atmungsaktive Fasern für Textilien und naturfaserverstärkte Kunststoffe, z. B. für Bauteile von Autos.

Flachs, Saat-Lein
Linum usitatissimum

Verzweigte Sorten bilden viele Kapselfrüchte, aus denen sich Leinsamen dreschen lassen. Diese enthalten bis über 30 % Öl für Malerfarben, Linoleum und gesundes Speiseöl mit ungesättigten Fettsäuren. Bei Verstopfung wirken die Samen, mit Wasser eingenommen, abführend. Die bis 6 cm langen Fasern aus den Stängeln wenig verzweigter Sorten werden zu Leinen versponnen.

Erbse
Pisum sativum ssp. sativum

Erbsen liefern bisher hauptsächlich Tierfutter. Die grünen Pflanzen und besonders die Samen enthalten viel Eiweiß. Die ökologische Landwirtschaft schätzt sie auch wegen ihrer Fähigkeit, Stickstoff zu binden (vgl. S. 76). Seit einiger Zeit gewinnen Mark-Erbsen als nachwachsende Rohstoffe an Bedeutung. Ihre Stärke eignet sich für kompostierbare Folien und Verpackungen.

Gewöhnliche Sonnenblume
Helianthus annuus

Aus den Kernen von etwa 60 Pflanzen lässt sich 1 Liter Öl pressen. Sorten, deren Öl viel Linolsäure enthält, liefern gutes Speiseöl, solche mit viel Ölsäure dienen als Ausgangsstoff für die technische Industrie. Seltener als zur Ölgewinnung pflanzen deutsche Landwirte die aus Nordamerika stammende Pflanze als Gründüngung oder zur Gewinnung der Samen für Backwaren.

Kopf-Salat
Lactuca sativa var. capitata

In Deutschland gehört Kopf-Salat zu den am meisten angebauten Gemüsen. Er stammt vom Kompass-Lattich (S. 342) ab und ist heute weltweit verbreitet. Die Pflanze bildet zuerst eine Blattrosette, die sich zu einem dichten, festen Kopf zusammenschließt und dann einer großen Knospe ähnelt. Nach 50 bis 70 Tagen wird diese geerntet, noch bevor der Salat „schießt" und zur Blüte kommt.

Porree Lauch
Allium porrum

Der nah mit der Küchen-Zwiebel verwandte Porree soll schon den alten
Ägyptern bekannt gewesen sein. Er
stellt keine besonderen Standortan-
sprüche und kann je nach Erntezeit
als Sommer-, Herbst- oder Winterpor-
ree kultiviert werden. Sein fast ge-
schlossener, stängelähnlicher Schaft
und die breiten grünen Blätter enthalten reichlich Mineralstoffe und
Vitamine.

Gemüse-Spargel
Asparagus officinalis

Gemüse-Spargel benötigt lockeren,
sandigen Boden. Aus seinem Wurzelstock wachsen im Frühjahr die „Stan-
gen" aus. Werden diese gestochen, bevor sie am Licht sind, bleiben sie
bleich. Sobald sie aus der Erde heraus-
wachsen, liefern sie Grünspargel.
Nach dem Abschluss der Ernte am
24. Juni wachsen die verbliebenen
Sprosse zu fein verzweigten, bis 1,5 m
hohen Pflanzen.

Blüte radiär
– getrenntblättrig

Die Blüte

mit Kelch und Krone

mit gleichen Blütenblättern

Blüte radiär
– verwachsenblättrig

ausgebreitet

glockig

mit Röhre
und ausgebreitetem Saum

Orientierung der Blüten

aufrechte Blüte

Tragblatt

nickende Blüte

Die Blüte

Blüte zweiseitig symmetrisch

Schmetterlingsblüte

...Fahne
...Flügel
...Schiffchen

Lippenblüte

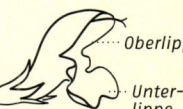
...Oberlippe
...Unterlippe

Lippenblüte

...Unterlippe 3-teilig

Blüte mit Sporn, Schlund geschlossen

...Sporn

Orchideenblüte

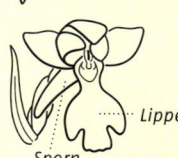
...Lippe
Sporn

Kelch

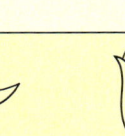
getrenntblättrig

verwachsen

aufgeblasen

zweilippig

Der Blütenstand

Ähre

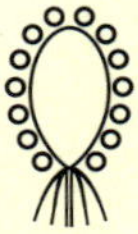

Köpfchen

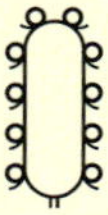

Kolben

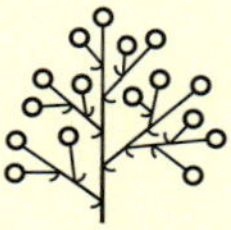

Rispe

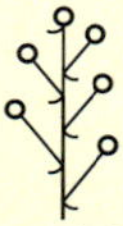

Traube

Traube, einseitswendig

Quirle

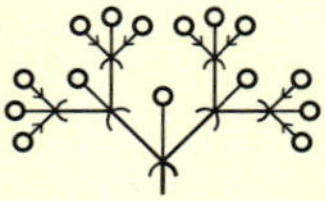

gabelig verzweigt

Blüten in Scheindolden

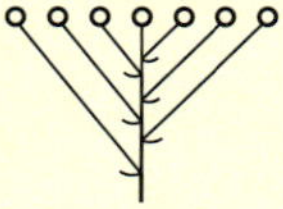

Doldentraube

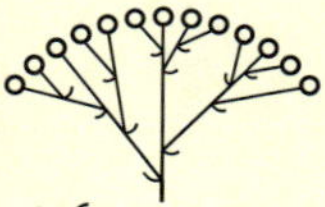

Doldenrispe

Der Blütenstand

Dolde

aus Döldchen zusammengesetzte Dolde

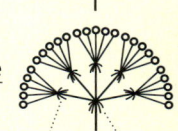

Hüllchen   Hülle

Blüten in Körbchen (Korbblütengewächse)

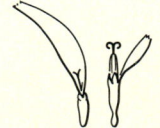

Hülle

Hüllblatt

Zungenblüten   *Röhrenblüten*

nur Zungenblüten

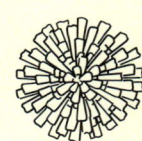

nur Röhrenblüten

innen Röhrenblüten, außen Zungenblüten:

Körbchenboden flach

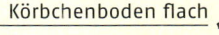

Körbchenboden gewölbt

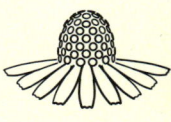

Botanische Fachausdrücke im Bild

Spaltfrucht

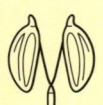

Die Frucht

Spaltfrucht

Öffnungsfrüchte

Klappe

Scheidewand

Hülse

Schote

Schötchen

Kapsel

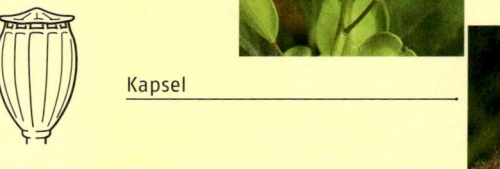

Schließfrüchte

Frucht mit Haarkranz

Frucht mit gestieltem Haarkranz

Steinfrucht

Beere

Die Frucht

Sammel-Nussfrucht

Sammel-Steinfrucht

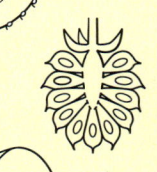

Apfelfrucht

Unterirdische Pflanzenteile

Zwiebel

Knolle

Wurzelstock

Rübe

Pfahlwurzel

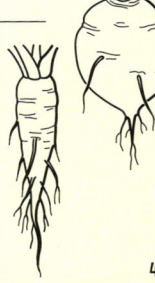

429

Blattspreite

Das Blatt

Blatt-stiel

Blatt-grund

nadelförmig

walzlich

lineal

länglich

lanzettlich

eiförmig

verkehrt eiförmig

spatelig

rundlich

elliptisch

herzförmig

nierenförmig

Das Blatt

Blattspreite

pfeilförmig

spießförmig

dreizählig

handförmig

gefingert

fiederspaltig

schrotsägeförmig

unpaarig gefiedert
(mit Endblättchen)

paarig gefiedert

paarig gefiedert
mit Endranken

mehrfach gefiedert

fein zerteilt

Botanische Fachausdrücke im Bild

Blattrand

Das Blatt

ganzrandig

gewellt

umgerollt

gekerbt

gezähnt

gesägt

doppelt gesägt

stachelig gezähnt

gelappt

432

Das Blatt

Blattansatz

sitzend

lang gestielt

stängelumfassend

mit Nebenblättern

Nebenblätter zu Scheide verwachsen

Stängel herablaufend

Blattansatz verwachsen

Blattnervatur

netznervig

fiedernervig

parallelnervig

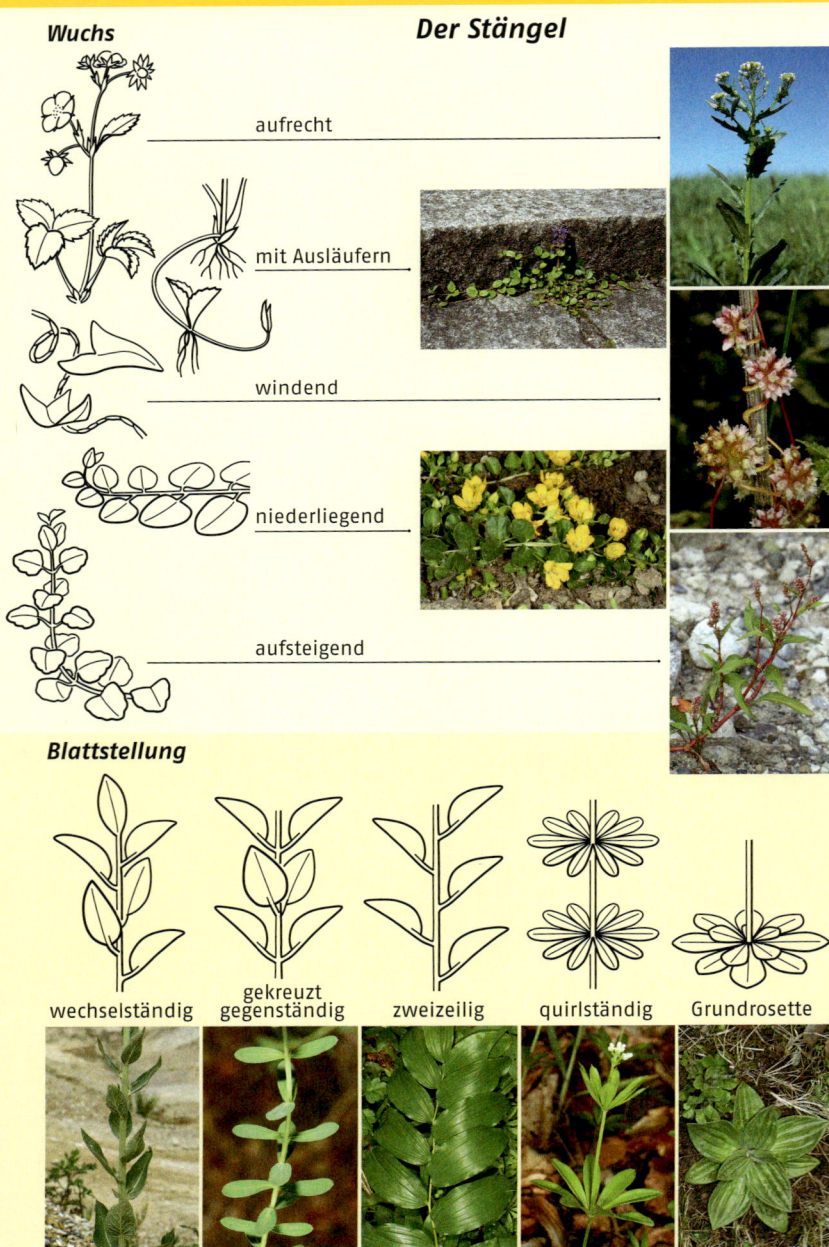

Wuchs

Der Stängel

- aufrecht
- mit Ausläufern
- windend
- niederliegend
- aufsteigend

Blattstellung

- wechselständig
- gekreuzt gegenständig
- zweizeilig
- quirlständig
- Grundrosette

Register

Um das Register kurz zu halten, sind Pflanzen mit zweiteiligen deutschen Namen nur einmal, und zwar mit vorgestelltem Gattungsnamen aufgeführt. So steht zum Beispiel der „Gefleckte Aronstab" nur unter „Aronstab, Gefleckter". hKl = hintere Klappe

Autorenporträts

Die Biologin **Margot Spohn** verbringt jede freie Minute draußen in der Natur. Sie kartierte für den Naturschutz Moose und Blütenpflanzen. Beruflich arbeitet sie seit Jahren im Bereich pflanzliche und homöopathische Arzneimittel. Sie ist die Autorin von dem gezeichneten „Was blüht denn da?".

Dietmar Aichele war Biologe und arbeitete unter anderem bei der Kartierung der mitteleuropäischen Pflanzenwelt mit. Zusammen mit seinem Freund Dr. Hans-Werner Schwegler veröffentlichte er viele Naturführer bei Kosmos. Über 18 Jahre hat Dietmar Aichele das Buch „Was blüht denn da? Der Fotoband" als Autor betreut und geprägt. Nach seinem Tod setzt Frau Spohn mit der kompletten Neubearbeitung des Bestsellers die Weiterentwicklung fort.

Impressum

Mit 1349 Abbildungen von **Gartenschatz** 359/2, vKl: 17, **Hecker** 13/2li, 15/1li, 15v, 17/1, 17v, 19/2li, 31/2, 55/1, 57/2, 67/1, 71/2, 83/2, 95/2, 103/1li, 107/2li, 113/2li, 123/1, 127/2li, 127/2, 129/1li, 129/2, 131/2li, 139/1, 139/2, 141v, 157/2li, 163/1li, 165/1li, 165/1, 177/1, 179/2li, 183/1, 195/2, 197/2li, 197/1, 207/1, 213/1, 215/1, 233/2, 267/1, 275/1, 285/1li, 287/1, 291/2, 291/1, 297/1, 297/2, 301/1li, 303/1, 307/1, 325/1re, 329/1re, 351/2li, 351/1, 369/2li, 383/2li, 383/1, 387/1, 393/2, 397/2li, 397/2re, 397v, 399/1li, 407/1re, 415/1, vKl: 5, 7, 11, , vKl: 10, 17, 19, **Wothe** 317v, **Laux** 395/2li, 235/1, 371v, **Pforr** 2, 13/1li, 13/1re, 19/1li, 19/1re, 21/1, 21/2, 23/1, 25/2li, 27v, 29/1, 29/2, 31/2li, 31/1li, 33/1, 33v, 37/2, 43/2li, 47/2, 49/1, 51/2, 53/2li, 53/1, 53/2re, 55/2li, 57/1li, 59/1, 63/1, 63/2, 63v, 65/1li, 69/1, 71v, 73/1, 75/1, 77/2, 79/2, 91/2, 93/2, 95/1, 97v, 101/1, 101/2re, 101v, 105/1, 115/2li, 115/1re, 119/1li, 119/2li, 119v, 121/1li, 121/2, 123/2, 125/1li, 127/1re, 127v, 131/2re, 131/2re, 133/2li, 135v, 137/2re, 137v, 143/1li, 145/2li, 145v, 151/1, 153/2li, 157v, 159/1re, 159/2re, 159v, 161/1li, 161v, 163/2re, 165/2, 167/1, 171/1, 175/1li, 177/2, 179/2re, 185/1, 185/2, 187/1, 191/2, 193/2li, 193/1li, 197/1li, 199/1, 199/2re, 199v, 201/2, 203/2, 205/1, 205/2re, 209/2re, 211/2re, 213/2, 215v, 217/2li, 225/2, 227/2, 233/1, 235/2, 237v, 239/1li, 241v, 243/1, 243/2, 243v, 245/2, 247/1, 247/2, 251/1, 253v, 255/2li, 255/1, 257v, 259/2li, 261/1, 263/1li, 263/2, 265v, 267/1li, 269/2, 271/1, 275/2li, 279/2li, 281/2, 283/1, 289/2, 291/1li, 293/2, 293v, 295/1, 299/1, 303/2, 305/1, 305/2, 305v, 309/1, 311/2, 313/1, 317/2, 317/1re, 319/1li, 319/1re, 321/1re, 323/1, 323/2, 327/2, 327v, 329/2, 335/2, 337/1, 339/1, 339/2, 341/1li, 343/1, 347/1, 349/2, 353v, 353v, 357/1li, 359/1, 363/1li, 363/2, 365/2re, 371/2, 373/2, 373/1re, 375v, 377v, 379/1, 381/2, 393/1re, 393v, 401/1li, 405/2re, 407/2li, 409/1re, 411/1re, 413/1, 415/2, 417/1, 417/2, 420/1, 420/2, 422/1, 423/1, 424/1, vKl: 1, hKl: 13, 18, 21, 24, 26, 29, 30, 31, **Reinhard-Tierfoto** 10–11, **Sauer/Hecker** 99/2re, 109/2li, 109/2re, 109v, 113/2re, 209/2li, 227/1re, 241/1, 245/1re, **Schönfelder** 15/2li, 15v, 17/2, 21v, 23/2, 25/1, 35/1, 35/2re, 39/1, 39/2, 39v, 41/2, 43/1li, 45/1li, 45/2, 51/1, 59/2, 61/1li, 61/2li, 61v, 73/2li, 77v, 81/1, 85/1, 89/2, 97/1, 99v, 101/2li, 103/2, 111/2, 111v, 113/1li, 113/1re, 113v, 117/1, 125/2, 131/1, 133/1, 141/1, 145/1, 147/1li, 147/1re, 157/2re, 161/2li, 163/2li, 163/1re, 165v, 169/1li, 171/2, 171v, 173/1, 179v, 181/2li, 181/1li, 181/2re, 187/2, 189/1, 195/2li, 195/1, 199/2li, 209v, 211v, 217/1, 219/2, 223/2, 223v, 225v, 227/1li, 231/1li, 231/2, 231v, 241/2, 249/1, 249/2, 249v, 257/1li, 257/1re, 261/2, 263v, 265/1, 267/2, 273/1li, 273/2, 275v, 285/1u, 285/2u, 287/2, 309/2, 309v, 311/1li, 319v, 325/1li, 325/2, 325v, 327/1li, 327/1re, 331/1, 331/2, 333/1, 335/1, 347/2re, 349/1, 355/1, 357/2, 369/1, 375/2, 387/1, 387v, 389/2, 389/2re, 403/2, 405/1, 409/1li, 411/2li, 413/2, 414/2, 415/1, 423/1, hKl: 3, 22, 25, **Spohn** 13/2re, 13v, 15/1re, 15/2re, 19/2re, 19v, 23v, 25/2re, 25v, 27/1, 27/2, 31/1u, 31/1re, 33/2, 35/2li, 37/1li, 37/1re, 41/1, 43/1u, 43/1re, 45/1re, 45v, 47/1, 49/2, 51v, 53/2u, 55/2re, 55v, 57/1re, 61/1re, 61/2re, 65/2, 65/1re, 67/2, 69/2, 73/2re, 75/2, 75v, 75v, 77/1, 77v, 79/1, 81/2, 83/1, 83v, 85v, 87/1li, 87/2li, 87/1re, 87/2re, 89/1, 91/1, 91v, 93/1, 97/2, 99/2li, 99/1, 103/1re, 105/2, 107/1, 107/2re, 109/1, 115/1li, 115/2re, 115v, 117/2, 119/1re, 119/2re, 121/1re, 121v, 123v, 125/1u, 125/1re, 127/1li, 129/2li, 129/1re, 133/2re, 135/1, 135/2, 137/2li, 137/1, 139v, 141/2, 143/2li, 143/1re, 143/2re, 145/2re, 145v, 147/2, 147v, 149/1, 149/2, 151/2li, 151/2re, 153/1, 153/2re, 155/2li, 155/1, 155/2re, 159/1li, 159/2li, 161/1re, 161/2re, 161v, 163v, 163v, 167/2, 167v, 169/2, 169/1re, 173/2li, 173/2re, 175/2, 175/1re, 179/1li, 179/1re, 181/1re, 183/2, 187v, 187v, 189/2, 191/1, 193/1re, 193v, 197/2re, 197v, 199v, 201/1, 203/1, 203v, 205/2li, 207/2, 207v, 209/1, 209v, 211/2li, 211/1, 215/2, 215v, 217/2re, 219/1, 219v, 221/1li, 221/2, 221/1re, 223/1, 225/1, 225v, 229/1, 229/2, 229v, 231/1re, 233v, 237/1, 237/2, 239/2, 239/1re, 243v, 249v, 251/2, 251v, 253/1, 253/2, 255/2u, 255/2re, 257/2, 257v, 259/1, 259/2re, 261/2re, 263/1re, 265/2, 269/1, 269v, 271/2, 271v, 273/1re, 275/1li, 275/2re, 277/1, 277/2, 279/1, 279/2re, 279v, 281/1, 281v, 283/2, 283v, 285/2li, 285/1re, 285/2re, 289/1, 293/1, 295/2li, 295/2re, 297/2li, 299/2li, 299/2re, 299v, 301/2, 301/1re, 307/2, 307v, 311/1re, 313/2, 315/2li, 315/1, 315/2re, 315v, 317/1li, 319/2, 321/1li, 321/2li, 321/2re, 329/1li, 331v, 333/2li, 333/2re, 333v, 337/2, 337v, 341/2li, 341/1re, 341/2re, 343/2li, 343/2re, 343v, 345/1li, 345/2, 345/1re, 347/1, 351/2re, 353/2li, 353/1, 355/2, 355v, 357/1re, 359/1, 359/2, 359v, 361/1, 361/2, 363/1re, 363v, 365/2li, 365/1li, 365/1re, 367/1, 367/2, 369/2re, 371/1, 373/1li, 373v, 375/1, 377/1li, 377/2, 377/1re, 381/1, 381v, 383/2re, 385/1li, 385/2, 385/1re, 389/2li, 391/1li, 391/2li, 391/1re, 391/2re, 393/1li, 395/1, 395/2re, 395v, 397/1, 397v, 399/2li, 399/1re, 399/2re, 401/2, 401/1re, 403/1li, 403/1re, 405/2li, 405v, 407/2re, 411/1li, 411/2re, 413/2, 414/1, 416/1, 416/1, 416/2, 416/2, 417/1, 418/2, 418/1, 419/1, 419/2, 419/2, 419/3, 420/2, 420/2, 421/1, 421/2, 422/1, 422/2, 423/2, 424/1, 424/2, vKl: 2, 3, 4, 6, 8, 9, 10, 12, 13, 15, 16, 19, 20, hKl: 1, 2, 4, 5, 6, 7, 9, 11, 14, 15, 20, 23, 27, 28, 32, **Wagner** 71/1re, 111/1li, 111/1re, 149v, 245/1li, 361v, 379/2, 407/1li, 409/2li, 409/2re, **Willner** 71/1li, 85/2, 237v sowie 340 Farbzeichnungen von Hofmann, 60 Farbzeichnungen und 8 Detailzeichnungen (298, 352) von Golte-Bechtle/Kosmos, Haag/Kosmos (192) und Spohn/Kosmos (106, 150, 192, 274, 278) und 102 Merkmalsfotos von Spohn und 109 Schwarzweiß-Zeichnungen von Lang (Seite 424–434).

1 = Art oben, 2 = Art unten, v = Verwechslungsart, li = links, re = rechts, vKl = vordere Klappe, hKl = hintere Kappe

Umschlaggestaltung von eStudio Calamar, Pau, unter Verwendung von 4 Farbfotos von Reinhardt-Tierfoto (Cover) sowie auf der Umschlagsrückseite von Hecker (Gamander Ehrenpreis, Späte Traubenkirsche) und Schönfelder (Weiße Seerose). Gestaltung des Kapitels „Botanische Fachausdrücke im Bild" durch Lang.

Unser gesamtes lieferbares Programm und viele weitere Informationen zu unseren Büchern, Spielen, Experimentierkästen, DVDs, Autoren und Aktivitäten finden Sie unter **www.kosmos.de**

FSC
www.fsc.org
MIX
Papier aus ver-
antwortungsvollen
Quellen
FSC® C004592

© 2010, Franckh-Kosmos Verlags-GmbH & Co. KG, Stuttgart.
Alle Rechte vorbehalten
ISBN 978-3-440-11490-2
Redaktion: Carsten Vetter
Grundlayout: eStudio Calamar
Produktion: Siegfried Fischer, Markus Schärtlein
Printed in Germany / Imprimé en Allemagne

KOSMOS.

Die Natur entdecken.

Detlef Singer | Was fliegt denn da? Der Fotoband
400 S., 1.492 Abb., €/D 12,95

Was fliegt denn da?

„Was fliegt denn da?" gibt es seit über 75 Jahren.
Der Fotoband „Was fliegt denn da?" wurde zum Ju-
biläum komplett neu gestaltet. Er zeigt bei jeder Art
neben einem großen Hauptbild ein Zusatzfoto des
fliegenden Vogels, eine Verbreitungskarte und eine
Zeichnung. Und das Beste: Dieses Buch ist vertingt!
Direkt bei jeder Art ist die Vogelstimme mit dem
Ting-Hörstift abrufbar.

kosmos.de/natur

Essbare Wildkräuter und Beeren und ihre Sammelzeiten

Frühling

Gewöhnliche Knoblauchsrauke S. 116

Junge Blätter eignen sich zum Würzen von Quark oder Salat.

Weiße Taubnessel S. 206

Junge Blätter schmecken als Wildgemüse.

Echte Brunnenkresse S. 118

Gut geputzte Blätter ergeben herb-pikanten Salat oder Gemüse.

Gewöhnliches Scharbockskraut S. 322

Junge Blätter in den ersten Frühlingssalat mischen.

Gewöhnlicher Giersch S. 168

Junge Stängel und Blätter schmecken in Suppen und als Gemüse.

Wiesen-Löwenzahn S. 340

Junge Blätter ergeben einen leicht bitteren, aromatischen Salat.

Bär-Lauch S. 198

Geschnittene Blätter sind für Quark und Pesto beliebt.

Gewöhnliche Brennnessel S. 380

Gibt jung ein gutes, spinatartiges Gemüse.